Forschungshefte aus dem
Gebiete des Stahlbaues

Herausgegeben vom

Deutschen Stahlbau-Verband, Köln a. Rh.

Schriftleitung: Professor Dr.-Ing. K. Klöppel, Technische Hochschule Darmstadt

Heft 8

Kreuzwerke

Statik der Trägerroste und Platten

von

Dr.-Ing. Hellmut Homberg

Beratender Ingenieur für Brückenbau

Mit 66 Abbildungen

Springer-Verlag Berlin Heidelberg GmbH 1951

ISBN 978-3-642-52776-0   ISBN 978-3-642-52775-3 (eBook)
DOI 10.1007/978-3-642-52775-3

Gewidmet der Erinnerung an

Herrn Dr.-Ing. Karl Pohl,

ehemals ordentlicher Professor an

der Technischen Hochschule Berlin

Vorwort.

Der Brückenbau zeigt eine Reihe von häufig auftretenden statischen Erscheinungsformen. Es sind dies

1. Kreuzwerke — Trägerroste — ohne Drehsteifigkeit, die als frei aufliegende und durchlaufende Balkenbrücken bei kleinen und mittleren Stützweiten Verwendung finden,

2. Kreuzwerke mit drehsteifen Hauptträgern — Kastenträgern —, die die mittleren und großen Stützweiten erschließen,

3. Kreuzwerkplatten — orthotrope Platten —, die als Fahrbahnkonstruktionen und Brücken niedriger Bauhöhen Anwendung finden,

4. Isotrope Platten, die als Fahrbahnabdeckungen und zur Überbrückung kleiner Stützweiten dienen.

Während die beiden ersten Systeme üblicherweise mit Hilfe der Stabstatik, die letzteren mittels der Plattentheorie behandelt werden, zeigt die vorliegende Arbeit, daß alle vier Systeme einheitlich auf dem Wege über die Stabstatik berechnet werden können. Das neue Berechnungsverfahren ist auf der klassischen Statik aufgebaut, wie sie von Müller-Breslau und meinen Hochschullehrern Hertwig und Pohl in Berlin vorgetragen wurde.

Zur Arbeit wurde ich durch eine 1940 erschienene Veröffentlichung von Bültmann angeregt, in der für einen einfachen Sonderfall des Kreuzwerks eine geschlossene Lösung angegeben wurde.

Die von mir gefundenen Gleichungen für das Kreuzwerk mit unendlich vielen, unendlich schmalen dreh- und biegesteifen Hauptträgern und unendlich vielen, unendlich schmalen nur biegesteifen Querträgern schließen die Lösungen für isotrope und drehsteife orthotrope Platten ein, da beim Grenzübergang vom Kreuzwerk zur Platte nur eine Schar der Träger des Kreuzwerks drehsteif zu sein braucht. So kann mein Berechnungsverfahren auch zur Untersuchung von Flächentragwerken dienen.

Wegen des umfassenden Anwendungsgebietes des neuen Verfahrens habe ich den etwas weitgreifenden Titel des Buches als zutreffend erachtet, obgleich nur die eigenen Methoden dargestellt wurden. Es sei daher hier auf ein zweites Verfahren zur Kreuzwerkberechnung hingewiesen, das von Melan und Schindler angegeben wurde. Dieses unterscheidet sich von dem vorliegenden dadurch, daß ein anderes statisch bestimmtes Hauptsystem gewählt und nur das Kreuzwerk ohne Drehsteifigkeit behandelt wurde.

Die neue Theorie ist so weit ausgebaut, daß sie in der Baupraxis Verwendung finden kann. Von besonderer Wichtigkeit ist es, daß die Lösungen, die in Form von Summen oder Reihen erscheinen, meist eine schnelle Konvergenz aufweisen, so daß der Arbeitsaufwand selbst bei der Berechnung hochgradig statisch unbestimmter Systeme gering ist.

Um das Buch leicht faßlich zu halten, habe ich die Anforderungen an die geistige Mitarbeit des Lesers von Abschnitt zu Abschnitt gesteigert und außerdem die Beweisführung zweimal, und zwar für Kreuzwerke 1. ohne und 2. mit Drehsteifigkeit durchgeführt. Die Lösungen für das Kreuzwerk ohne Drehsteifigkeit hätten natürlich auch durch Vereinfachung aus denen des Kreuzwerks mit Drehsteifigkeit gewonnen werden können, jedoch wäre dann für den unvorbereiteten Leser durch die große Anzahl der Formänderungsgrößen und Zeiger die Übersichtlichkeit verlorengegangen. Zur Einarbeitung in das Verfahren empfehle ich, sich eingehend mit der Bezeichnungsweise, den Zeigern und besonders mit der Berechnung des ersten Hilfssystems vertraut zu machen. Die Beweisführung über die Verwandtschaft des Kreuzwerks zu den untergeordneten Hilfssystemen erfolgt mit Hilfe eines einfachen Koeffizientenvergleichs, der keinerlei begriffliche Schwierigkeiten bietet. Ein zusätzlicher Beweis für die Richtigkeit des gesamten Lösungsverfahrens wird dadurch erhalten, daß auf dem Wege über die Kreuzwerktheorie bekannte Lösungen für Biegeflächen von Platten gefunden werden.

Den Nachweis, daß beim Grenzübergang vom Kreuzwerk zur Platte nur eine Trägerschar des Kreuzwerks drehsteif zu sein braucht, lieferte Herr Dr.-Ing., Dipl.-Math. E. Haeussler. Die Bearbeitung des § 15 erfolgte zum größten Teil durch ihn und Herrn Dipl.-Ing. J. Berkenbusch, wofür ich beiden Mitarbeitern Dank sagen will.

Mein besonderer Dank gilt dem Bundes-Verkehrsministerium, Abt. Straßen, Offenbach, und Herrn Prof. Dr.-Ing. K. Klöppel, Darmstadt, für die Förderung meiner Arbeit, dem Deutschen Stahlbau-Verband für die Aufnahme der Abhandlung in die Forschungshefte aus dem Gebiete des Stahlbaues und dem Springer-Verlag, Berlin, für die gute Ausstattung des Buches.

Hagen in Westfalen, im April 1951.

H. Homberg.

Inhaltsverzeichnis.

A. Allgemeine Kreuzwerktheorie.

§ 0. Einleitung.

1. Begriffsbestimmung und Einführung.

Tragwerke, die aus zwei Scharen sich kreuzender Träger gebildet werden, nennen wir Kreuzwerke, wenn die äußeren Lasten senkrecht zur Ebene des Tragwerks stehen, Rahmenwerke, wenn sie in der Ebene desselben liegen.

Bei den Kreuzwerken unterscheiden wir

1. Kreuzwerke, die ein-, zwei-, drei- und vierseitig gelagert sind,
2. Balken- und Bogenkreuzwerke,
3. frei aufliegende und durchlaufende Kreuzwerke,
4. Kreuzwerke mit gleichbleibenden und solche mit veränderlichen Trägheitsmomenten,
5. Kreuzwerke mit und ohne Drehsteifigkeit,
6. Kreuzwerke mit endlicher und mit unendlich großer Trägerzahl.

Als Kreuzwerke gelten statisch auch Plattenkreuzwerke, die aus einer durchgehenden Platte und einem mit der Platte schubfest verbundenen Kreuzwerk bestehen. Die Platten werden durchschnitten gedacht und unter Berücksichtigung ihrer mittragenden Breite und Drehsteifigkeit in die Trägheitsmomente der Kreuzwerkträger einbezogen. Werden bei Kreuzwerken die Abstände der Haupt- und Querträger unendlich klein, so geht das Tragwerk in das Kontinuum, d. h. in die anisotrope bzw. im Sonderfall in die isotrope Platte über.

Der Kreuzungswinkel der beiden Trägerscharen eines Kreuzwerks ist beliebig. Die Verbindung der Träger in den Kreuzungspunkten sei zug-, druck- und biegefest. Der Einfluß der horizontalen Biegesteifigkeit der Träger wird stets vernachlässigt. Beim zweiseitig gelagerten Kreuzwerk einer Brücke besteht die erste Schar aus den in den Lagern unterstützten Hauptträgern, die zweite Schar wird von den lastverteilenden Querträgern gebildet, die vom linken zum rechten Randhauptträger durchlaufen. Außer den lastverteilenden Querträgern können noch Nebenquerträger angeordnet sein, die nur zur Unterstützung der Fahrbahntafel und zur Aussteifung der Hauptträgerobergurte dienen, deren Wirkung jedoch vernachlässigt wird. Die lastverteilenden Querträger werden daher für die Folge kurz Querträger genannt.

Wir behandeln Kreuzwerke ohne Drehsteifigkeit und solche, bei denen nur die Hauptträger drehsteif ausgebildet sind. Die Untersuchungen werden am Balkenkreuzwerk durchgeführt, das Lösungsverfahren läßt sich auch auf die Bogenkreuzwerke anwenden. Wenn wir in der Folge von Kreuzwerken sprechen, werden stets Balkenkreuzwerke vorausgesetzt.

Die vorliegende Kreuzwerktheorie bedient sich der klassischen Statik. Der Rechnungsgang ist folgender:

Zur Unterteilung der Matrix der Elastizitätsgleichungen werden in der Brückenlängsrichtung angeordnete Last- und Momentgruppen angebracht. Diese Gruppenbelastungen ermöglichen es, die Berechnung des Kreuzwerks auf die Berechnung von zwei Hilfssystemen zurückzuführen, von denen sich das erste in Brückenlängs-, das zweite in Brückenquerrichtung erstreckt.

Beim Kreuzwerk ohne Drehsteifigkeit werden nur Lastgruppen angesetzt und die Lösungen auf die in Abb. 1a dargestellten Hilfssysteme 1 und 2 zurückgeführt.

Hilfssystem 1, in der Längsrichtung des Kreuzwerks, ist der Durchlaufbalken auf $n+2$ starren Stützen,

Hilfssystem 2, in der Querrichtung des Kreuzwerks, ist der Durchlaufbalken auf m elastisch senkbaren Stützen.

Beim Kreuzwerk mit drehsteifen Hauptträgern werden Last- und Momentgruppen angesetzt und die Lösungen auf die in Abb. 1b dargestellten Hilfssysteme 1 und 3 zurückgeführt.

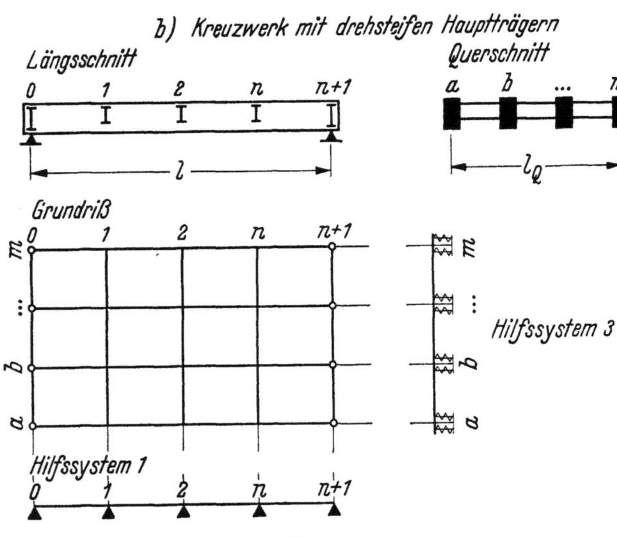

Abb. 1.

Hilfssystem 1, in der Längsrichtung des Kreuzwerks, ist der Durchlaufbalken auf $n+2$ starren Stützen,

Hilfssystem 3, in der Querrichtung des Kreuzwerks, ist der Durchlaufbalken auf m elastisch senk- und drehbaren Stützen[1].

Durch diese Zurückführung auf bekannte Systeme gewinnt das neue Verfahren besondere Anschaulichkeit. Die Zahl der Haupt- und Querträger des Kreuzwerks kann endlich oder auch unendlich groß sein.

2. Bezeichnungen am Kreuzwerk.

Jeder Ort am Kreuzwerk, Abb. 2, muß wegen der Flächenwirkung des Tragwerks durch zwei Zeichen bestimmt werden. Die m Hauptträger einer Brücke werden mit den Buchstaben $a, b, \ldots, i, k, \ldots, m$, die n Querträger mit den Zahlen $1, 2, 3, \ldots, h, j, \ldots, n$ benannt. Die allgemeine Bezeichnung eines Hauptträgers ist also i oder k, die eines Querträgers h oder j. Bei der Ortsbestimmung bezeichnet stets der erste der beiden Zeiger das untersuchte Konstruktionsglied. Für die Hauptträgerberechnung bezeichnen wir einen Knoten daher mit ih, für die Querträgeruntersuchung jedoch den gleichen Knoten mit hi. Ein beliebiger Schnitt an einem Hauptträger i hat die Entfernungen x und x' von den Auflagern, er wird ix genannt. Wird die Hauptträgerlänge in gleiche Teile eingeteilt, so werden die Schnitte am Hauptträger mit $i0$; $i0,5$; $i1$; $\ldots$ bezeichnet. Ein Schnitt am Querträger h hat die Entfernungen y und y' von den Randträgern, er wird mit hy bezeichnet. Eine Einzellast $P=1$, die sich auf der Kreuzwerkgrundfläche bewegt, hat die Entfernungen v und v' von den Auflagern, w und w' von den Randhauptträgern. Wir bezeichnen diesen Ort mit vw. Steht die Last $P=1$ in v auf einem Hauptträger k, so heißt dieser Ort kv, steht sie jedoch in w auf einem Querträger j, so heißt dieser Ort jw.

---

[1] Als Symbol für die elastisch senk- und drehbare Stütze wurde die Doppelfeder gewählt.

Jede statische Größe — Knotenkraft K, Querkraft Q, Biegemoment M und Durchbiegung δ — erhält vier Zeiger, die ersten beiden bezeichnen die Lage des untersuchten Knotens oder Querschnitts, die letzten zwei den Ort der Last; z. B.

$$K_{i2,\,vw}, \text{ Abb. 3a,}$$
$$M_{ix,\,kv}, \text{ Abb. 3b,}$$
$$Q_{hy,\,kv}, \text{ Abb. 3c}$$

und

$$\delta_{hy,\,jw}.$$

Zu diesen vier Zeigern kann noch ein fünfter treten, der zur Kennzeichnung der statischen Größe am Hauptsystem dient, z. B.

$$M^0_{ix,\,kv}.$$

Die statische Größe am Hauptsystem wird jedoch gleich Null, wenn $k \neq i$ ist.

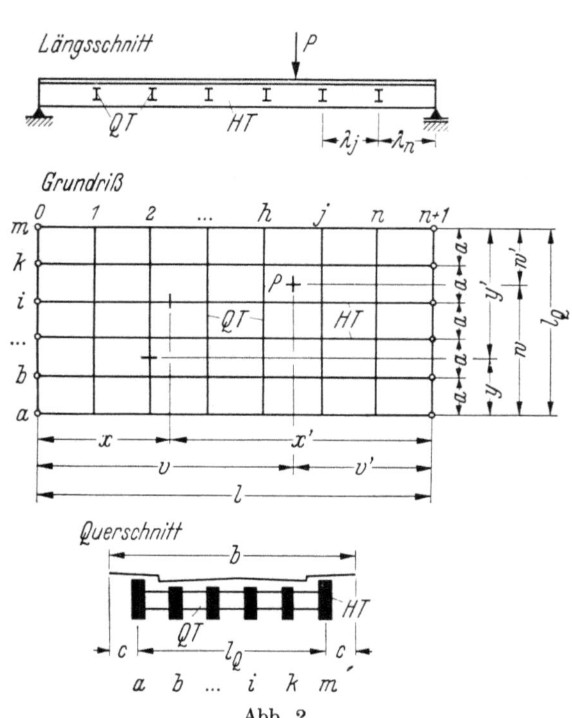

Abb. 2.

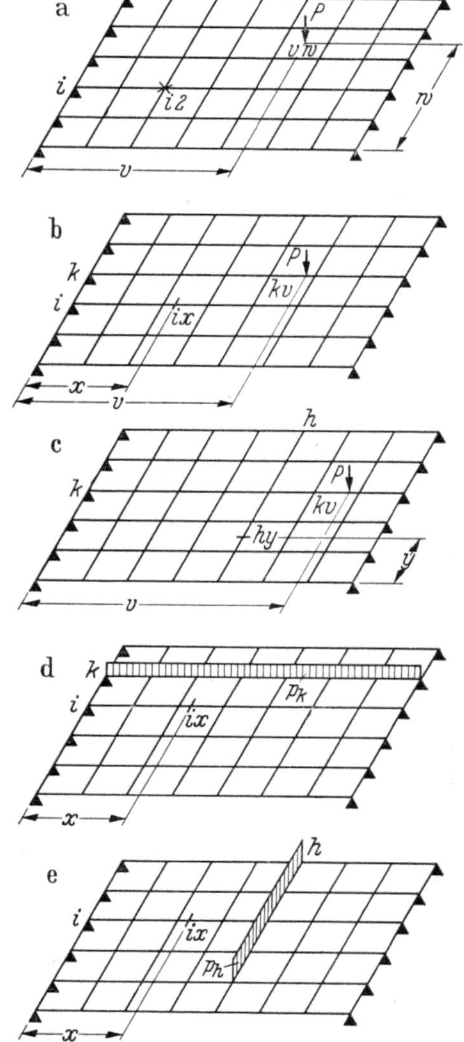

Abb. 3.

Streckenlasten auf Haupt- oder Querträgern bezeichnen wir mit p_k oder p_h, die statischen Wirkungen hieraus mit

$$S_{ix,\,p_k}, \text{ Abb. 3d,}$$

oder

$$S_{ix,\,p_h}, \text{ Abb. 3e.}$$

I. Hilfssysteme zur Kreuzwerkberechnung.

§ 1. Der durchlaufende Balken auf starren Stützen.

1. Über die Verwendung von Lastgruppen[1].

Wie wir in § 4 feststellen werden, besteht zwischen den Gleichungen der Knotenkräfte eines Kreuzwerks mit n Querträgern und den Lösungen für die Auflagerkräfte eines Balkens auf $n + 2$ starren Stützen, Abb. 4, eine enge Verwandtschaft. Wir behandeln daher in diesem Abschnitt den Durchlaufträger auf starren Stützen als Hilfssystem zur Kreuzwerkberechnung.

Im Gegensatz zur üblichen Berechnung dieser Systeme, die auf Dreimomentengleichungen führt, verwenden wir hier statisch unbestimmte Lastgruppen und vereinfachen das System der Elastizitätsgleichungen mit n Gleichungen und n Unbekannten so, daß ein System von n unabhängigen Gleichungen mit nur je einer Unbekannten entsteht. Das bedeutet, daß in der Matrix der Elastizitätsgleichungen die Formänderungsgrößen mit zwei verschiedenen Zeigern verschwinden.

Zur Bildung eines statisch bestimmten Hauptsystems beseitigen wir die n mittleren Stützungen des Balkens. In diesen Punkten 1 bis n bringen wir die statisch unbestimmten Auflagerkräfte als Lastgruppen $X_{(n)} = +1$, $n = 1, 2, 3, \ldots, n$ an. Beim $n$fach statisch unbestimmten Tragwerk müssen n verschiedene Lastgruppen angebracht werden. Jede Lastgruppe besteht aus n Einzellasten, den sogenannten Gruppenlasten $\alpha_{h(n)}$. Es müssen daher insgesamt n^2 Gruppenlasten bestimmt werden. Die unbekannten Auflagerdrücke A_{1v}, A_{2v}, $\ldots$, A_{nv} infolge $P = 1$ in v können wir nach dem Überlagerungsgesetz in der Form schreiben:

$$A_{1v} = \alpha_{1(1)}\, X_{(1)v} + \alpha_{1(2)}\, X_{(2)v} + \cdots + \alpha_{1(n)}\, X_{(n)v},$$
$$A_{2v} = \alpha_{2(1)}\, X_{(1)v} + \alpha_{2(2)}\, X_{(2)v} + \cdots + \alpha_{2(n)}\, X_{(n)v},$$
$$\cdots$$
$$A_{hv} = \alpha_{h(1)}\, X_{(1)v} + \alpha_{h(2)}\, X_{(2)v} + \cdots + \alpha_{h(n)}\, X_{(n)v},$$
$$\cdots$$
$$A_{nv} = \alpha_{n(1)}\, X_{(1)v} + \alpha_{n(2)}\, X_{(2)v} + \cdots + \alpha_{n(n)}\, X_{(n)v}.$$

In verkürzter Schreibweise gilt:

$$A_{hv} = \sum_{n=1\ldots n} \alpha_{h(n)}\, X_{(n)v}, \qquad\qquad 1\,(1)$$

$$h = 1 \ldots n, \quad 0 \leq v \leq l.$$

Darin ist:

$\alpha_{h(n)}$ die Gruppenlast am Auflager h, die als Teil der n-ten Lastgruppe zum Belastungszustand $X_{(n)} = +1$ gehört.

$X_{(n)v}$ die endgültige statisch unbestimmte Größe — Lastgruppe — infolge von $P = 1$ in Punkt v am Balken.

---

[1] Zur Einführung in das Berechnungsverfahren mit Hilfe von Gruppenlasten kann Müller-Breslau: „Graphische Statik der Baukonstruktionen" Bd. II, 1. Abt., S. 163, verwendet werden.

Die statisch unbestimmte Größe ist üblicherweise eine Kraft oder ein Moment $X_n = +1$. Hier tritt eine statisch unbestimmte Größe höherer Ordnung auf. Sie besteht aus n Einzelgliedern $\alpha_{h(n)}$, $h = 1 \ldots n$, die insgesamt durch die Größe $X_{(n)} = +1$ ausgedrückt werden. $X_{(n)v}$, die endgültige Lastgruppe mit den Gruppenlasten $\alpha_{h(n)} X_{(n)v}$, hat keine Dimension und ist nur ein Multiplikator.

Die Auflagerkräfte A_{hv} an den mittleren Lagern werden hier, mit Rücksicht auf die Kreuzwerkberechnung, wie äußere Kräfte behandelt. Sie erhalten positives Vorzeichen, wenn sie am losgelösten Balken auf zwei Stützen positive Momente erzeugen. Die inneren n Auflagerkräfte sind daher, entgegen der üblichen Vorzeichenfestsetzung für die Auflagerkräfte am Durchlaufträger, hier negativ.

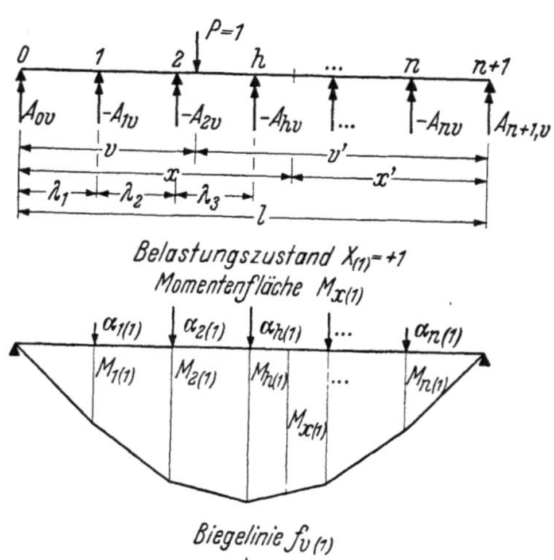

Die Elastizitätsgleichungen mit nur einer Unbekannten nehmen eine sehr einfache Form an:

$$\delta_{(n)v} + X_{(n)v}\,\delta_{(n)(n)} = 0. \qquad 1\,(2)$$

Die Einflußlinien der statisch unbestimmten Lastgruppen sind:

$$X_{(1)v} = -\frac{\delta_{(1)v}}{\delta_{(1)(1)}}, \qquad X_{(2)v} = -\frac{\delta_{(2)v}}{\delta_{(2)(2)}},$$

$$\cdots \qquad \cdots, \qquad X_{(n)v} = -\frac{\delta_{(n)v}}{\delta_{(n)(n)}}. \qquad 1\,(3)$$

Wir erhalten die Gleichungen der Einflußlinien der Auflagerkräfte

$$A_{hv} = -\alpha_{h(1)}\frac{\delta_{(1)v}}{\delta_{(1)(1)}} - \alpha_{h(2)}\frac{\delta_{(2)v}}{\delta_{(2)(2)}} - \cdots - \alpha_{h(n)}\frac{\delta_{(n)v}}{\delta_{(n)(n)}}$$

oder:

$$A_{hv} = -\sum_{n=1\ldots n}\alpha_{h(n)}\frac{\delta_{(n)v}}{\delta_{(n)(n)}}, \qquad \begin{array}{l} h = 1 \ldots n, \\ 0 \leqq v \leqq l. \end{array} \qquad 1\,(4)$$

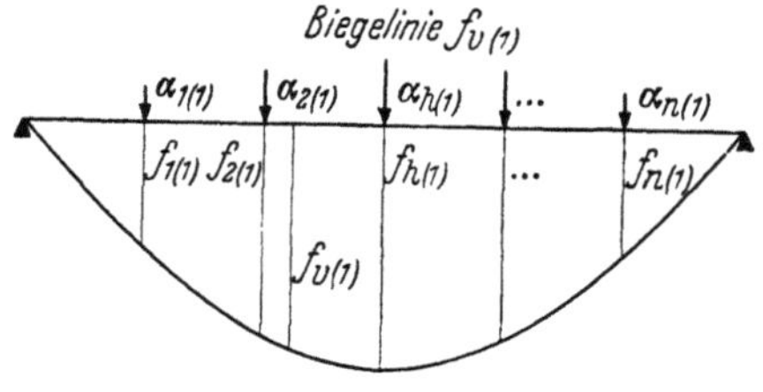

Wir nehmen nun vorläufig an, daß die Gruppenlasten $\alpha_{h(n)}$ bekannt sind. Nach üblichen Verfahren berechnen wir die Biegemomente $M_{x(n)}$ und die Knotendurchbiegungen $f_{h(n)}$ infolge der Belastungszustände $X_{(n)} = +1$, d. h. infolge der Belastung durch eine Lastgruppe $X_{(n)}$ am Balken auf zwei Stützen. Die Biegemomente lauten, Abb. 4:

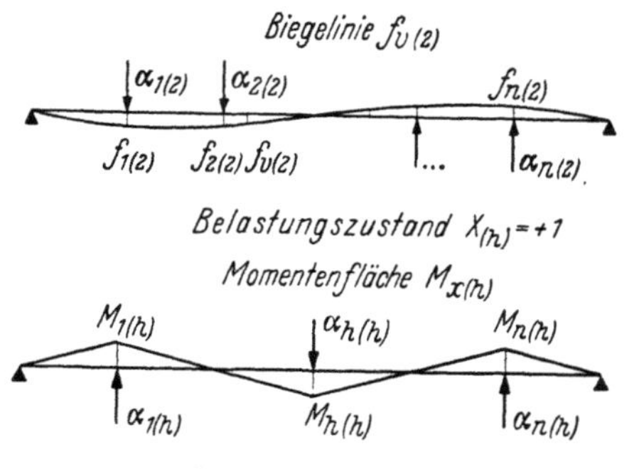

$$M_{x(n)} = M_{x1}\,\alpha_{1(n)} + M_{x2}\,\alpha_{2(n)} + \cdots +$$
$$+ M_{xj}\,\alpha_{j(n)} + \cdots + M_{xn}\,\alpha_{n(n)},$$

$$M_{x(n)} = \sum_{j=1\ldots n} M_{xj}\,\alpha_{j(n)}, \qquad \begin{array}{l} 0 \leqq x \leqq l, \\ n = 1 \ldots n. \end{array} \qquad 1\,(5)$$

Die Knotendurchbiegungen sind:

$$f_{h(n)} = f_{h1}\,\alpha_{1(n)} + f_{h2}\,\alpha_{2(n)} + \cdots + f_{hj}\,\alpha_{j(n)} +$$
$$+ \cdots + f_{hn}\,\alpha_{n(n)},$$

$$f_{h(n)} = \sum_{j=1\ldots n} f_{hj}\,\alpha_{j(n)}, \qquad \begin{array}{l} h = 1 \ldots n, \\ n = 1 \ldots n. \end{array} \qquad 1\,(6)$$

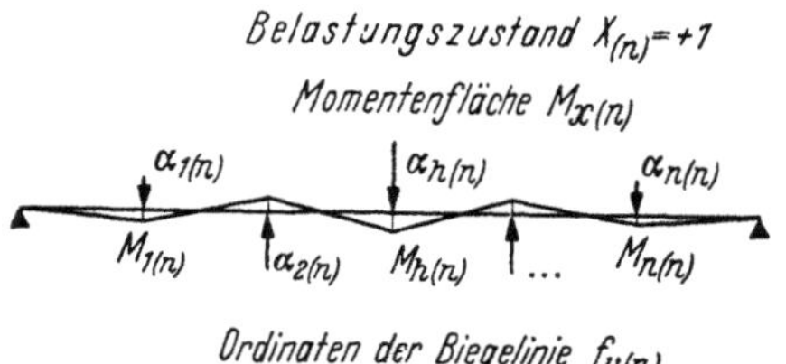

Abb. 4.

Es wird stets vorausgesetzt, daß die Gruppenlasten dem folgenden „Bildungsgesetz der Lastgruppen"

$$f_{h(n)} = \omega_{(n)}\,\alpha_{h(n)}, \qquad h = 1 \ldots j \ldots n, \qquad\qquad 1\,(7)$$
$$n = 1 \ldots n$$

gehorchen. Wir wollen jetzt den Beweis liefern, daß die Bedingung $\delta_{(n)(l)} = 0$ erfüllt ist. Wenden wir auf zwei beliebige Lastgruppen $X_{(n)}$ und $X_{(l)}$ und ihre Biegelinien die Arbeitsgleichung an, so erhalten wir

$$1\,\delta_{(n)(l)} = 1\,\delta_{(l)(n)} = \sum_{j=1\ldots n} \alpha_{j(n)}\,f_{j(l)} = \sum_{j=1\ldots n} \alpha_{j(l)}\,f_{j(n)},$$
$$n = 1 \ldots n, \qquad l = 1 \ldots n, \qquad n \neq l.$$

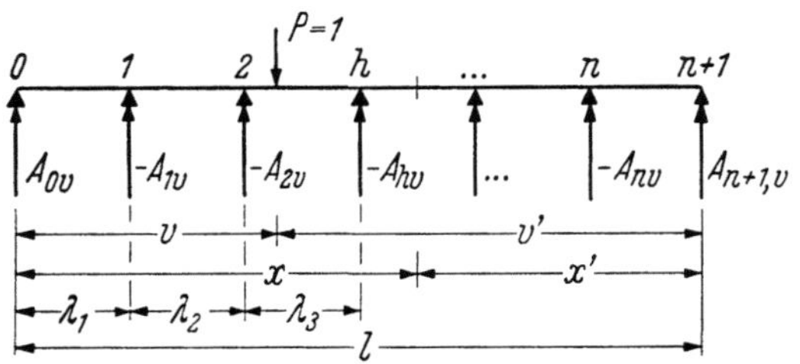

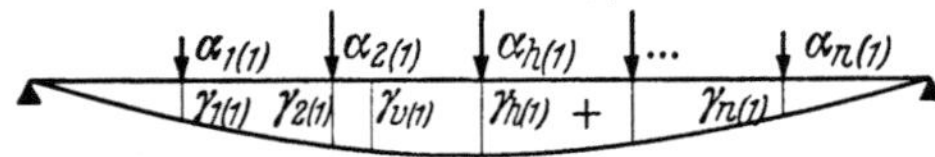

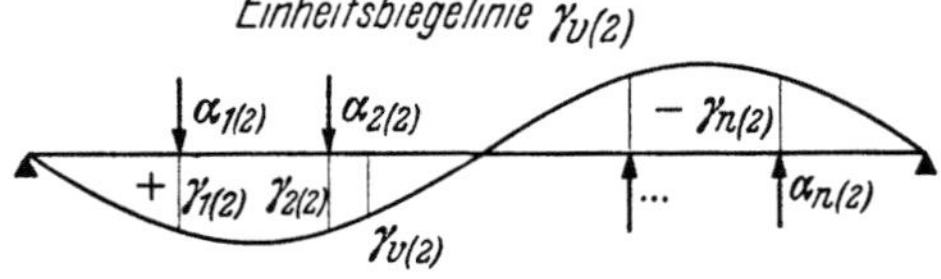

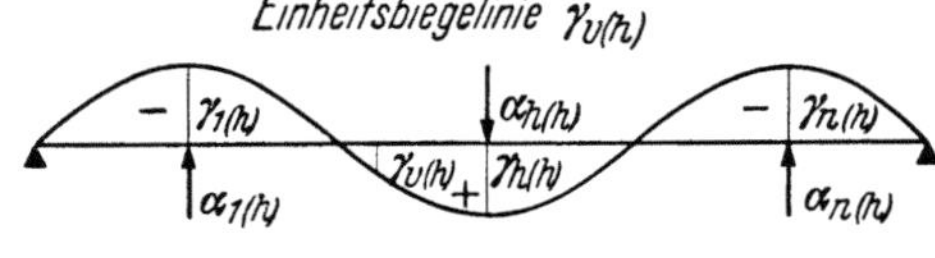

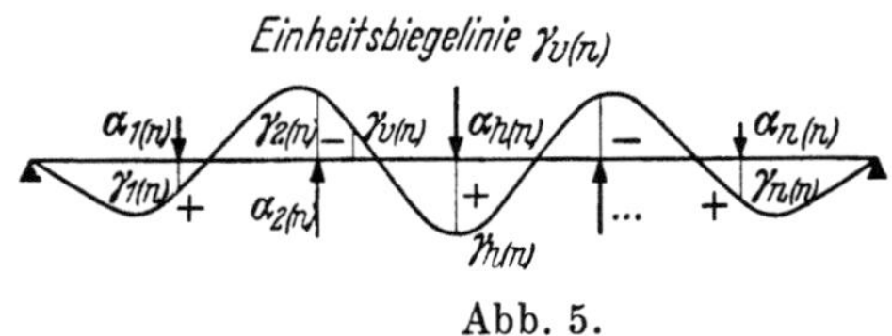

Abb. 5.

Wir setzen nun die Bedingung (7) ein und erhalten

$$\delta_{(n)(l)} = \omega_{(l)} \sum_{j=1\ldots n} \alpha_{j(n)}\,\alpha_{j(l)}$$
$$= \omega_{(n)} \sum_{j=1\ldots n} \alpha_{j(l)}\,\alpha_{j(n)} = 0.$$

Da die Größen $\omega_{(n)}$ für jeden Gruppenbelastungszustand feste, endliche Parameter darstellen, ist $\omega_{(n)} \neq \omega_{(l)}$. Die obige Gleichung kann daher nur bestehen, wenn die Summen gleich Null sind. Die Beziehung

$$\sum_{j=1\ldots n} \alpha_{j(n)}\,\alpha_{j(l)} = 0, \qquad \begin{array}{l} n = 1 \ldots n, \\ l = 1 \ldots n, \\ n \neq l \end{array} \qquad 1\,(8)$$

nennen wir Orthogonalitätsbedingung.

Erfüllen die Lastgruppen $X_{(n)}$ die Bedingungen 1 (7) und 1 (8), so verschwinden die Formänderungsgrößen mit zwei verschiedenen Zeigern. Wie wir unten zeigen werden, können wir die erste Beziehung zur Ermittlung, die zweite zur Nachprüfung der Lastgruppen benutzen. Wir berechnen nun die Formänderungsgrößen nach der Arbeitsgleichung.

$$1\,\delta_{(n)(n)} = \sum_{j=1\ldots n} \alpha_{j(n)}\,f_{j(n)}$$
$$= \omega_{(n)} \sum_{j=1\ldots n} \alpha_{j(n)}^2 = \frac{\omega_{(n)}}{\mu_{(n)}}. \qquad 1\,(9)$$

Darin ist

$$\mu_{(n)} = 1 : \sum_{j=1\ldots n} \alpha_{j(n)}^2. \qquad\qquad 1\,(10)$$

$$1\,\delta_{(n)v} = \sum_{j=1\ldots n} \alpha_{j(n)}\,f_{jv} = \sum_{j=1\ldots n} f_{vj}\,\alpha_{j(n)} = f_{v(n)}.$$

Der Gl. 1 (7) entsprechend drücken wir die Belastungsglieder aus

$$\delta_{(n)v} = f_{v(n)} = \omega_{(n)}\,\gamma_{v(n)}. \qquad\qquad 1\,(11)$$

Die Linien in Abb. 5

$$\gamma_{v(n)} = \frac{f_{v(n)}}{\omega_{(n)}}, \qquad n = 1 \ldots n, \qquad\qquad 1\,(12)$$
$$0 \leq v \leq l$$

nennen wir Einheitsbiegelinien, da es sich um reduzierte Biegelinien handelt, die unabhängig von der Steifigkeit des Balkens und der Größe der Durchbiegungen sind. Nach 1 (7) und 1 (11) gilt stets

$$\gamma_{h(n)} = \alpha_{h(n)}, \qquad h = 1 \ldots n, \qquad n = 1 \ldots n. \qquad\qquad 1\,(13)$$

Unterhalb der Gruppenlast $\alpha_{h(n)} = 1$ hat daher die Einheitsbiegelinie die Ordinate $\gamma_{h(n)} = 1$.
Wir erhalten dann die Einflußlinie der statisch unbestimmten Lastgruppe

$$X_{(n)v} = -\frac{\delta_{(n)v}}{\delta_{(n)(n)}} = -\frac{\omega_{(n)}\,\gamma_{v(n)}}{\omega_{(n)}/\mu_{(n)}},$$

$$X_{(n)v} = -\mu_{(n)}\,\gamma_{v(n)}, \qquad n = 1 \ldots n. \qquad\qquad 1\,(14)$$

Die Gleichung der Einflußlinie der statisch unbestimmten Auflagerkraft ist dann

$$A_{hv} = -\sum_{n=1\ldots n} \mu_{(n)}\,\alpha_{h(n)}\,\gamma_{v(n)}, \qquad \begin{matrix} h = 1 \ldots n, \\ 0 \le v \le l. \end{matrix} \qquad 1\,(15)$$

Mit den Wirkungen M^0_{xv}, Q^0_{xv} und δ^0_{xv} infolge äußerer Lasten und $M_{x(n)}$, $Q_{x(n)}$ und $f_{x(n)}$ infolge der Belastungszustände $X_{(n)} = +1$ am statisch bestimmten Hauptsystem erhalten wir die Einflußlinien der statischen Größen nach dem allgemein gültigen Ansatz

$$S = S^0 + S_1 X_1 + S_2 X_2 + \cdots + S_n X_n. \qquad\qquad 1\,(16)$$

$$M_{xv} = M^0_{xv} - \sum_{n=1\ldots n} \mu_{(n)}\,M_{x(n)}\,\gamma_{v(n)}, \qquad\qquad 1\,(17)$$

$$Q_{xv} = Q^0_{xv} - \sum_{n=1\ldots n} \mu_{(n)}\,Q_{x(n)}\,\gamma_{v(n)}, \qquad\qquad 1\,(18)$$

$$\delta_{xv} = \delta^0_{xv} - \sum_{n=1\ldots n} \mu_{(n)}\,f_{x(n)}\,\gamma_{v(n)}, \qquad \begin{matrix} 0 \le x \le l, \\ 0 \le v \le l. \end{matrix} \qquad 1\,(19)$$

Damit sind die vollständigen Lösungen für alle statischen Wirkungen unter der Voraussetzung gefunden, daß die Gruppenlasten $\alpha_{h(n)}$ der Belastungszustände $X_{(n)} = +1$ bekannt sind.

Wir wollen hier noch eine Verallgemeinerung vornehmen, die für die spätere Kreuzwerkberechnung bedeutungsvoll ist.

Die Größen $S_n X_n$ des allgemeinen Ansatzes 1 (16) lauten in der gewählten Schreibweise $S_{x(n)} X_{(n)v}$. Wir bezeichnen dieses Produkt allgemein mit

$$S_{x(n),v} = S_{x(n)}\,X_{(n)v}, \qquad \begin{matrix} 0 \le x \le l, \\ 0 \le v \le l, \\ n = 1 \ldots n, \end{matrix} \qquad 1\,(20)$$

und einzeln

$$A_{h(n),v} = \alpha_{h(n)}\,X_{(n)v} = -\mu_{(n)}\,\alpha_{h(n)}\,\gamma_{v(n)}, \qquad\qquad 1\,(21)$$

$$M_{x(n),v} = M_{x(n)}\,X_{(n)v} = -\mu_{(n)}\,M_{x(n)}\,\gamma_{v(n)}, \qquad\qquad 1\,(22)$$

$$Q_{x(n),v} = Q_{x(n)}\,X_{(n)v} = -\mu_{(n)}\,Q_{x(n)}\,\gamma_{v(n)}, \qquad\qquad 1\,(23)$$

$$\delta_{x(n),v} = f_{x(n)}\,X_{(n)v} = -\mu_{(n)}\,f_{x(n)}\,\gamma_{v(n)}. \qquad\qquad 1\,(24)$$

Die neue allgemeine Lösung lautet dann:

$$S_{xv} = S^0_{xv} + \sum_{n=1\ldots n} S_{x(n),v}, \qquad\qquad 1\,(25)$$

$$0 \le x \le l, \qquad 0 \le v \le l.$$

Darin ist $S_{x(n),v}$ die Einflußlinie der Wirkung der statisch unbestimmten Größe — Lastgruppe $X_{(n)v}$ — an der Stelle x infolge der Belastung $P = 1$ in v.

Bei den vorstehenden Ableitungen wurde kein ausgezeichnetes System zugrunde gelegt. Wir können sie daher auch zur Berechnung der Hilfssysteme benutzen, die später bei der Berechnung von durchlaufenden Kreuzwerken und Bogenkreuzwerken auftreten.

Das angegebene Rechnungsverfahren hat auch ohne die Beziehungen zum Kreuzwerk Bedeutung, da es für beliebige, statisch unbestimmte Tragwerke zur Ermittlung von orthogonalen Gruppenlasten angewendet werden kann.

Für den häufig auftretenden Fall, daß der Durchlaufbalken, Abb. 4, auf seine ganze Länge gleichbleibendes Trägheitsmoment aufweist, können für die Berechnung der Durchbiegungen des Balkens auf 2 Stützen geschlossene Lösungen benutzt werden[1], Abb. 6.

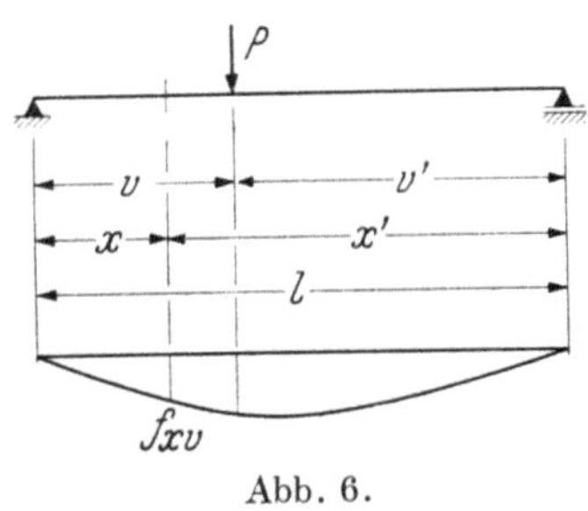

Abb. 6.

$$0 \leqq x \leqq v$$

$$f_{xv} = \frac{P\,l^3}{E\,J}\,\frac{1}{6}\,\frac{v'}{l}\,\frac{x}{l}\left[1 - \left(\frac{v'}{l}\right)^2 - \left(\frac{x}{l}\right)^2\right], \qquad 1\ (26)$$

$$v \leqq x \leqq l$$

$$f_{xv} = \frac{P\,l^3}{E\,J}\,\frac{1}{6}\,\frac{v}{l}\,\frac{x'}{l}\left[1 - \left(\frac{v}{l}\right)^2 - \left(\frac{x'}{l}\right)^2\right]. \qquad 1\ (27)$$

2. Die Bildung der Lastgruppen.

Beim Durchlaufbalken mit gleichbleibendem Trägheitsmoment und gleich großen Öffnungen, wie er als Hilfssystem in der Berechnung frei aufliegender Kreuzwerke auf zwei Stützenreihen auftritt, können wir für jede beliebige Größe von n die Lastgruppen ohne jede Zwischenrechnung angeben.

Als Gruppenlasten $\alpha_{h(n)}$ der Zustände $X_{(n)} = +1$ wählen wir Ordinaten von n Sinus-Wellen. Wir betrachten die Stützweite des Balkens als Winkel und setzen $l = n\,\pi$, $n = 1 \ldots n$. Die zu einem bestimmten Auflager h gehörige Gruppenlast hat dann die Größe

$$\alpha_{h(n)} = \sin n\pi x_h/l, \qquad 1\ (28)$$

$$h = 1 \ldots n, \qquad 0 \leqq x_h \leqq l, \qquad n = 1 \ldots n.$$

Die Sinus-Funktionen sind bekanntlich orthogonal, sie genügen außerdem, wie man sich leicht überzeugen kann, dem Grundgesetz 1 (7). Für diesen Sonderfall ist die Lösung des Problems von überraschender Einfachheit.

Wir wollen außerdem die Berechnung der Gruppenlasten in ganz allgemein gültiger Form zeigen. Diese gilt für beliebig verteilte Trägheitsmomente, ungleiche Öffnungsverhältnisse und auch für den Fall, daß das beliebige Hauptsystem selbst t-fach statisch unbestimmt ist.

Nach 1 (6) und 1 (7) gilt am Balken im Hauptsystem

$$f_{h(n)} = \sum_{j=1 \ldots n} f_{hj}\,\alpha_{j(n)} \qquad \text{und} \qquad f_{h(n)} = \omega_{(n)}\,\alpha_{h(n)}.$$

Wir fassen beide Gleichungen zusammen. Da die folgenden Untersuchungen nicht auf eine bestimmte Gruppe bezogen werden sollen, wird der Index (n) weggelassen.

$$\omega\,\alpha_h = f_{h1}\,\alpha_1 + f_{h2}\,\alpha_2 + \cdots + f_{hh}\,\alpha_h + \cdots + f_{hn}\,\alpha_n,$$

$$f_{h1}\,\alpha_1 + f_{h2}\,\alpha_2 + \cdots + (f_{hh} - \omega)\,\alpha_h + \cdots + f_{hn}\,\alpha_n = 0,$$

$$h = 1 \ldots n.$$

Wir können nun n solche, homogene lineare Gleichungen mit n Unbekannten aufstellen.

	α_1	α_2	$\cdots$	α_n	
1.	$f_{11} - \omega$	f_{12}	$\cdots$	f_{1n}	$= 0$
2.	f_{21}	$f_{22} - \omega$	$\cdots$	f_{2n}	$= 0$
$\cdots$	$\cdots$	$\cdots$	$\cdots$	$\cdots$	$= 0$
n.	f_{n1}	f_{n2}	$\cdots$	$f_{nn} - \omega$	$= 0$

$$1\ (29)$$

Das obige Gleichungssystem ist nur in dem besonderen Fall lösbar, daß die Gleichungen voneinander abhängig sind, d. h. die Nennerdeterminante der Koeffizienten muß Null sein. Es zeigt sich, daß dieser Fall nur für Sonderwerte von ω, nämlich die Eigenwerte $\omega_{(1)}$, $\omega_{(2)}$, $\ldots$, $\omega_{(n)}$ eintritt.

---

[1] Stahlbau-Handbuch 1949/50, S. 65.

Aus der Nullsetzung der Nennerdeterminante erhalten wir eine Gleichung n-ten Grades für ω, die Frequenzgleichung genannt wird.

$$D = \omega^n + A_{n-1}\,\omega^{n-1} + A_{n-2}\,\omega^{n-2} + \cdots + A_1\,\omega + A_0 = 0. \qquad 1\,(30)$$

Die Auflösung dieser Gleichung erfolgt mit Hilfe des bekannten Newtonschen Näherungsverfahrens. Jede gefundene Wurzel $\omega_{(1)}$, $\omega_{(2)}$, ..., $\omega_{(n)}$ wird nacheinander zur Berechnung der Gruppenlasten $\alpha_{j(n)}$, $j = 1 \ldots n$, $n = 1 \ldots n$ in das homogene Gleichungssystem 1 (29) eingeführt. Es stehen n Gleichungen zur Verfügung. Da diese homogen sind, kann jeweils ein beliebiger Wert $\alpha_{j(n)}$ gleich Eins gesetzt werden. Es gibt daher eine Gleichung mehr als die Zahl der Unbekannten. Eine beliebige Gleichung kann daher zur Nachprüfung benutzt werden.

Die Ermittlung der Gruppenlasten ist, mathematisch ausgedrückt, auf eine Eigenwertberechnung zurückgeführt worden[1]. Die Gruppenlasten können daher auch Eigenlösungen genannt werden. In der Mathematik werden die Eigenlösungen meist normiert. Die Normierungsbedingung lautet:

$$\sum_{j=1\ldots n} \alpha_{j(n)}^2 = 1, \qquad n = 1 \ldots n. \qquad 1\,(31)$$

Wir haben auf diese Normierung verzichtet, da es in der Baustatik praktischer ist, eine beliebige Gruppenlast, meist die größte, gleich Eins zu setzen. Auch die Sinus-Funktionen sind nicht normiert. Sind alle Eigenwerte verschieden, so sind die Lastgruppen orthogonal. Die Orthogonalitätsbedingung lautet nach Gl. 1 (8)

$$\sum_{j=1\ldots n} \alpha_{j(n)}\,\alpha_{j(l)} = 0, \qquad n = 1 \ldots n, \qquad l = 1 \ldots n,$$
$$n \neq l,$$

d. h. die Formänderungsgrößen mit zwei verschiedenen Zeigern verschwinden.

$$\delta_{(n)(l)} = \sum_{j=1\ldots n} \alpha_{j(n)}\,f_{j(l)} = \omega_{(l)} \sum_{j=1\ldots n} \alpha_{j(n)}\,\alpha_{j(l)} = 0.$$

Wir benutzen die Orthogonalitätsbeziehung zur Nachprüfung der Gruppenlasten auf ihre Richtigkeit.

Der Gang der Auflösung der Frequenzgleichung 1 (30) ist folgender:

Die Frequenzgleichung wird für einige Werte ω ausgerechnet und als Kurve bildlich aufgetragen. Die n Schnittpunkte der Kurve mit der ω-Achse sind die Nullstellen der Funktion $D = f(\omega)$. Der Abbildung können diese n Werte nur in erster Annäherung entnommen werden. Wir benutzen diese Werte

$$\omega_{(1)}, \quad \omega_{(2)}, \quad \ldots, \quad \omega_{(n)}$$

als Ausgangswerte der Berechnung der Nullstellen nach dem Newtonschen Näherungsverfahren. Dieses ist aus der Taylorschen Reihe entwickelt worden.

Wir benutzen hier die von Willers[2] angegebene Form der Lösung, wobei neben dem linearen noch weitere Glieder der Reihenentwicklung berücksichtigt werden. Es gilt

$$x_2 = x_1 - \frac{f(x_1)}{f'(x_1)} - \frac{f''(x_1)}{2f'^3(x_1)}\,f^2(x_1) - \left[\frac{f''^2(x_1)}{f'(x_1)} - \frac{f'''(x_1)}{3}\right]\frac{f^3(x_1)}{2f'^4(x_1)}. \qquad 1\,(32)$$

Darin ist x_1 ein Näherungswert für die Nullstelle,

x_2 ein verbesserter Wert.

$f(x_1)$, $f'(x_1)$, $f''(x_1)$, $f'''(x_1)$ sind die Funktion an der Stelle x_1 und ihre drei Ableitungen.

Bei der Durchführung der Berechnung ist zu beachten, daß wir uns der Nullstelle von der Seite aus nähern, wo die Funktion und ihre zweite Ableitung das gleiche Vorzeichen aufweisen.

Das Verfahren von Willers arbeitet sehr schnell und sicher. Verlangt man die Nullstellen auf sechs Stellen nach dem Komma genau, so ist meist nur ein Rechnungsgang erforderlich.

---

[1] Eigenwertprobleme sind ausführlich behandelt in C. B. Biezeno und R. Grammel: Technische Dynamik, S. 148 u. f. Berlin: Springer 1939.

[2] Willers, Fr. A.: Methoden der praktischen Analysis, S. 171 u. f. Berlin 1938.

Wir führen die Berechnung stets ein zweites Mal durch, wobei wir die Entwicklung nach dem linearen Glied abbrechen. Da sich $f'(x)$ nur wenig mit x ändert, schreiben wir jetzt genau genug

$$x_3 = x_2 - \frac{f(x_2)}{f'(x_1)}. \qquad\qquad 1\,(33)$$

Der weiter verbesserte Wert x_3 wird dann, innerhalb des gewünschten Genauigkeitsbereichs, als Lösung angegeben.

Natürlich kann auch das Newtonsche Näherungsverfahren in seiner üblichen Form benutzt werden. Es sind dann mehrere, jedoch einfacher durchzuführende Rechnungsgänge erforderlich.

Zur Nachprüfung der Wurzelwerte auf ihre Richtigkeit benutzen wir die bekannten Beziehungen:

$$A_{n-1} \doteq -(\omega_{(1)} + \omega_{(2)} + \cdots + \omega_{(n)}),$$
$$A_{n-2} = +(\omega_{(1)}\,\omega_{(2)} + \omega_{(1)}\,\omega_{(3)} + \cdots + \omega_{(n-1)}\,\omega_{(n)}),$$
$$\cdots \qquad \cdots$$
$$A_0 = (-1)^n\,\omega_{(1)}\,\omega_{(2)}\cdots\omega_{(n)}.$$

A_{n-2} ist Summe aller möglichen Produkte von je zwei Wurzeln,
A_{n-3} die Summe aller möglichen Produkte von je drei Wurzeln, multipliziert mit -1.

Bei den hier auftretenden Gleichungen sind sämtliche n Wurzeln positiv, reell und untereinander verschieden.

§ 2. Der durchlaufende Balken auf elastisch senkbaren Stützen.

1. Die Elastizitätsgleichungen.

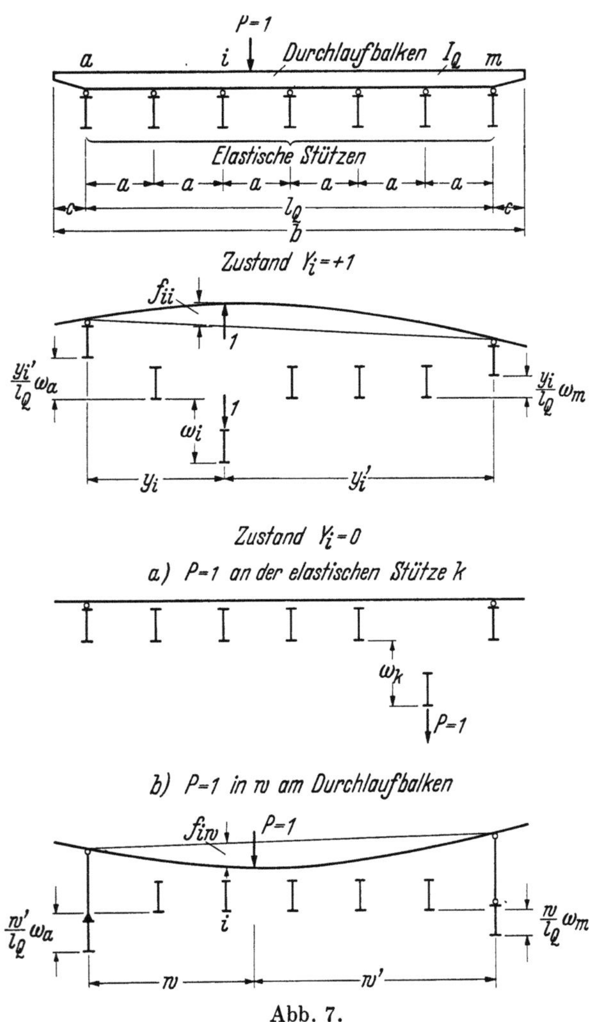

Abb. 7.

Greifen bei einem Kreuzwerk mit m Hauptträgern und einem lastverteilenden Querträger die äußeren Kräfte nur in der Ebene dieses Querträgers an, so liegt das reine Problem der Berechnung eines Durchlaufbalkens auf elastischen Stützen vor, wobei der Querträger den Balken, die Hauptträger die elastischen Stützen darstellen. Zwischen den Gleichungen der Knotenkräfte eines Kreuzwerks mit n Querträgern und den Auflagerkräften eines Balkens auf elastischen Stützen besteht, wie wir in § 4 beweisen werden, eine überaus enge Verwandtschaft. Wir behandeln daher den Balken auf elastischen Stützen als Hilfssystem zur Kreuzwerkberechnung.

Der Balken auf m elastischen Stützen, Abb. 7, ist $(m-2)$fach statisch unbestimmt. Zur Bildung eines statisch bestimmten Hauptsystems werden die Verbindungen des Balkens mit den $(m-2)$ inneren elastischen Stützen gelöst. In diesen Auflagerpunkten werden die statisch unbestimmten Größen $Y_b, \ldots, Y_i, \ldots, Y_{m-1}$ als Spreizkräfte — Doppelkräfte — zwischen Balken und elastischen Stützen angebracht. Die beiden Einzelkräfte jeder Doppelkraft liegen in der gleichen Wirkungslinie, sie sind jedoch stets gegeneinander gerichtet. Die Belastungszustände $Y_i = +1$ und $Y_i = 0$ für $P = 1$ in w am Balken und $P = 1$ an der elastischen Stütze k sind in Abb. 7 dargestellt. Die Durchbiegungen in Richtung der statisch Überzähligen $Y_i = +1$ werden positiv gezählt. Wir bezeichnen die Durchbiegungen des Balkens auf zwei Stützen an der Stelle k infolge einer Last $P = 1$ in w mit f_{kw}, die Einsenkung eines Stützpunktes i infolge des Stützendrucks $B_i = 1$ mit ω_i.

Die Formänderungsgrößen δ_{ik}; $i, k = b \ldots m - 1$; und Belastungsglieder δ_{io} berechnen wir mit Hilfe der Arbeitsgleichung.

$$\text{Zustand } Y_i = +1.$$

$$1\,\delta_{ii} = \omega_i + \frac{y_i'^2}{l_Q^2}\,\omega_a + \frac{y_i^2}{l_Q^2}\,\omega_m + f_{ii}, \qquad\qquad 2\,(1)$$

$$1\,\delta_{ik} = 0 + \frac{y_i'\,y_k'}{l_Q^2}\,\omega_a + \frac{y_i\,y_k}{l_Q^2}\,\omega_m + f_{ik}. \qquad\qquad 2\,(2)$$

$$\text{Zustand } Y_i = 0.$$

a) $P = 1$ an der elastischen Stütze k.

$$1\,\delta_{io} = 0, \quad i = b \ldots m - 1, \; i \neq k, \; 1\,\delta_{ko} = +\omega_k. \qquad\qquad 2\,(3)$$

b) $P = 1$ in w am Balken.

$$1\,\delta_{io} = 0 - \frac{y_i'\,w'}{l_Q^2}\,\omega_a - \frac{y_i\,w}{l_Q^2}\,\omega_m - f_{iw}, \quad i = b \ldots m - 1. \qquad\qquad 2\,(4)$$

Die Berechnung der Durchbiegungen f_{ik} und f_{iw} des losgelösten Balkens im Hauptsystem erfolgt bei veränderlichem Trägheitsmoment des Balkens nach bekannten Verfahren. Meist hat der Balken auf seine ganze Länge l_Q gleichbleibendes Trägheitsmoment J_Q, es können die geschlossenen Lösungen für die Durchbiegungen des Trägers auf zwei Stützen benutzt werden. Es gelten die Beziehungen

$$0 \leqq y \leqq w$$

$$f_{yw} = \frac{P\,l_Q^3}{E\,J_Q}\,\frac{1}{6}\,\frac{w'}{l_Q}\,\frac{y}{l_Q}\left[1 - \left(\frac{w'}{l_Q}\right)^2 - \left(\frac{y}{l_Q}\right)^2\right], \qquad\qquad 2\,(5a)$$

$$w \leqq y \leqq l_Q$$

$$f_{yw} = \frac{P\,l_Q^3}{E\,J_Q}\,\frac{1}{6}\,\frac{w}{l_Q}\,\frac{y'}{l_Q}\left[1 - \left(\frac{w}{l_Q}\right)^2 - \left(\frac{y'}{l_Q}\right)^2\right]. \qquad\qquad 2\,(5b)$$

Die Elastizitätsgleichungen erhalten die Form:

	Y_b	Y_c	$\ldots$	Y_{m-1}	$-\delta_{bo}$	$-\delta_{co}$	$\ldots$	$-\delta_{m-1,0}$
1.	δ_{bb}	δ_{bc}	$\ldots$	δ_{bm-1}	1			
2.	δ_{cb}	δ_{cc}	$\ldots$	δ_{cm-1}		1		
$\ldots$	$\ldots$	$\ldots$	$\ldots$	$\ldots$			1	
$m-2.$	$\delta_{m-1,b}$	$\delta_{m-1,c}$	$\ldots$	$\delta_{m-1,m-1}$				1

$$2\,(6)$$

In der Matrix des Durchlaufbalkens auf elastischen Stützen sind bei obiger Wahl der statisch unbestimmten Größen stets alle Felder ausgefüllt. Die Werte δ_{ii} auf der Hauptdiagonale sind erheblich größer als die übrigen Formänderungen δ_{ik}. Die Wahl der statisch unbestimmten Größen erfolgte hier mit Rücksicht auf die Beweisführung für die genannte Verwandtschaft zum Kreuzwerk. Die Auflösung erfolgt bei Konstruktionen mit bis zu 6 Stützen mit Determinanten. Ist die Zahl der Stützen größer als 6, so ist die Auflösung mit Hilfe der Gaußschen Elimination durchzuführen. Die Auflösung kann jedoch auch durch Einführen von Lastgruppen aus 2 bis $m - 2$ Kräften und Aufspalten des Rasters in unabhängige Teile oder Gleichungen erleichtert werden.

Die Gleichungen für die Unbekannten lauten hier:

a) $P = 1$ an der elastischen Stütze k.

$$Y_{ik} = -\beta_{ib}\cdot 0 - \cdots - \beta_{ik}\,\delta_{ko} - \cdots - \beta_{i,m-1}\cdot 0. \qquad\qquad 2\,(7)$$

b) $P = 1$ in w am Balken.

$$Y_{iw} = -\beta_{ib}\,\delta_{bo} - \cdots - \beta_{ii}\,\delta_{io} - \cdots - \beta_{i,\,m-1}\,\delta_{m-1} \qquad\qquad 2\,(8)$$

$$\cdots \qquad \cdots \qquad\qquad\qquad i = b\ldots m-1.$$

Jede Zahl β_{ik} ist $D_{ik} : D$, worin D die Hauptdeterminante und D_{ik} diejenige Unterdeterminante bedeutet, die wir erhalten, wenn wir die i-te Spalte und k-te Zeile in der Tabelle der δ-Zahlen streichen. Die Durchführung der Berechnung wird an einem Beispiel gezeigt (s. § 9).

2. Die Rand- und Kreuzsteifigkeit.

Zur allgemeinen Lösung der Elastizitätsgleichungen des durchlaufenden Balkens auf m elastischen Stützen ist es erforderlich, solche Kennwerte der Steifigkeitsverhältnisse des Tragwerks einzuführen, daß alle maßgebenden Größen erfaßt werden. In vielen Fällen sind alle m elastischen Stützen gleich steif, sämtliche ω-Werte sind dann auch gleich. Oft empfiehlt es sich, nur die elastischen Randstützen a und m mit größerer Steifigkeit auszuführen. Es ist dann $\omega_a = \omega_m = \omega_R$. Den Wert

$$r = \omega : \omega_R \qquad\qquad 2\,(9)$$

nennen wir daher Randträgersteifigkeit oder kurz „Randsteifigkeit".

Als weiteren Steifigkeitskennwert führen wir bei beliebigen Stützenabständen a_i den Wert

$$z = \frac{48\,E\,J_Q}{l_Q^3}\,\omega, \qquad\qquad 2\,(10a)$$

oder bei gleichen Stützenabständen a

$$z = \frac{6\,E\,J_Q}{a^3}\,\omega \qquad\qquad 2\,(10b)$$

ein.

Beide Gleichungen sind nur beim Durchlaufbalken auf drei elastischen Stützen identisch — $l_Q = 2\,a$ —. Bei größerer Stützenzahl ist der erste Wert z kleiner als der zweite.

Der Wert z erlangt beim Kreuzwerk große Bedeutung. Wir nennen ihn daher „Kreuzsteifigkeit".

Bei den später folgenden Kreuzwerkuntersuchungen werden die elastischen Stützen durch die Hauptträger, der Durchlaufbalken durch die Querträger der Kreuzwerke dargestellt. Wir führen daher die Durchbiegung in Stützweitenmitte eines Balkens auf zwei Stützen — des Hauptträgers mit der Stützweite l und dem gleichbleibenden Trägheitsmoment J — infolge einer Last $P = 1$ im Punkt $l/2$ als Vergleichsgröße ein. Mit $\omega = l^3 : 48\,E\,J$ erhalten wir die Kreuzsteifigkeit z. Es gilt

bei beliebigen Stützenabständen

$$z = \left(\frac{l}{l_Q}\right)^3 \frac{J_Q}{J}, \qquad\qquad 2\,(11a)$$

bei gleichen Stützenabständen a [1]

$$z = \left(\frac{l}{2\,a}\right)^3 \frac{J_Q}{J}. \qquad\qquad 2\,(11b)$$

Weiter folgt

$$r = J_R : J. \qquad\qquad 2\,(12)$$

Drücken wir die Formänderungsgrößen und Belastungsglieder durch Größen r und z aus, so erhalten sämtliche Anteile der Größen die gleiche Form. Wir können dann stets eine Reihe von Faktoren ausklammern und auf die linke Seite der Gleichungen bringen. Wir schreiben diese Faktoren für die Folge nicht mehr mit, da sie in allen Elementen der Elastizitätsgleichungen erscheinen.

Nach der Einführung von r und z und Vereinfachung erscheinen die Anteile der Formänderungsgrößen aus der Durchbiegung des Balkens als reine Zahlenwerte, diejenigen aus Einsenkungen der Stützen als lineare Funktionen von z und $z : r$, siehe Beispiel § 9.

---

[1] Die verschiedenen z-Werte sind historisch begründet.

3. Die Einflußlinien der Auflagerkräfte.

Zur einheitlichen Bezeichnung der Auflagerkräfte an den Rand- und Mittelstützen werden diese mit einem gemeinsamen Buchstaben bezeichnet. Die inneren $(m-2)$ Auflagerkräfte sind mit den statisch unbestimmten Größen identisch. Aus ihnen erhält man mit Hilfe der Gleichgewichtsbedingungen $\Sigma V = 0$ und $\Sigma M = 0$ die Auflagerkräfte an den Randstützen. Im Hinblick auf die Kreuzwerkberechnung erfolgt die Vorzeichenfestlegung:

Die Auflagerkräfte des Balkens auf elastischen Stützen erhalten positives Vorzeichen, wenn sie an den elastischen Stützen nach unten gerichtete Formänderungen erzeugen.

Es ist für die Berechnung der Auflagerkräfte zu unterscheiden, ob die äußeren Kräfte am Balken oder an den elastischen Stützen angreifen. Wird der Balken unter die Stützen gehängt, so werden Zugkräfte als positive Auflagerkräfte betrachtet, Abb. 8a; liegt der Balken jedoch auf den elastischen Stützen, so sind die positiven Auflagerkräfte Druckkräfte, Abb. 8b. Um eine deutliche Kennzeichnung der Auflagerkräfte infolge der beiden verschiedenen Lastangriffe durchzuführen, be-

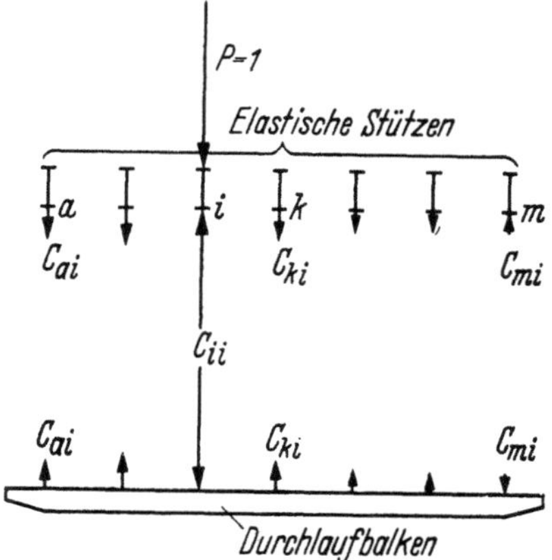

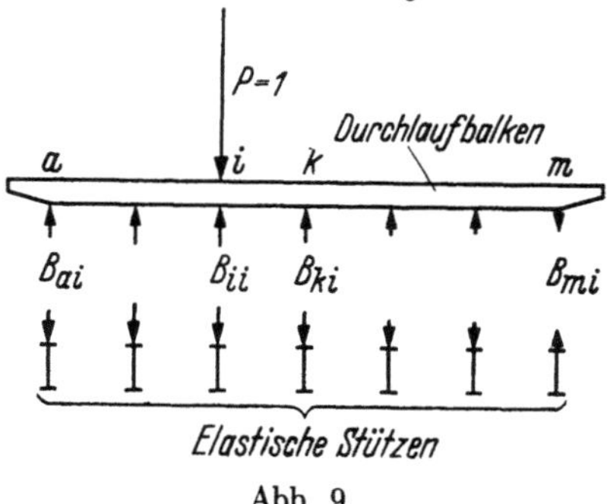

Abb. 9.

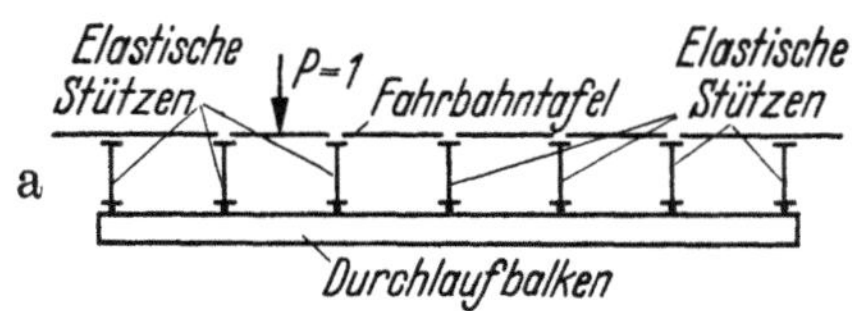

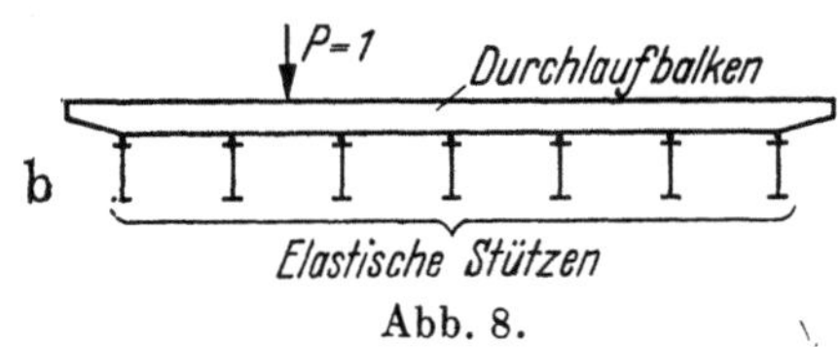

Abb. 8.

zeichnen wir die Auflagerkräfte im Belastungsfall a infolge von Lasten an den elastischen Stützen mit C_{ik}, diejenigen im Belastungsfall b infolge von Lasten am Balken mit B_{ik}. In Abb. 9 sind die Kräfte B_{ki} und C_{ki} gegenübergestellt.

a) Bei Kreuzwerken tritt hauptsächlich der Fall auf, daß die Fahrbahntafel auf den Hauptträgern liegt. Werden Gelenke in der Fahrbahntafel über den Hauptträgern vorausgesetzt, so überträgt die Fahrbahnkonstruktion beliebiger Bauart die Lasten nach dem Hebelgesetz auf die Hauptträger, die die elastischen Stützen des Querträgers darstellen. Zu diesem Belastungsangriff sind z. B. die Einflußlinien der Auflagerkräfte C_{aw} und C_{iw} eines Balkens auf sieben elastischen Stützen in Abb. 10 angegeben, die einzelnen Knotenordinaten der Einflußlinien sind geradlinig verbunden. Die Kraft C_{ii} ist stets negativ, also nach oben gerichtet. Da die äußere Last bei diesem Lastangriff nicht am Balken selbst angreift, muß die Summe der Auflagerkräfte gleich Null sein.

Daraus folgt:

$$\sum_{k=a\ldots m} C_{kw} = 0, \quad -c \leqq w \leqq l_Q + c \qquad 2\,(13a)$$

und

$$C_{ii} = -\sum_{k=a\ldots m,\,\neq i} C_{ki}. \qquad 2\,(13b)$$

b) Der allgemeinste Fall des Lastangriffs ist vom Balken auf elastischen Stützen aus gesehen der, daß die Lasten am Durchlaufbalken selbst angreifen. Da wir jedoch den Durch-

laufbalken auf elastischen Stützen nur als Hilfssystem der Kreuzwerkberechnung betrachten
behandeln wir diesen Lastangriff stets an zweiter Stelle. Die Einflußlinien der Auflagerkräfte
B_{aw} und B_{iw} sind z. B. für einen Balken auf sieben elastischen, gleichen Stützen in Abb. 11
dargestellt. Die Linien sind stetig gekrümmt. Die Auflagerkraft B_{ii} an der Stütze i infolge
einer Last $P = 1$ in i am Balken ist stets positiv. Die Summe der Auflagerkräfte infolge $P = 1$
am Balken ist gleich Eins. Es gilt

$$\sum_{k=a\ldots m} B_{kw} = 1, \qquad -c \leqq w \leqq l_Q + c. \qquad\qquad 2\,(14)$$

Bringen wir in Punkt i die Last $P = 1$ nicht am Balken, sondern an der elastischen Stütze an,
so ändert, der Lastverschiebung entsprechend, nur die Auflagerkraft in dem belasteten, elastischen Auflager ihre Richtung und Größe. Die übrigen Auflagerkräfte behalten ihre Größe und ihr Vorzeichen, da der Einfluß der Verschiebung einer Last in ihrer Wirkungslinie sich nur im Ort der Verschiebung

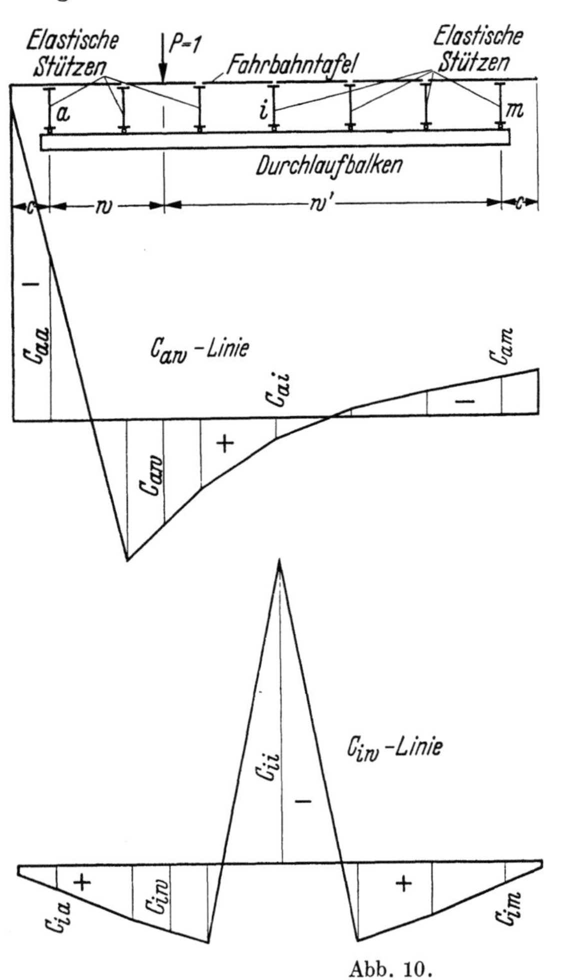

Abb. 10.

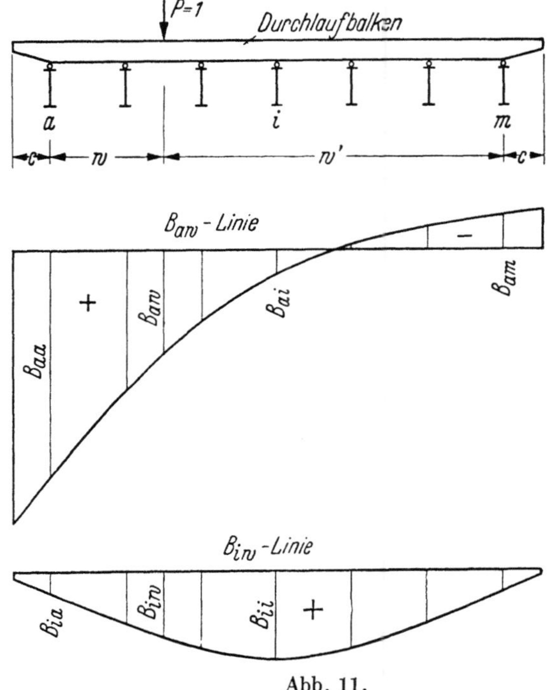

Abb. 11.

auswirken kann. Es gilt:

$$C_{ii} = B_{ii} - 1, \qquad i = a \ldots m, \qquad\qquad 2\,(15)$$

und

$$C_{ik} = B_{ik}, \qquad i, k = a \ldots m, \quad k \neq i. \qquad\qquad 2\,(16)$$

Da jede elastische Stütze sich proportional der sie belastenden Auflagerkraft einsenkt, sind
sowohl bei gleichen als auch verschieden steifen Stützen die Einflußwerte $B_{ik}, k = a \ldots i \ldots m$
einer Auflagerkraft den Stützeneinsenkungen ω_{ik} ähnlich. Es ist

$$\omega_{ik} = \omega_i B_{ik} \qquad \text{und} \qquad \omega_{ki} = \omega_k B_{ki}.$$

Nach dem Satz von der Gegenseitigkeit der Verschiebungen ist stets $\omega_{ik} = \omega_{ki}$, daher ist
bei gleich steifen Stützen, $\omega_i = \omega_k$,

$$B_{ik} = B_{ki}, \qquad i, k = a \ldots m, \qquad\qquad 2\,(17)$$

bei ungleich steifen Stützen, $\omega_k : \omega_i = r$,

$$B_{ik} = r B_{ki}, \qquad i, k = a \ldots m. \qquad\qquad 2\,(18)$$

Die gleichen Beziehungen gelten natürlich auch für die Auflagerkräfte C_{ik}.

Die endgültige Auflagerdurchbiegung des Balkens ist gleich derjenigen der Stütze. Es ist

$$\delta_{iw} = \omega_i\, B_{iw} \qquad \text{und} \qquad \delta_{iw} = \delta_{wi},$$

daraus folgt

$$B_{iw} = \frac{\delta_{wi}}{\omega_i}, \qquad -c \leqq w \leqq l_Q + c. \qquad\qquad 2\,(19)$$

Die Einflußlinie einer Auflagerkraft B_{iw} ist daher der Biegelinie δ_{wi} des Balkens auf elastischen Stützen infolge $P = 1$ im Punkt i ähnlich.

4. Die Biegelinie des Balkens auf elastischen Stützen.

Die Biegelinie δ_{wi} setzen wir aus ihren einzelnen Teilen, den Anteilen der Durchbiegungen der Randträger und des Balkens selbst zusammen.

a) Belastung an den elastischen Stützen bzw. auf der Fahrbahntafel

$$\delta_{wi} = \frac{w'}{l_Q}\, \omega_a\, C_{ai} + \frac{w}{l_Q}\, \omega_m\, C_{mi} - \sum_{k=b\,\dots\,m-1} f_{wk}\, C_{ki}, \qquad 2\,(20)$$

$$-c \leqq w \leqq l_Q + c, \qquad i = a \dots k \dots m.$$

b) Belastung am Durchlaufbalken selbst.

$$\delta_{wi} = \frac{w'}{l_Q}\, \omega_a\, B_{ai} + \frac{w}{l_Q}\, \omega_m\, B_{mi} + f_{wi} - \sum_{k=b\,\dots\,m-1} f_{wk}\, B_{ki}, \qquad 2\,(21)$$

$$-c \leqq w \leqq l_Q + c, \qquad i = a \dots k \dots m.$$

Die Größen f_{wi} und f_{wk} sind für regelmäßige Teilung des Balkens in einer weiteren Veröffentlichung des Verfassers[1] angegeben.

Anmerkung: Werden die Zwischenordinaten der Einflußlinie $B_{iw(n)}$ bzw. der Biegelinie $\delta_{wi(n)}$ als Teil der Untersuchung eines Kreuzwerks mit n Querträgern für die Kreuzsteifigkeit $z_{(n)}$ berechnet, so ist an Stelle von J_Q der Wert

$$\frac{z_{(n)}}{z}\, J_Q$$

bei der Berechnung der Größen f_{wi} und f_{wk} einzuführen, um die geänderte Kreuzsteifigkeit zu berücksichtigen.

5. Einflußlinien der Biegemomente, Querkräfte und Durchbiegungen.

Nach Abb. 12 und 13 erhalten wir für einen Schnitt y die Gleichungen der statischen Wirkungen. Sind die Auflagerkräfte des Balkens auf elastischen Stützen bekannt, so können die Biegemomente, Querkräfte und Durchbiegungen des Balkens leicht berechnet werden. Zur Kennzeichnung des verschiedenen Lastangriffs a) an den elastischen Stützen bzw. auf der Fahrbahntafel und b) am Balken werden die Wirkungen in Fall b, der bei Kreuzwerken weniger häufig auftritt, durch ein Kreuz von denen des Falles a unterschieden.

a) Lasten an den elastischen Stützen bzw. auf der Fahrbahntafel, Abb. 12.

Einflußlinien der Biegemomente am Balken.

$$M_{yw} = C_{aw}\, y + C_{bw}\,(y - a) + C_{cw}\,(y - 2\,a) + \cdots$$

bzw. am rechten Schnittufer

$$M_{yw} = C_{mw}\, y' + C_{m-1,\,w}\,(y' - a) + C_{m-2,\,w}\,(y' - 2\,a) + \cdots. \qquad 2\,(22)$$

Einflußlinien der Querkräfte am Balken.

$$Q_{yw} = C_{aw} + C_{bw} + C_{cw} + \cdots$$

---

[1] Homberg, H.: Einflußflächen für Trägerroste, 1. Teil. Dahl 1949.

bzw. am rechten Schnittufer

$$Q_{yw} = C_{mw} + C_{m-1,w} + C_{m-2,w} + \cdots. \qquad 2\,(23)$$

Einflußlinien der Durchbiegungen am Balken.

$$\delta_{iw} = \omega_i\,C_{iw}, \qquad i = a\ldots k\ldots m, \qquad 2\,(24\mathrm{a})$$

$$\delta_{yw} = \frac{y'}{l_Q}\,\omega_a\,C_{aw} + \frac{y}{l_Q}\,\omega_m\,C_{mw} - \sum_{k=b\ldots m-1} f_{yk}\,C_{kw}, \qquad 2\,(24\mathrm{b})$$

$$0 \leqq y \leqq l_Q; \qquad -c \leqq w \leqq l_Q + c.$$

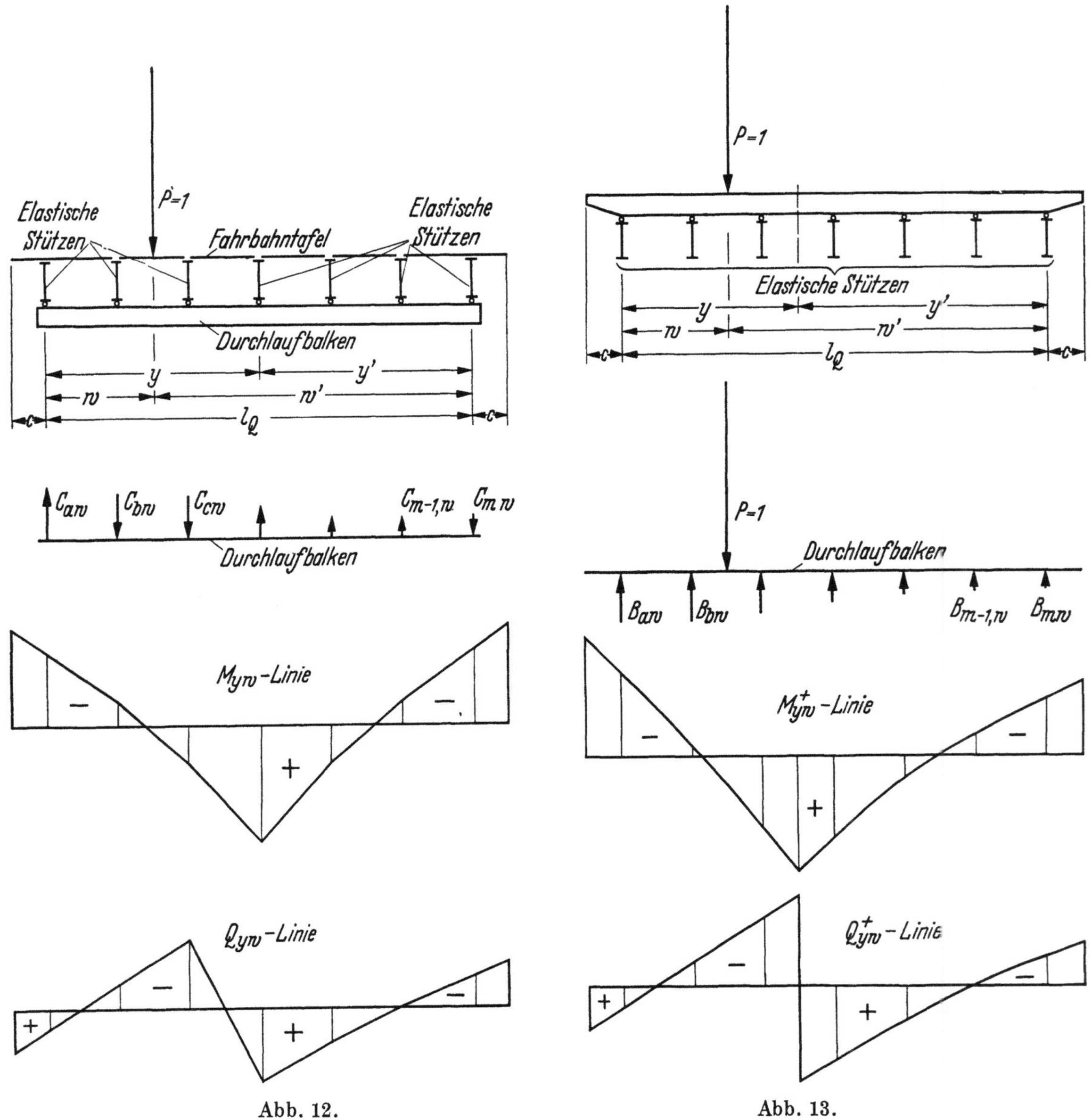

b) Lasten am Balken, Abb. 13.

Einflußlinien der Biegemomente.

$$M_{yw}^{+} = B_{aw}\,y + B_{bw}(y-a) + \cdots - 1\,(y-w) \qquad 2\,(25)$$

bzw. am rechten Schnittufer

$$M_{yw}^{+} = B_{mw}\,y' + B_{m-1,w}(y'-a) + B_{m-2,w}(y'-2a) + \cdots.$$

Einflußlinien der Querkräfte.

$$Q_{yw}^{+} = B_{aw} + B_{bw} + \cdots - 1 \qquad 2\,(26)$$

bzw. am rechten Schnittufer

$$Q_{yw}^{+} = B_{mw} + B_{m-1,w} + B_{m-2,w} + \cdots$$

Einflußlinien der Durchbiegungen.

$$\delta_{iw}^{+} = \omega_i B_{iw}, \qquad i = a \ldots k \ldots m, \qquad\qquad 2\,(27\,\mathrm{a})$$

$$\delta_{yw}^{+} = \frac{y'}{l_Q} \omega_a B_{aw} + \frac{y}{l_Q} \omega_m B_{mw} + f_{yw} - \sum_{k=b\ldots m-1} f_{yk} B_{kw}, \qquad 2\,(27\,\mathrm{b})$$

$$0 \leq y \leq l_Q; \qquad -c \leq w \leq l_Q + c.$$

6. Formänderungsproben.

Die Durchbiegungen des Balkens auf elastischen Stützen an den $(m-2)$ inneren Auflagern können auf zwei Wegen berechnet werden: erstens über die Durchbiegungen der elastischen Mittelstützen, 2 (24a), 2 (27a), und zweitens über diejenigen der Randstützen und des Balkens selbst, 2 (24b), 2 (27b). Durch die Gleichsetzung der Ergebnisse erhält man $(m-2)$ Formänderungsproben, die inhaltlich mit den angesetzten Elastizitätsgleichungen übereinstimmen.

7. Geschlossene Lösungen und Funktionentafeln für die Auflagerkräfte B_{ik}.

Wegen der überragenden Bedeutung, die die Auflagerkräfte des Durchlaufbalkens auf m elastischen Stützen für die Lösung des Kreuzwerkproblems haben, wurden geschlossene Lösungen für die Auflagerkräfte B_{ik}; $i, k = a \ldots m$ angegeben[1]. Diese gebrauchsfertigen Formeln wurden für Durchlaufbalken auf m gleich 3 bis 10 elastischen Stützen für die nachfolgenden beiden Bauarten aufgestellt:

Bauart 1. Durchlaufbalken mit gleichbleibendem Trägheitsmoment und mit m gleich steifen, elastischen Stützen in gleichen Abständen a.

Bauart 2. Durchlaufbalken mit gleichbleibendem Trägheitsmoment und mit m elastischen Stützen in gleichen Abständen a. Von den elastischen Stützen sind die beiden untereinander gleichen Randstützen um $r = \omega : \omega_R$ steifer als die ebenfalls untereinander gleichen $(m-2)$ Mittelstützen.

Für Bauart 1 wurden die Auflagerkräfte des Durchlaufbalkens auf m gleich 3 bis 8 elastischen Stützen für wachsende Kreuzsteifigkeiten $0 < z \leq \infty$ berechnet und sind in den Funktionentafeln[1] zusammengefaßt.

Diese Tafeln sind für die Untersuchung aller möglichen Balken auf elastischen Stützen und für die Kreuzwerkberechnung von Wichtigkeit.

§ 3. Der durchlaufende Balken auf elastisch senk- und drehbaren Stützen.

1. Die Elastizitätsgleichungen.

Bei einem Kreuzwerk mit m biege- und drehsteifen Hauptträgern und einem biegesteifen, jedoch drehwiderstandslosen Querträger, bei dem die äußeren Kräfte nur in der Vertikalebene des Querträgers angreifen, liegt für den Querträger das reine Problem der Berechnung eines Durchlaufbalkens auf elastisch senk- und elastisch drehbaren Stützen vor, wenn die Hauptträgerenden sich nicht verdrehen können. Wie wir in § 8 nachweisen werden, besteht zwischen den Elastizitätsgleichungen des Kreuzwerks mit m biege- und drehsteifen Hauptträgern und n nur biegesteifen Querträgern und den Elastizitätsgleichungen des Durchlaufbalkens auf elastisch senk- und drehbaren Stützen eine enge Verwandtschaft. Wir behandeln daher letzteres System mit Rücksicht auf die spätere Kreuzwerkberechnung in einer solchen Form, daß die Formänderungsgrößen in übersichtlichster Art dargestellt werden können.

Der Durchlaufbalken auf nur elastisch senkbaren Stützen ist $(m-2)$fach statisch unbestimmt. Werden die Stützen auch drehsteif ausgebildet und mit dem Balken fest verbunden

---

[1] Homberg, H.: Einflußflächen für Trägerroste, 1. Teil. Dahl 1949.

so tritt für jede der m Stützen eine neue statisch unbestimmte Größe hinzu. Der Grad der statischen Unbestimmtheit ist dann $(2\,m - 2)$. Zur Bildung eines statisch bestimmten Haupt-systems schneiden wir den Durchlauf-balken auf m Stützen an $(m - 1)$ Stellen y zwischen den Stützen auf und bringen hier die unbekannten Größen als Schnitt-kräfte (Doppelkräfte) an. Wir bezeichnen die statisch unbestimmten Größen mit Y_I, $I = A, B, \ldots, I, K, \ldots$, die Durch-biegung des Balkens im Hauptsystem an der Stelle y infolge $P = 1$ in w mit f_{yw}, die Tangentenneigung mit φ_{yw}, die Einsenkung einer Stütze i infolge des Stützendrucks $B_i = 1$ mit ω_i und die Verdrehung der Stütze i infolge eines Drehmomentes $T_i = 1$ mit $\omega_i\,T$. Die Formänderungen infolge eines Momentes $M = 1$ f'_{bb} und φ'_{bb} erhalten einen Strich, um sie von denen infolge einer Kraft $P = 1$ zu unterscheiden.

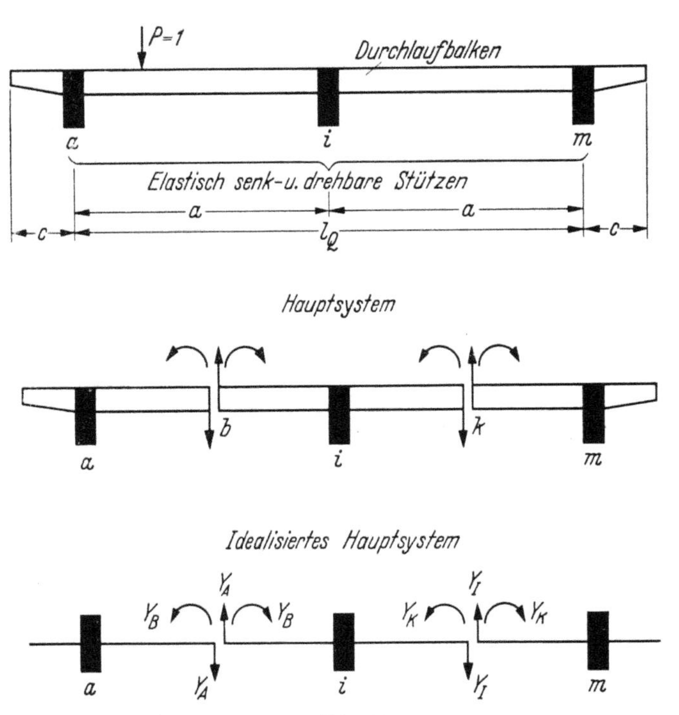

Der Durchlaufbalken auf drei ela-stisch senk- und drehbaren Stützen a, i und m, Abb. 14, ist vierfach statisch un-bestimmt. Die statisch unbestimmten Größen Y_A, Y_B, Y_I und Y_K werden an den Schnittstellen $y = b$ bzw. $y = k$ angebracht.

Abb. 14.

Wir bestimmen nun mit Hilfe der Arbeitsgleichung die Formänderungsgrößen δ_{IK} und Belastungsglieder δ_{Io}; $I = A, B, I, K$; $K = A, B, I, K$ für obiges System und weisen ausdrück-

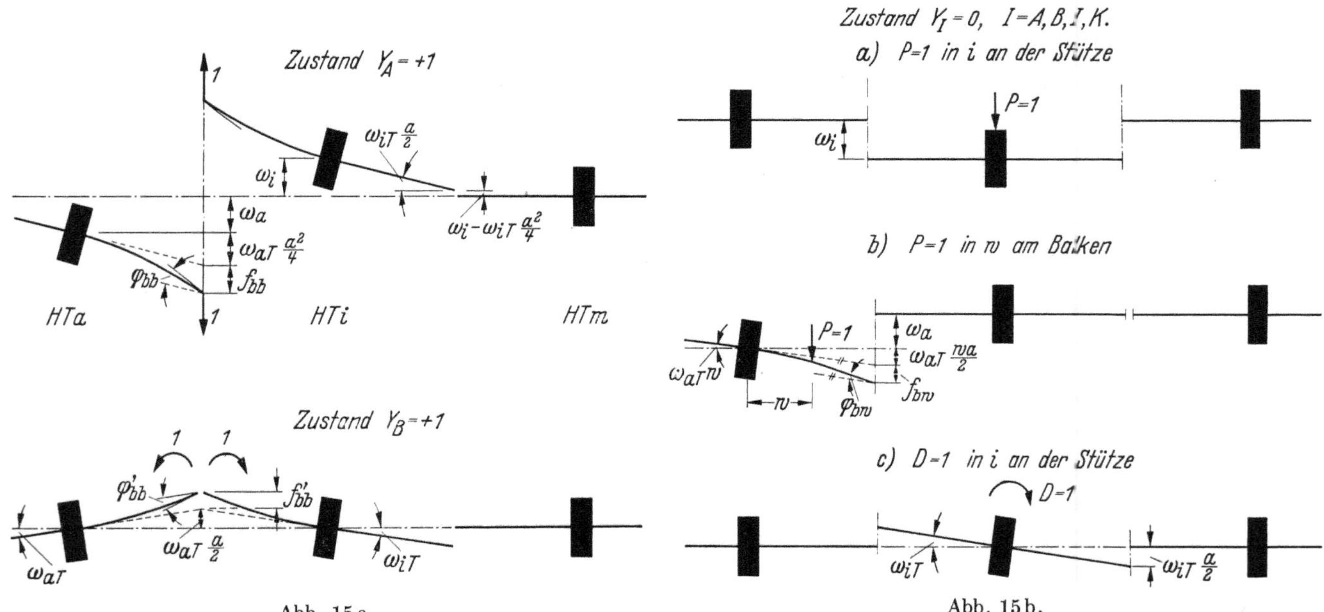

Abb. 15 a.   Abb. 15 b.

lich darauf hin, daß an Stelle von diesem auch jedes beliebige andere System eingeführt werden könnte. Die Formänderungszustände zeigt Abb. 15[1].

[1] In Abb. 15 ist $\omega_i\,T = \omega_a\,T$.

<u>Zustand $Y_A = +1$.</u>

$$1\,\delta_{AA} = \omega_a + \omega_a T\,\frac{a^2}{4} + \omega_i + \omega_i T\,\frac{a^2}{4} + 2\,f_{bb}, \qquad\qquad 3\,(1)$$

$$1\,\delta_{BA} = (-\omega_a T + \omega_i T)\,\frac{a}{2}, \qquad\qquad 3\,(2)$$

$$1\,\delta_{IA} = -\left(\omega_i - \omega_i T\,\frac{a^2}{4}\right), \qquad\qquad 3\,(3)$$

$$1\,\delta_{KA} = -\omega_i T\,\frac{a}{2}. \qquad\qquad 3\,(4)$$

<u>Zustand $Y_B = +1$.</u>

$$1\,\delta_{AB} = (-\omega_a T + \omega_i T)\,\frac{a}{2}, \qquad\qquad 3\,(5)$$

$$1\,\delta_{BB} = \omega_a T + \omega_i T + 2\,\varphi'_{bb}, \qquad\qquad 3\,(6)$$

$$1\,\delta_{IB} = \omega_i T\,\frac{a}{2}, \qquad\qquad 3\,(7)$$

$$1\,\delta_{KB} = \omega_i T. \qquad\qquad 3\,(8)$$

Für die weiteren Belastungszustände erhalten wir die Formänderungsgrößen sinngemäß.

<u>Zustand $Y_I = 0$.</u>

a) $P = 1$ in i an der Stütze.

$$1\,\delta_{Ao} = -\omega_i, \qquad\qquad 3\,(9)$$

$$1\,\delta_{Bo} = 0, \qquad\qquad 3\,(10)$$

$$1\,\delta_{Io} = +\omega_i, \qquad\qquad 3\,(11)$$

$$1\,\delta_{Ko} = 0. \qquad\qquad 3\,(12)$$

b) $P = 1$ in w am Balken.

$$1\,\delta_{Ao} = \omega_a + \omega_a T\,\frac{w\,a}{2} + f_{bw}, \qquad\qquad 3\,(13)$$

$$1\,\delta_{Bo} = -\omega_a T\,w - \varphi_{bw}, \qquad\qquad 3\,(14)$$

$$1\,\delta_{Io} = 1\,\delta_{Ko} = 0. \qquad\qquad 3\,(15)$$

c) Drehmoment $D = 1$ in i an der Stütze.

$$1\,\delta_{Ao} = \omega_i T\,\frac{a}{2}, \qquad\qquad 3\,(16)$$

$$1\,\delta_{Bo} = \omega_i T, \qquad\qquad 3\,(17)$$

$$1\,\delta_{Io} = \omega_i T\,\frac{a}{2}, \qquad\qquad 3\,(18)$$

$$1\,\delta_{Ko} = -\omega_i T. \qquad\qquad 3\,(19)$$

Die Elastizitätsgleichungen erhalten die Form

	Y_A	Y_B	$\dots$	Y_K	$-\delta_{Ao}$	$-\delta_{Bo}$	$\dots$	$-\delta_{Ko}$	
1.	δ_{AA}	δ_{AB}	$\dots$	δ_{AK}	1				
2.	δ_{BA}	δ_{BB}	$\dots$	δ_{BK}		1			$3\,(20)$
$\dots$	$\dots$	$\dots$	$\dots$	$\dots$			1		
4.	δ_{KA}	δ_{KB}	$\dots$	δ_{KK}				1	

Die Wahl der statisch unbestimmten Größen erfolgte hier ausschließlich aus Gründen der Beweisführung für die wichtige Verwandtschaft zum Kreuzwerk mit drehsteifen Hauptträgern.

Die Berechnung des Hilfssystems 3 kann daher auch mit Hilfe der 6-Momentengleichungen, von Lastgruppen oder des Crossschen Verfahrens durchgeführt werden.

Gebrauchsfertige Formeln für Durchlaufbalken auf m senk- und drehbaren Stützen sind in einer weiteren Arbeit des Verfassers angegeben[1].

---

[1] Homberg, H.: Einflußflächen für Trägerroste, 2. Teil, noch unveröffentlicht.

2. Die Rand- und Kreuzsteifigkeiten.

In vielen Fällen sind alle m Stützen gleich biege- und drehsteif, sämtliche ω- und ω_T-Werte sind dann untereinander gleich. Oft werden nur die Randstützen a und m mit größerer Steifigkeit ausgeführt. Es ist dann $\omega_a = \omega_m = \omega_R$ und $\omega_a T = \omega_m T = \omega_R T$.

Wir bezeichnen

$$\text{Biegerandsteifigkeit} \qquad r = \omega : \omega_R, \qquad\qquad 3\,(21)$$

$$\text{Drehrandsteifigkeit} \qquad r_T = \omega_T : \omega_R T. \qquad\qquad 3\,(22)$$

Weiter führen wir die Begriffe ein:

$$\text{Biegekreuzsteifigkeit} \qquad z = \frac{48\,E\,J_Q}{l_Q^3}\,\omega, \qquad\qquad 3\,(23)$$

$$\text{Drehkreuzsteifigkeit} \qquad z_T = \frac{E\,J_Q}{l_Q}\,\omega_T. \qquad\qquad 3\,(24)$$

3. Die statischen Größen.

Da wir den Balken auf elastisch senk- und drehbaren Stützen als Hilfssystem zur Kreuzwerkberechnung behandeln, so müssen wir die tatsächlich auftretenden Kraftangriffe berücksichtigen. Wir unterscheiden

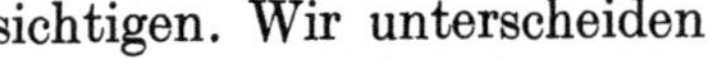
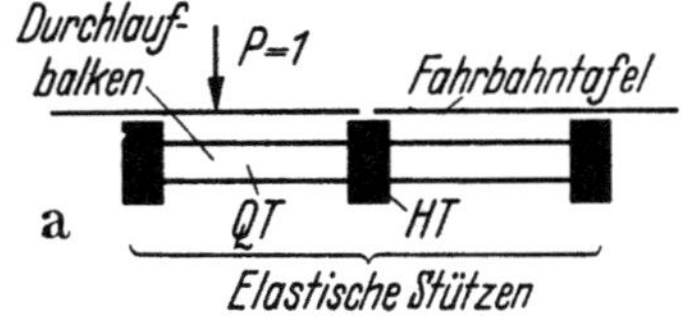

a) eine Fahrbahntafel, die sich nur auf die Hauptträger, also die elastischen Stützen, abstützt und

b) eine Fahrbahntafel, die sich nur auf die Querträger, also direkt auf die Balken auf elastischen Stützen, lagert.

Wegen der großen Wichtigkeit des ersteren Falles behandeln wir ihn stets an erster Stelle.

Wir bezeichnen daher beim Belastungsangriff a, Abb. 16a, die Auflagerdrücke mit C_{iw}, die Einspannmomente mit T_{iw} und die übrigen statischen Größen mit S_{yw}, beim Belastungsangriff b,

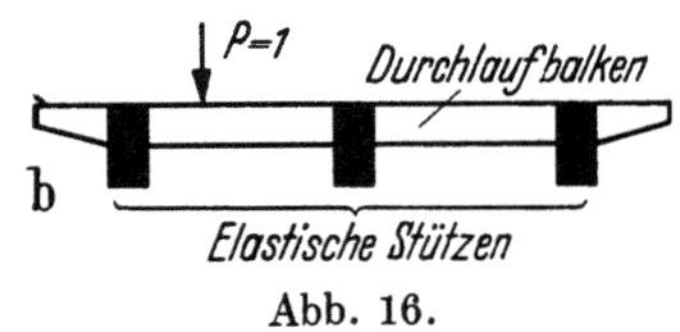

Abb. 16b, die Auflagerdrücke mit B_{iw} und geben sämtlichen anderen statischen Größen zur Unterscheidung ein hochstehendes Kreuz, also T_{iw}^{+}, S_{yw}^{+} usw.

Bei dem selten vorkommenden Fall, daß an Stelle einer Last $P = 1$ ein Drehmoment $D = 1$ in i an der Stütze angreift, geben wir den statischen Größen zur Unterscheidung ein hochstehendes Momentenzeichen, die statisch Überzähligen infolge $D = 1$ sind dann $Y_{Ii}^{\searrow}$, $I = A,\ B,\ \ldots$. Hieraus erhält man die übrigen statischen Größen $C_{ai}^{\searrow},\ \ldots,\ T_{ai}^{\searrow},\ \ldots$

II. Kreuzwerke ohne Drehsteifigkeit.

§ 4. Kreuzwerke mit gleichen Querträgern endlicher Anzahl.

1. Die Elastizitätsgleichungen, Formänderungsgrößen und Belastungsglieder bei Verwendung von Lastgruppen.

Wir behandeln das Kreuzwerk unter der Voraussetzung, daß die vorhergegangenen Abschnitte über die Durchlaufbalken auf starren und elastischen Stützen § 1 und 2 bekannt sind.

Das frei aufliegende Kreuzwerk auf zwei Stützenreihen mit m Haupt- und n Querträgern ist $n\,(m - 2)$fach statisch unbestimmt. Beim durchlaufenden Kreuzwerk über t Öffnungen, dessen einzelne Hauptträger selbst $(t - 1)$fach statisch unbestimmt sind, beträgt die Zahl der überzähligen Größen $n\,(m - 2) + m\,(t - 1)$. Das durchlaufende Kreuzwerk mit t Gerbergelenken in jedem Hauptträger ist $n\,(m - 2)$fach statisch unbestimmt.

Zur Bildung eines statisch bestimmten oder statisch unbestimmten Hauptsystems lösen wir die Knotenverbindungen der n Querträger mit den $(m - 2)$ inneren Hauptträgern. Zum Unterschied von den statisch unbestimmten Größen X beim Balken auf starren und Y beim

Träger auf elastischen Stützen bezeichnen wir diejenigen des Kreuzwerks mit dem Buchstaben Z. In den gelösten Knoten können die statisch unbestimmten Größen, die Knotenkräfte $Z_{ih} = +1$, als Spreizkräfte angebracht werden. Jede dieser Doppelkräfte besteht aus zwei Einzelkräften, die in der gleichen Wirkungslinie liegen, jedoch entgegengesetzt gerichtet sind. Infolge einer beliebigen Belastung $Z_{ih} = +1$ treten in allen losgelösten Knoten Formänderungen auf. Das Raster der Elastizitätsgleichungen ist daher bei dieser Wahl der statisch Überzähligen stets vollständig ausgefüllt. Für ein beliebiges Kreuzwerk mit 7 Haupt- und 5 Querträgern, Abb. 17, entsteht das Raster 1.

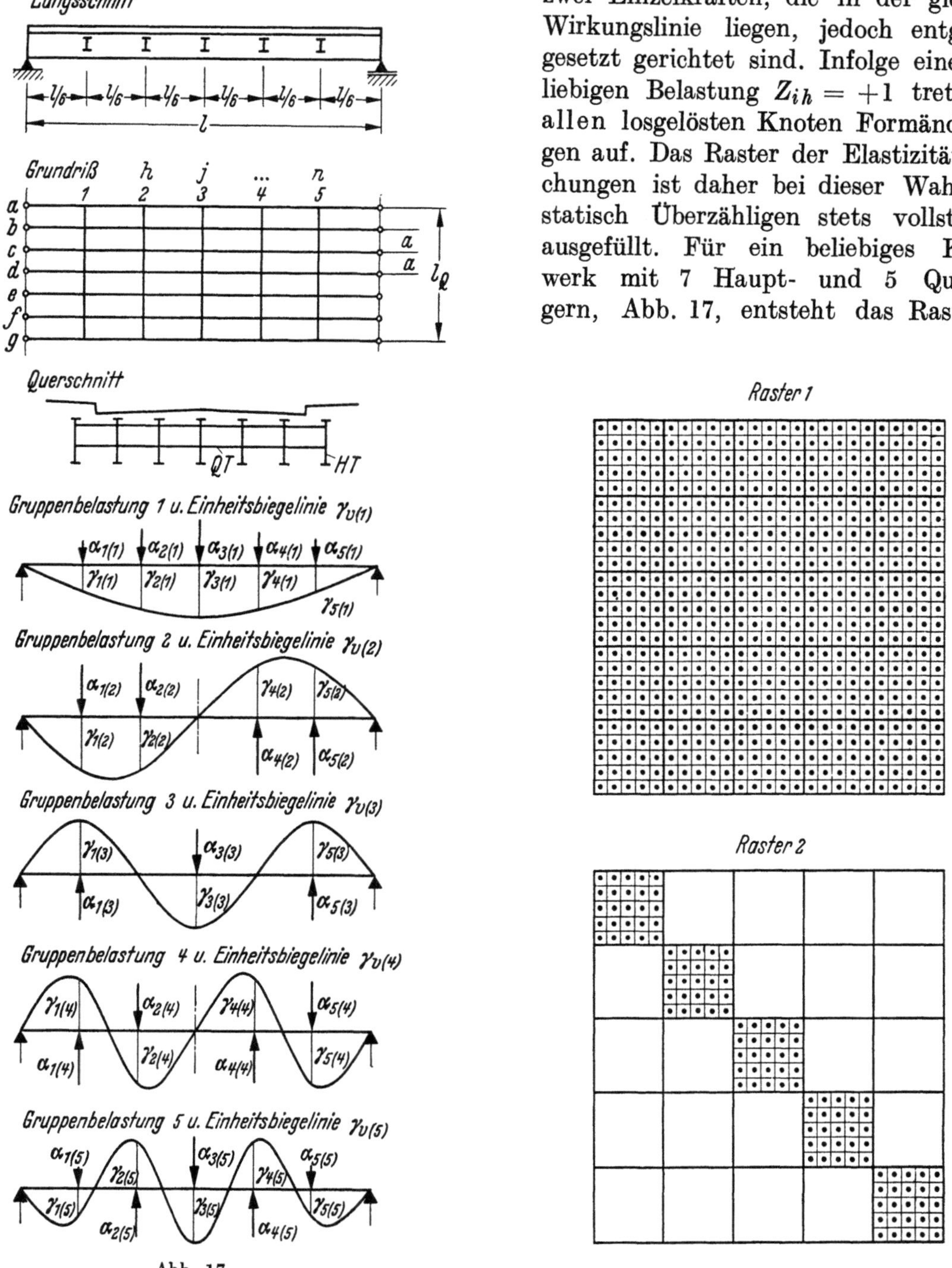

Abb. 17.

Die Berechnung wird wie beim Durchlaufbalken auf starren Stützen mit Hilfe von Lastgruppen aus n Einzellasten durchgeführt. Die Gruppenlasten werden in Kreuzwerklängsrichtung angeordnet.

Den folgenden Untersuchungen wird ein beliebiges Kreuzwerksystem zugrunde gelegt. Durch Verwendung von n Lastgruppen soll das Raster der Elastizitätsgleichungen in n unabhängige Gruppen mit je $(m-2)$ Gleichungen und Unbekannten zerlegt werden. Wir erhalten für das Kreuzwerk der Abb. 17 bei Ansatz von fünf Lastgruppen an Stelle des Rasters 1 das vereinfachte Raster 2.

Die statisch unbestimmten Größen $Z_{ih,\,kv}$ infolge von $P = 1$ im Punkt kv am Kreuzwerk schreiben wir in der Form

$$Z_{ih,\,kv} = \alpha_{h(1)}\,Z_{i(1),\,kv} + \alpha_{h(2)}\,Z_{i(2),\,kv} + \cdots + \alpha_{h(n)}\,Z_{i(n),\,kv}.$$

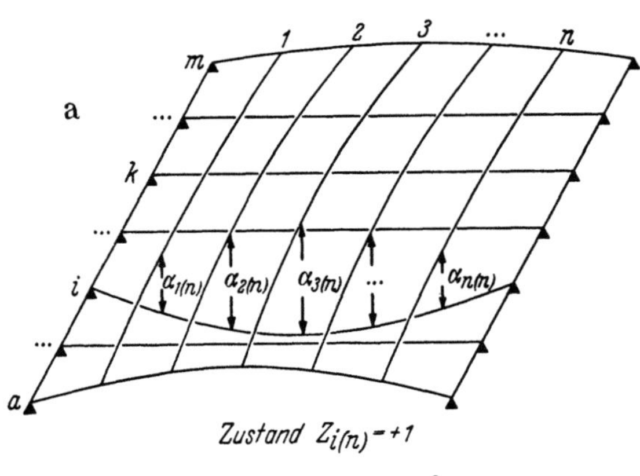

In verkürzter Schreibweise gilt:

$$Z_{ih,\,kv} = \sum_{n=1\ldots n} \alpha_{h(n)}\,Z_{i(n),\,kv}, \qquad 4\,(1)$$

$$i = b \ldots m-1; \qquad k = a \ldots i \ldots m \ldots;$$
$$h = 1 \ldots j \ldots n, \qquad 0 \leqq v \leqq l_1 + l_2 + \cdots.$$

Darin ist

$\alpha_{h(n)}$ die Gruppenlast am Knoten ih, die, als Teil der n-ten Lastgruppe, zum Belastungszustand $Z_{i(n)} = +1$ gehört,

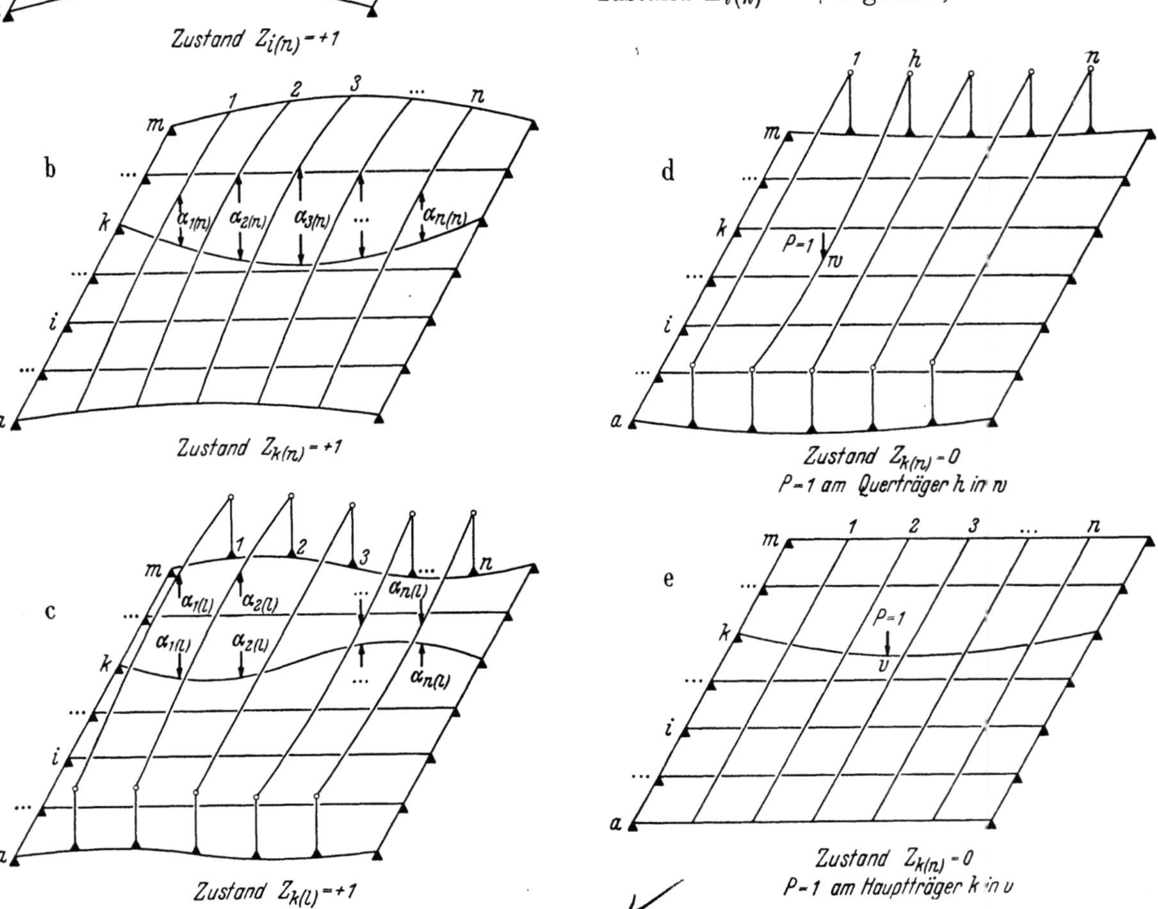

Abb. 18.

$Z_{i(n),\,kv}$ die endgültige statisch unbestimmte Größe — Lastgruppe — am Hauptträger i infolge von $P = 1$ am Hauptträger k im Punkt v.

Die Formänderungsgrößen $\delta_{i(n),\,i(n)}$, $\delta_{i(n),\,k(n)}$, $\delta_{i(n),\,k(l)}$ und Belastungsglieder $\delta_{i(n),\,o}$ berechnen wir mit Hilfe der Arbeitsgleichung durch Verbindung des Belastungszustandes $Z_{i(n)} = +1$ mit den Verschiebungszuständen $Z_{i(n)} = +1$, $Z_{k(n)} = +1$, $Z_{k(l)} = +1$ und $Z_{k(n)} = 0$. Es ist $\delta_{i(n),\,k(l)}$ die Arbeit der Lastgruppe $Z_{(n)}$ am Träger i infolge der Belastung durch die Lastgruppe $Z_{(l)}$ am Träger k. Es müssen alle unterhalb einer Lastgruppe $Z_{(n)}$ vorhandenen Formänderungsanteile berücksichtigt werden. Jede Verschiebungsgröße setzt sich daher aus je n Anteilen der Durchbiegungen der Rand-, Mittel- und Querträger zusammen. Abb. 18 und 19 zeigen die einzelnen Belastungszustände für das in Abb. 17 dargestellte Kreuzwerk.

Die Durchbiegung eines losgelösten Hauptträgers i an der Stelle j infolge einer Last $P = 1$ im Punkt h nennen wir $f_{ij,\,ih}$, die Durchbiegung eines losgelösten Querträgers j an der Stelle i infolge einer Last $P = 1$ im Punkt k $f_{ji,\,jk}$. Die Durchbiegung eines losgelösten Hauptträgers i an der Stelle j infolge einer Lastgruppe $Z_{(n)} = +1$ ist $f_{ij,\,i(n)}$. Es gilt wie 1 (6)

$$f_{ij,\,i(n)} = \sum_{h=1\ldots n} f_{ij,\,ih}\, \alpha_{h(n)}, \qquad i = a \ldots k \ldots m, \qquad\qquad 4\,(2)$$
$$j = 1 \ldots h \ldots n, \quad n = 1 \ldots n.$$

Zustand $Z_{i(n)} = +1.$

$$1\,\delta_{i(n),\,i(n)} = \sum_{j=1\ldots n}\left[f_{ij,\,i(n)} + \frac{y_i'^2}{l_Q^2}\, f_{aj,\,a(n)} + \frac{y_i^2}{l_Q^2}\, f_{mj,\,m(n)} + f_{ji,\,ji}\,\alpha_{j(n)} \right]\alpha_{j(n)}, \qquad 4\,(3)$$

$$1\,\delta_{i(n),\,k(n)} = \sum_{j=1\ldots n}\left[0 + \frac{y_i'\,y_k'}{l_Q^2}\, f_{aj,\,a(n)} + \frac{y_i\,y_k}{l_Q^2}\, f_{mj,\,m(n)} + f_{ji,\,jk}\,\alpha_{j(n)} \right]\alpha_{j(n)}, \qquad 4\,(4)$$

$$1\,\delta_{i(n),\,k(l)} = \sum_{j=1\ldots n}\left[0 + \frac{y_i'\,y_k'}{l_Q^2}\, f_{aj,\,a(l)} + \frac{y_i\,y_k}{l_Q^2}\, f_{mj,\,m(l)} + f_{ji,\,jk}\,\alpha_{j(l)} \right]\alpha_{j(n)}. \qquad 4\,(5)$$

Zustand $Z_{i(n)} = 0.$

a) $P = 1$ am Hauptträger k im Punkt v.

$$1\,\delta_{i(n),\,o} = 0, \qquad i = b \ldots m-1,$$
$$i \neq k.$$

$$1\,\delta_{k(n),\,o} = \sum_{j=1\ldots n} \alpha_{j(n)}\, f_{kj,\,kv}. \qquad 4\,(6)$$

b) $P = 1$ am Querträger h im Punkt w.

$$1\,\delta_{i(n),\,o} = \sum_{j=1\ldots n}\left[0 - \frac{y_i'\,w'}{l_Q^2}\, f_{aj,\,ah} - \right.$$
$$\left. - \frac{y_i\,w}{l_Q^2}\, f_{mj,\,mh} \right]\alpha_{j(n)} - f_{hi,\,hw}\,\alpha_{h(n)}. \qquad 4\,(7)$$

2. Einführung des Bildungsgesetzes der Lastgruppen.

Sinngemäß wie beim Durchlaufbalken auf starren Stützen setzen wir nun voraus, daß das „Bildungsgesetz der Lastgruppen" 1 (7) gilt. Wir schreiben:

$$f_{ij,\,i(n)} = \omega_{i(n)}\,\alpha_{j(n)},$$
$$i = a \ldots k \ldots m, \qquad 4\,(8)$$
$$j = 1 \ldots h \ldots n, \qquad n = 1 \ldots n.$$

Da diese Beziehung für alle m Hauptträger in gleicher Weise angeschrieben wird, müssen diese Träger ähnlichen Verlauf der Trägheitsmomente auf ihre ganze Länge aufweisen. Sie können sich daher nur durch die Größe der Trägheitsmomente unterscheiden.

Nun lassen sich die Ausdrücke für die Formänderungs- und Belastungsglieder vereinfachen, wenn alle Querträger gleich steif sind. Bei den Anteilen aus den Durchbiegungen der

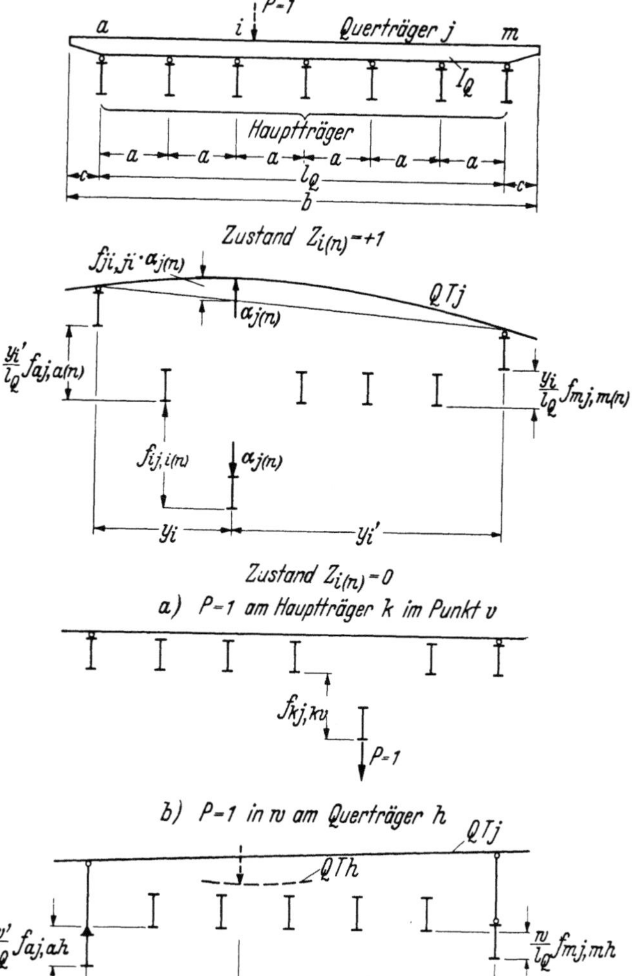

Abb. 19.

Querträger können dann auch die Zeiger wegfallen, die zur Kennzeichnung der Querträger selbst dienen.

$$\text{Zustand } Z_{i(n)} = +1.$$

$$\delta_{i(n),\,i(n)} = \left[\omega_{i(n)} + \frac{y_i'^2}{l_Q^2}\,\omega_{a(n)} + \frac{y_i^2}{l_Q^2}\,\omega_{m(n)} + f_{ii}\right] \sum_{j=1\ldots n} \alpha_{j(n)}^2, \qquad 4\,(9)$$

$$\delta_{i(n),\,k(n)} = \left[0 + \frac{y_i'\,y_k'}{l_Q^2}\,\omega_{a(n)} + \frac{y_i\,y_k}{l_Q^2}\,\omega_{m(n)} + f_{ik}\right] \sum_{j=1\ldots n} \alpha_{j(n)}^2, \qquad 4\,(10)$$

$$\delta_{i(n),\,k(l)} = \left[0 + \frac{y_i'\,y_k'}{l_Q^2}\,\omega_{a(l)} + \frac{y_i\,y_k}{l_Q^2}\,\omega_{m(l)} + f_{ik}\right] \sum_{j=1\ldots n} \alpha_{j(n)}\,\alpha_{j(l)}. \qquad 4\,(11)$$

Für $n \neq l$ ist wegen der vorausgesetzten Orthogonalität der Gruppenlasten

$$\sum_{j=1\ldots n} \alpha_{j(n)}\,\alpha_{j(l)} = 0 \qquad\qquad 4\,(12)$$

und damit auch

$$\delta_{i(n),\,k(l)} = 0.$$

$$\text{Zustand } Z_{i(n)} = 0.$$

a) $P = 1$ am Hauptträger k im Punkt v, Abb. 20.

$$\delta_{i(n),o} = 0, \qquad i = b\ldots m-1, \qquad i \neq k.$$

$$\delta_{k(n),o} = \sum_{j=1\ldots n} \alpha_{j(n)}\,f_{kj,kv} = \sum_{j=1\ldots n} f_{kv,kj}\,\alpha_{j(n)} = f_{kv,k(n)} = \underline{\omega_{k(n)}\,\gamma_{v(n)}}. \qquad 4\,(13)$$

Darin ist

$$\gamma_{v(n)} = \frac{f_{kv,k(n)}}{\omega_{k(n)}} \qquad\qquad 4\,(14)$$

die Ordinate der **Einheitsbiegelinie**, 1 (12), wie wir sie im Abschnitt § 1 kennengelernt haben. Diese Linie ist auch hier unabhängig von der Steifigkeit der Hauptträger und der Größe der Durchbiegungen, Abb. 5. Ebenso gilt

$$\underline{\gamma_{h(n)} = \alpha_{h(n)}}, \qquad h = 1\ldots n. \qquad 4\,(15)$$

b) $P = 1$ am Querträger h im Punkt w.

$$\sum_{j=1\ldots n} \alpha_{j(n)}\,f_{ij,ih} = \sum_{j=1\ldots n} f_{ih,ij}\,\alpha_{j(n)} = f_{ih,i(n)}$$
$$= \omega_{i(n)}\,\alpha_{h(n)}, \qquad i = a\ldots m.$$

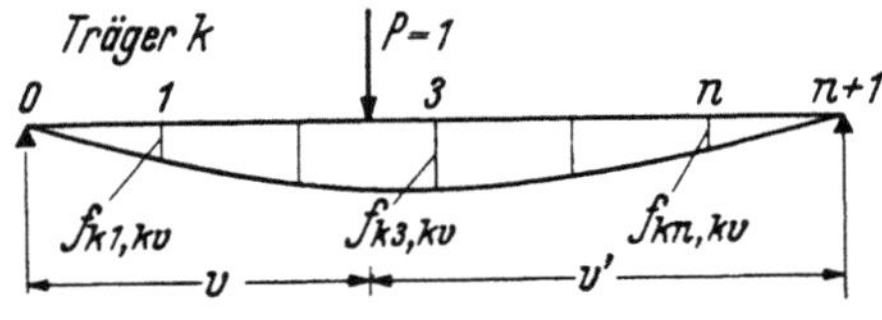

Abb. 20.

Wir setzen diesen Ausdruck ein und erhalten:

$$\delta_{i(n),o} = \left[0 - \frac{y_i'\,w'}{l_Q^2}\,\omega_{a(n)} - \frac{y_i\,w}{l_Q^2}\,\omega_{m(n)} - f_{iw}\right] \alpha_{h(n)}. \qquad 4\,(16)$$

Sämtliche Formänderungsgrößen enthalten den Wert

$$\sum_{j=1\ldots n} \alpha_{j(n)}^2 = 1 : \mu_{(n)}. \qquad\qquad 4\,(17)$$

Um diesen Wert auf der linken Seite der Elastizitätsgleichungen zum Verschwinden zu bringen, erweitern wir die Belastungsglieder mit der Größe $\mu_{(n)}$ und multiplizieren dann alle Ausdrücke δ mit $\mu_{(n)}$, schreiben aber auf der linken Seite der Ausdrücke δ die Größen $\mu_{(n)}$ nicht mit. Wir erhalten:

$$\text{Zustand } Z_{i(n)} = +1.$$

$$\delta_{i(n),\,i(n)} = \left[\omega_{i(n)} + \frac{y_i'^2}{l_Q^2}\,\omega_{a(n)} + \frac{y_i^2}{l_Q^2}\,\omega_{m(n)} + f_{ii}\right], \qquad 4\,(18)$$

$$\delta_{i(n),\,k(n)} = \left[0 + \frac{y_i'\,y_k'}{l_Q^2}\,\omega_{a(n)} + \frac{y_i\,y_k}{l_Q^2}\,\omega_{m(n)} + f_{ik}\right]. \qquad 4\,(19)$$

Zustand $Z_{i(n)} = 0$.

a) $P = 1$ am Hauptträger k im Punkt v.

$$\delta_{k(n),0} = \mu_{(n)}\,\gamma_{v(n)}\,\omega_{k(n)}. \qquad\qquad 4\,(20)$$

b) $P = 1$ am Querträger h im Punkt w.

$$\delta_{i(n),0} = \mu_{(n)}\,\gamma_{h(n)}\left[0 - \frac{y_i'\,w'}{l_Q^2}\,\omega_{a(n)} - \frac{y_i\,\omega}{l_Q^2}\,\omega_{m(n)} - f_{iw}\right]. \qquad 4\,(21)$$

3. Die Beziehungen des Kreuzwerks zu den beiden Hilfssystemen 1 und 2, den Durchlaufbalken auf starren und auf elastischen Stützen.

Wir sind nun in der Lage, die Formänderungsgrößen und Belastungsglieder mit denen zu vergleichen, die bei der Berechnung der durchlaufenden Balken auf starren und auf elastischen Stützen auftreten. Sämtliche Formänderungsgrößen und Belastungsglieder, 4 (18) bis (21), die hier bei den Belastungen durch Lastgruppen auftreten, sind mit denen des Balkens auf elastischen Stützen, 2 (1) bis (4), eng verwandt. Alle Glieder in diesen Größen, die aus Durchbiegungen der Hauptträger — der elastischen Stützen — stammen, sind untereinander ähnlich, die Anteile aus Durchbiegungen der Querträger — der elastisch gestützten Balken — sind gleich.

An Stelle der Stützensenkungen ω_i infolge $B_i = 1$, S. 11, treten die Eigenwerte

$$\omega_{i(n)} = \frac{f_{ih,\,i(n)}}{\alpha_{h(n)}}\,, \qquad i = a \dots k \dots m, \qquad 4\,(22)$$

auf.

Bei den Belastungsgliedern 4 (20) und (21) erscheinen neben den Werten, die mit denen des Balkens auf elastischen Stützen verwandt sind, noch die Faktoren

$$\mu_{(n)}\,\gamma_{h(n)} \qquad \text{bzw.} \qquad \mu_{(n)}\,\gamma_{v(n)},$$

die von der Berechnung des Balkens auf $n + 2$ starren Stützen her bekannt sind. Es sind nach 1 (13) und (14)

$$X_{(n)h} = -\mu_{(n)}\,\gamma_{h(n)}, \qquad h = 1 \dots n,$$

und

$$X_{(n)v} = -\mu_{(n)}\,\gamma_{v(n)}, \qquad 0 \leqq v \leqq l.$$

Die Werte $X_{(n)h}$ sind in $X_{(n)v}$ enthalten, da $v = x_h$ sein kann. Sämtliche Belastungsglieder der Elastizitätsgleichungen des beliebigen Gruppenbelastungszustandes $Z_{(n)}$ enthalten daher den gleichen Wert $-X_{(n)v}$. Er kann daher ausgeklammert werden und bei der Auflösung der Elastizitätsgleichungen des Gruppenbelastungszustandes unberücksichtigt bleiben. Die erhaltenen Ergebnisse der Auflösung dieser Elastizitätsgleichungen nennen wir $Y_{ik(n)}$ bzw. $Y_{iw(n)}$ wegen ihrer engen Verwandtschaft mit denjenigen des Durchlaufbalkens auf elastischen Stützen. Hierbei soll der Zeiger (n) darauf hinweisen, daß die elastischen Stützen des Durchlaufbalkens die besondere Stützensteifigkeit $\omega_{i(n)}$ an Stelle von ω_i aufweisen. Multiplizieren wir $Y_{iw(n)}$ bzw. $Y_{ik(n)}$ mit der vorher ausgeklammerten Größe $-X_{(n)v}$, so können wir die Lösung für die statisch unbestimmten Größen — Lastgruppen — infolge der äußeren Belastung anschreiben. Es ist für

a) $P = 1$ am Hauptträger k im Punkt v

$$Z_{i(n),\,kv} = -X_{(n)v}\,Y_{ik(n)}, \qquad\qquad 4\,(23)$$

b) $P = 1$ am Querträger h im Punkt w

$$Z_{i(n),\,hw} = -X_{(n)h}\,Y_{iw(n)}. \qquad\qquad 4\,(24)$$

Aus dem Ansatz 4 (1) folgt die allgemeine Lösung für die statisch unbestimmten Kräfte an den losgelösten Knoten.

a) Lasten $P = 1$ am Hauptträger k im Punkt v

$$Z_{ih,\,kv} = -\sum_{n\,=\,1\ldots n} \alpha_{h(n)}\, X_{(n)v}\, Y_{ik(n)}, \qquad\qquad 4\,(25)$$

$$i,\,k = a \ldots m, \qquad h = 1 \ldots n, \qquad 0 \leqq v \leqq l,$$

b) Lasten $P = 1$ am Querträger h im Punkt w.

$$Z_{ij,\,hw} = -\sum_{n\,=\,1\ldots n} \alpha_{j(n)}\, X_{(n)h}\, Y_{iw(n)}, \qquad\qquad 4\,(26)$$

$$i = a \ldots m, \qquad -c \leqq w \leqq l_Q + c, \qquad h,\,j = 1 \ldots n.$$

4. Die Randsteifigkeit und die Kreuzsteifigkeiten der Gruppenbelastungszustände.

In vielen Fällen sind sämtliche m Hauptträger des Kreuzwerks gleich steif; sämtliche Werte $\omega_{i(n)}$, $i = a \ldots k \ldots m$, sind dann für ein bestimmtes n gleich groß. Oft werden nur die Randträger mit größerer Steifigkeit ausgeführt. Es ist dann $\omega_{a(n)} = \omega_{m(n)} = \omega_{R(n)}$, die mittleren Hauptträger haben die Steifigkeit $\omega_{(n)}$.

Den Wert

$$r = \omega_{(n)} : \omega_{R(n)} = J_R : J \qquad\qquad 4\,(27)$$

nennen wir wie in 2 (9) „Randsteifigkeit".

Als weitere Steifigkeitswerte führen wir die „Kreuzsteifigkeiten der Gruppenbelastungszustände" $z_{(n)}$ ein.

Bei beliebigen Hauptträgerabständen a_i gilt

$$z_{(n)} = \frac{48\,E\,J_Q}{l_Q^3}\,\omega_{(n)}, \qquad\qquad 4\,(28a)$$

bei gleichen Hauptträgerabständen a

$$z_{(n)} = \frac{6\,E\,J_Q}{a^3}\,\omega_{(n)}. \qquad\qquad 4\,(28b)$$

Wie bei 2 (10a) und (10b) sind auch hier beide Gleichungen nicht identisch.

Mit Hilfe dieser Werte r und $z_{(n)}$ berechnen wir die Auflagerdrücke $B_{ik(n)}$ und $C_{ik(n)}$ am Balken auf elastischen Stützen für jeden Wert $n = 1 \ldots n$ gesondert.

5. Die Bildung der Lastgruppen.

Bei gleichen Querträgern erfolgt die Berechnung der Lastgruppen in derselben Weise, wie sie beim Balken auf starren Stützen gezeigt wurde.

6. Die Einflußflächen der Knotenkräfte.

Die Knotenkräfte an den Rand- und Mittelträgern des Kreuzwerks werden mit dem gemeinsamen Buchstaben K bezeichnet. Die Knotenkräfte an den inneren $n\,(m-2)$ Knoten sind mit den statisch unbestimmten Größen Z identisch.

Wir verallgemeinern nun die Gleichungen 4 (25) und 4 (26), führen an Stelle der Werte $Y_{ik(n)}$ und $Y_{iw(n)}$ die Auflagerkräfte $B_{ik(n)}$ und $C_{ik(n)}$ bzw. $B_{iw(n)}$ und $C_{iw(n)}$ des Balkens auf elastischen Stützen ein, die mit Hilfe der Kreuzsteifigkeiten der Gruppenbelastungszustände $z_{(n)}$ berechnet werden, ersetzen $X_{(n)v}$ und erhalten die Lösungen.

Belastungsangriff a.

In den meisten Fällen ruht die Fahrbahntafel auf den Hauptträgern. Die den Fahrbahntafeln eigene Steifigkeit wird bei der Kreuzwerkberechnung vernachlässigt. Wir setzen hier wie beim Balken auf elastischen Stützen voraus, daß Gelenke in der Fahrbahnkonstruktion über den Hauptträgern angeordnet sind und daß die Fahrbahn die Lasten nach dem Hebelgesetz auf die Hauptträger verteilt. Die $C_{iw(n)}$-Linien sind daher die beim Balken auf elastischen Stützen beschriebenen Polygonzüge.

Belastungsangriff b.

Liegt die Fahrbahntafel nur auf den Querträgern des Kreuzwerks und wird vorausgesetzt, daß die Fahrbahnkonstruktion über den Querträgern gelenkig ausgebildet ist, so verteilt die Fahrbahntafel eine Last $P = 1$, die zwischen den Querträgern im Punkt vw steht, nach dem Hebelgesetz auf diese. An Stelle von $\gamma_{h(n)}$ ist dann $\gamma^+_{v(n)}$, das ist die Ordinate des in die Einheitsbiegelinie $\gamma_{v(n)}$ einbeschriebenen Polygonzuges, einzuführen. Die Eckpunkte dieses Vielecks mit $n + 2$ Ecken erfüllen die Bedingung

$$\gamma^+_{h(n)} = \gamma_{h(n)} = \alpha_{h(n)}. \qquad\qquad 4\,(29)$$

Einflußflächen der Knotenkräfte.

a) Fahrbahntafel ruht nur auf den Hauptträgern

$$K_{ih,\,vw} = \sum_{n=1\ldots n} \mu_{(n)}\, \alpha_{h(n)}\, \gamma_{v(n)}\, C_{iw(n)}, \qquad\qquad 4\,(30)$$

$$i = a \ldots k \ldots m; \qquad h = 1 \ldots j \ldots n; \qquad 0 \leqq v \leqq l_1 + l_2 + l_3 + \cdots; \qquad -c \leqq w \leqq l_Q + c.$$

b) Fahrbahntafel ruht nur auf den Querträgern

$$K_{ih,\,vw} = \sum_{n=1\ldots n} \mu_{(n)}\, \alpha_{h(n)}\, \gamma^+_{v(n)}\, B_{iw(n)}, \qquad\qquad 4\,(31)$$

$$i = a \ldots k \ldots m; \qquad h = 1 \ldots j \ldots n; \qquad 0 \leqq v \leqq l_1 + l_2 + l_3 + \cdots; \qquad -c \leqq w \leqq l_Q + c.$$

Die Einflußflächen der Knotenkräfte verlaufen jeweils nur in einer einzigen Richtung stetig gekrümmt. In der dazu senkrechten Richtung schneiden Vertikalschnitte Polygonzüge aus den Flächen, deren Ecken im Fall a über den Hauptträgern, im Fall b über den Querträgern liegen.

Die Vorzeichen der Knotenkräfte $K_{ih,\,vw}$ richten sich nach denen der Größen $C_{iw(n)}$ bzw. $B_{iw(n)}$.

Wir können daher den Satz aussprechen: „Eine Knotenkraft am Kreuzwerk erhält positives Vorzeichen, wenn sie in ihrem Angriffspunkt am Hauptträger ein positives Moment erzeugt."

Nach 1 (21) und 4 (30) gilt:

a)
$$K_{ih,\,vw} = -\sum_{n=1\ldots n} A_{h(n),\,v}\, C_{iw(n)}, \qquad\qquad 4\,(32)$$

$$i = a \ldots m; \qquad h = 1 \ldots n; \qquad 0 \leqq v \leqq l_1 + l_2 + \cdots; \qquad -c \leqq w \leqq l_Q + c;$$

sinngemäß schreiben wir auch

b)
$$K_{ih,\,vw} = -\sum_{n=1\ldots n} A^+_{h(n),\,v}\, B_{iw(n)}. \qquad\qquad 4\,(33)$$

Wir können daher sagen: „Die Einflußfläche einer beliebigen Knotenkraft besteht bei n Querträgern aus einer Summe mit n Gliedern. Jedes Glied stellt ein Produkt aus zwei Einflußlinien dar. $A_{h(n),\,v}$ bzw. $A^+_{h(n),\,v}$ ist die Einflußlinie der statisch unbestimmten Gruppenlast (Auflagerkraft) am starr gestützten Durchlaufbalken, Hilfssystem 1; $C_{iw(n)}$ bzw. $B_{iw(n)}$ ist die Einflußlinie des Auflagerdruckes am Balken auf elastischen Stützen, Hilfssystem 2, die die besonderen Stützensteifigkeiten $\omega_{i(n)}$ aufweisen. Die erste Gruppe von Linien erstreckt sich in der Längs-, die zweite in der Querrichtung des Kreuzwerks."

Der Zeiger (n) hat in beiden Ausdrücken verschiedene Bedeutung. Bei $A_{h(n),\,v}$ bzw. $A^+_{h(n),\,v}$ zeigt er an, daß es sich nicht um eine endgültige Auflagerkraft des Durchlaufbalkens auf starren Stützen, sondern um eine statisch unbestimmte Gruppenlast handelt. Im Gegensatz hierzu ist $C_{iw(n)}$ bzw. $B_{iw(n)}$ die endgültige Auflagerkraft des Durchlaufbalkens auf elastischen Stützen. Die Verbindung zwischen beiden Ausdrücken wird durch den Wert $\omega_{i(n)}$ hergestellt, der beim Durchlaufbalken auf starren Stützen im Wert $\gamma_{v(n)}$, beim Balken auf elastischen Stützen in der Kreuzsteifigkeit $z_{(n)}$ des Gruppenbelastungszustandes enthalten ist.

7. Die Einflußflächen der statischen Größen.

Jede statische Wirkung ist eine Folge der Knotenkräfte $K_{ih,\,vw}$. Bei den Kreuzwerken wird bei der vorstehenden Behandlung für jede Wirkung stets ein Teil der Größen des allgemeinen Ansatzes

$$S = S^0 + S_1 X_1 + S_2 X_2 + \cdots + S_n X_n$$

gleich Null. Es brauchen für die statischen Größen an einem Hauptträger i nur die n statisch unbestimmten Knotenkräfte $K_{ih,\,vw}$, $h = 1 \ldots n$, für die Wirkungen am Querträger j nur die m Größen $K_{jk,\,vw}$, $k = a \ldots m$, angesetzt zu werden.

a) Fahrbahn ruht nur auf den Hauptträgern.

Statische Größe am Hauptträger i.

Wir können nach 1 (21) bis (25) und 4 (32) schreiben

$$S_{ix,\,vw} = S_{ix,\,vw}^0 - \sum_{n=1\ldots n} S_{x(n),\,v}\, C_{iw(n)}. \qquad\qquad 4\,(34)$$

$$S_{ix,\,vw}^0 = 0 \ \text{für} \ y_{i-1} > w > y_{i+1}.$$

Statische Größe am Querträger h.

Nennen wir die statischen Größen am Durchlaufbalken auf elastischen Stützen mit den Auflagerdrücken $C_{kw(n)}$ jetzt $S_{yw(n)}$, so gilt:

$$S_{hy,\,vw} = - \sum_{n=1\ldots n} A_{h(n),\,v}\, S_{yw(n)}. \qquad\qquad 4\,(35)$$

b) Fahrbahntafel ruht nur auf den Querträgern.

Statische Größe am Hauptträger.

Auch hier gelten die gleichen grundsätzlichen Betrachtungen. Da die äußere Last jedoch nicht am Hauptträger angreift, entfällt das $S_{ix,\,vw}^0$-Glied. An Stelle von $\gamma_{v(n)}$ ist $\gamma_{v(n)}^{+}$ einzusetzen. Da die äußere Last unmittelbar auf die Querträger übertragen wird, müssen an Stelle von $C_{iw(n)}$ die Größen $B_{iw(n)}$ eingeführt werden. Die Lösung lautet dann

$$S_{ix,\,vw} = - \sum_{n=1\ldots n} S_{x(n),\,v}^{+}\, B_{iw(n)}. \qquad\qquad 4\,(36)$$

Statische Größe am Querträger.

Nennen wir die statischen Größen am Durchlaufbalken auf elastischen Stützen infolge der Auflagerdrücke $B_{iw(n)}$ und $P = 1$ hier $S_{yw(n)}^{+}$, so folgt sinngemäß

$$S_{hy,\,vw} = - \sum_{n=1\ldots n} A_{h(n),\,v}^{+}\, S_{yw(n)}^{+}. \qquad\qquad 4\,(37)$$

Für sämtliche 4 Gleichungen gilt

$$h = 1 \ldots n, \qquad 0 \leqq y \leqq l_Q, \qquad 0 \leqq v \leqq l, \qquad -c \leqq w \leqq l_Q + c.$$

Auf Grund der abgeleiteten Gleichungen der Einflußflächen läßt sich jetzt der Satz aussprechen: „Jede statische Größe am Kreuzwerk ohne Drehsteifigkeit ist das Produkt von statischen Größen an zwei Hilfssystemen. Dies sind längs der Durchlaufbalken auf starren und quer derjenige auf elastischen Stützen."

8. Zusammenstellung der Einflußflächen für Knotenkräfte, Biegemomente, Querkräfte und Durchbiegungen der Hauptträger.

Für den praktischen Gebrauch der Einflußflächen empfiehlt es sich, wie beim Durchlaufbalken auf starren Stützen, die Wirkungen $\alpha_{h(n)}$, $M_{x(n)}$, $Q_{x(n)}$ und $f_{ix,\,i(n)}$ infolge der Belastungszustände $X_{(n)} = +1$ am losgelösten Hauptträger in die Gleichungen einzuführen.

Wir erhalten dann für die Fälle

a) Fahrbahntafel liegt nur auf den Hauptträgern,

$$\text{Knotenkräfte} \qquad K_{ih,vw} = 0 \qquad + \sum_{n=1\ldots n} \mu_{(n)}\, \alpha_{h(n)}\, \gamma_{v(n)}\, C_{iw(n)}, \qquad\qquad 4\,(38)$$

$$\text{Biegemomente} \qquad M_{ix,vw} = M^0_{ix,vw} + \sum_{n=1\ldots n} \mu_{(n)}\, M_{x(n)}\, \gamma_{v(n)}\, C_{iw(n)}, \qquad\qquad 4\,(39)$$

$$\text{Querkräfte} \qquad Q_{ix,vw} = Q^0_{ix,vw} + \sum_{n=1\ldots n} \mu_{(n)}\, Q_{x(n)}\, \gamma_{v(n)}\, C_{iw(n)}, \qquad\qquad 4\,(40)$$

$$\text{Durchbiegungen} \quad \delta_{ix,vw} = \delta^0_{ix,vw} + \sum_{n=1\ldots n} \mu_{(n)}\, f_{ix,i(n)}\, \gamma_{v(n)}\, C_{iw(n)}, \qquad\qquad 4\,(41)$$

$$S^0_{ix,vw} = 0 \ \text{für}\ y_{i-1} > w > y_{i+1},$$

b) Fahrbahntafel liegt nur auf den Querträgern,

$$\text{Knotenkräfte} \qquad K_{ih,vw} = \sum_{n=1\ldots n} \mu_{(n)}\, \alpha_{h(n)}\, \overset{+}{\gamma_{v(n)}}\, B_{iw(n)}, \qquad\qquad 4\,(42)$$

$$\text{Biegemomente} \qquad M_{ix,vw} = \sum_{n=1\ldots n} \mu_{(n)}\, M_{x(n)}\, \overset{+}{\gamma_{v(n)}}\, B_{iw(n)}, \qquad\qquad 4\,(43)$$

$$\text{Querkräfte} \qquad Q_{ix,vw} = \sum_{n=1\ldots n} \mu_{(n)}\, Q_{x(n)}\, \overset{+}{\gamma_{v(n)}}\, B_{iw(n)}, \qquad\qquad 4\,(44)$$

$$\text{Durchbiegungen} \quad \delta_{ix,vw} = \sum_{n=1\ldots n} \mu_{(n)}\, f_{ix,i(n)}\, \overset{+}{\gamma_{v(n)}}\, B_{iw(n)}, \qquad\qquad 4\,(45)$$

$$i = a\ldots k\ldots m; \qquad h = 1\ldots j\ldots n; \qquad 0 \leqq x \leqq l_1 + l_2 + \cdots;$$
$$0 \leqq v \leqq l_1 + l_2 + \cdots; \qquad -c \leqq w \leqq l_Q + c.$$

9. Zusammenstellung der Einflußflächen für Knotenkräfte, Biegemomente, Querkräfte und Durchbiegungen der Querträger.

a) Fahrbahntafel liegt auf den Hauptträgern,

$$\text{Knotenkräfte} \qquad K_{hi,vw} = \sum_{n=1\ldots n} \mu_{(n)}\, \alpha_{h(n)}\, \gamma_{v(n)}\, C_{iw(n)}, \qquad\qquad 4\,(46)$$

$$\text{Biegemomente} \qquad M_{hy,vw} = \sum_{n=1\ldots n} \mu_{(n)}\, \alpha_{h(n)}\, \gamma_{v(n)}\, M_{yw(n)}, \qquad\qquad 4\,(47)$$

$$\text{Querkräfte} \qquad Q_{hy,vw} = \sum_{n=1\ldots n} \mu_{(n)}\, \alpha_{h(n)}\, \gamma_{v(n)}\, Q_{yw(n)}, \qquad\qquad 4\,(48)$$

$$\text{Durchbiegungen} \quad \delta_{hy,vw} = \sum_{n=1\ldots n} \mu_{(n)}\, \alpha_{h(n)}\, \gamma_{v(n)}\, \delta_{yw(n)}. \qquad\qquad 4\,(49)$$

b) Fahrbahntafel liegt auf den Querträgern,

$$\text{Knotenkräfte} \qquad K_{hi,vw} = \sum_{n=1\ldots n} \mu_{(n)}\, \alpha_{h(n)}\, \overset{+}{\gamma_{v(n)}}\, B_{iw(n)}, \qquad\qquad 4\,(50)$$

$$\text{Biegemomente} \qquad M_{hy,vw} = \sum_{n=1\ldots n} \mu_{(n)}\, \alpha_{h(n)}\, \overset{+}{\gamma_{v(n)}}\, M^+_{yw(n)}, \qquad\qquad 4\,(51)$$

$$\text{Querkräfte} \qquad Q_{hy,vw} = \sum_{n=1\ldots n} \mu_{(n)}\, \alpha_{h(n)}\, \overset{+}{\gamma_{v(n)}}\, Q^+_{yw(n)}, \qquad\qquad 4\,(52)$$

$$\text{Durchbiegungen} \quad \delta_{hy,vw} = \sum_{n=1\ldots n} \mu_{(n)}\, \alpha_{h(n)}\, \overset{+}{\gamma_{v(n)}}\, \delta^+_{yw(n)}, \qquad\qquad 4\,(53)$$

$$h = 1\ldots n; \qquad i = a\ldots m; \qquad 0 \leqq y \leqq l_Q; \qquad 0 \leqq v \leqq l_1 + l_2 + \cdots; \qquad -c \leqq w \leqq l_Q + c.$$

Da die Wirkungen am Balken auf elastischen Stützen von der Art des Belastungsangriffs, d. h. ob die Last auf dem Balken selbst oder auf der Fahrbahntafel steht, abhängig sind, wurden diejenigen des Falles b mit einem Kreuz zur Unterscheidung von den statischen Größen des Falles a versehen.

10. Die Wirkungen aus äußeren Momenten, Wärmeänderungen und Stützensenkungen.

Zur Berücksichtigung von Belastungen, die nicht durch die Einflußflächen erfaßt werden können, müssen wir von der ursprünglichen Form der Belastungsglieder $\delta_{k(n),\,0}$ ausgehen. Es ist daher an Stelle von $\gamma_{v(n)}$ die Größe

$$\frac{1}{\omega_{k(n)}} \sum_{j=1\ldots n} f_{kj,\,kM}\,\alpha_{j(n)}, \qquad\qquad 4\,(54)$$

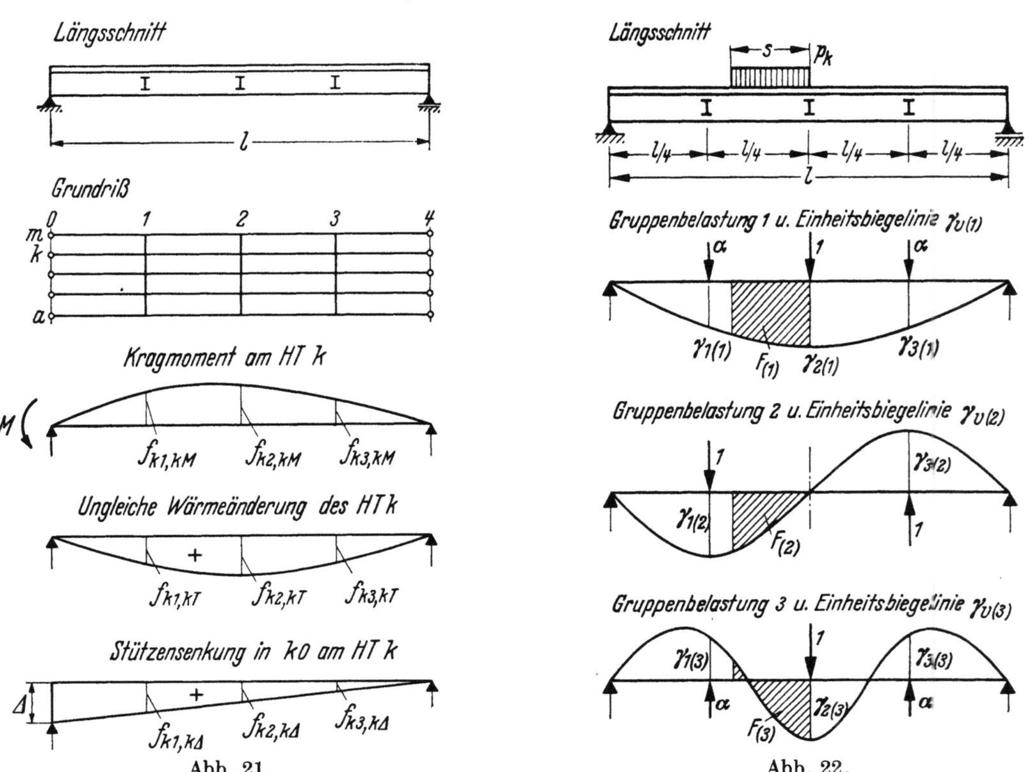

Abb. 21.   Abb. 22.

z. B. bei Belastung durch ein äußeres Moment einzuführen. Wir erhalten die statischen Wirkungen:

1. Belastung durch ein äußeres Moment, M am Hauptträger k, Abb. 21.

$$S_{ix,\,kM} = S^{0}_{ix,\,kM} + \sum_{n=1\ldots n} \frac{\mu_{(n)}}{\omega_{k(n)}} S_{x(n)} \left[\sum_{j=1\ldots n} f_{kj,\,kM}\,\alpha_{j(n)} \right] C_{ik(n)}, \qquad 4\,(55)$$

$$S^{0}_{ix,\,kM} = 0 \text{ für } i \neq k.$$

2. Ungleiche Wärmeänderung T eines Hauptträgers k.

$$S_{ix,\,kT} = \sum_{n=1\ldots n} \frac{\mu_{(n)}}{\omega_{k(n)}} S_{x(n)} \left[\sum_{j=1\ldots n} f_{kj,\,kT}\,\alpha_{j(n)} \right] C_{ik(n)}. \qquad 4\,(56)$$

3. Auflagersenkung $\varDelta$ eines beliebigen Hauptträgers k.

$$S_{ix,\,k\varDelta} = \sum_{n=1\ldots n} \frac{\mu_{(n)}}{\omega_{k(n)}} S_{x(n)} \left[\sum_{j=1\ldots n} f_{kj,\,k\varDelta}\,\alpha_{j(n)} \right] C_{ik(n)}, \qquad 4\,(57)$$

$$i = a\ldots m; \qquad k = a\ldots m; \qquad 0 \leqq x \leqq l_1 + l_2 + \cdots.$$

In der gleichen Ausdrucksweise erhält man die Wirkungen an den Querträgern.

11. Die Auswertung der Einflußflächen für gleichmäßig verteilte Strecken- und Flächenlasten.

Streckenlast p_k auf dem Hauptträger k.

a) Fahrbahntafel liegt nur auf den Hauptträgern.

Zur Auswertung der Einflußflächen berechnen wir die unterhalb der Vollast oder Kurzstreckenlast liegenden Flächen $F_{(n)}$ der Einheitsbiegelinien $\gamma_{v(n)}$ und führen diese Werte in die Gleichungen der statischen Größen ein, Abb. 22.

Statische Größe am Hauptträger i.

$$S_{ix,\,p_k} = S_{ix,\,p_k}^0 + \sum_{n=1\ldots n} \mu_{(n)}\, S_{x(n)}\, F_{(n)}\, C_{ik(n)}\, p_k, \qquad 4\,(58)$$

$$S_{ix,\,p_k}^0 = 0 \ \text{für}\ k \neq i.$$

Statische Größe am Querträger h.

$$S_{hy,\,p_k} = \sum_{n=1\ldots n} \mu_{(n)}\, \alpha_{h(n)}\, F_{(n)}\, S_{yk(n)}\, p_k. \qquad 4\,(59)$$

b) Fahrbahntafel liegt nur auf den Querträgern.

Streckenlast p_k über Hauptträger k.

An Stelle der Flächenwerte $F_{(n)}$ sind jetzt die Größen $F_{(n)}^+$ einzuführen. Dabei ist $F_{(n)}^+$ die Fläche des in die Einheitsbiegelinie einbeschriebenen Polygons.

Streckenlast p_j auf dem Querträger j.

Da der Begriff der Einheitsbiegelinien in der Querrichtung des Kreuzwerks fehlt, werten wir die Einflußlinien der statischen Wirkungen am Durchlaufbalken auf elastischen Stützen unmittelbar aus und führen diese Werte $S_{yp(n)}$ in die Gleichungen der statischen Größen am Kreuzwerk ein.

Beliebige Flächenlast auf der Fahrbahntafel.

Für eine Flächenlast mit einer solchen Grundrißfläche, die parallel zu den Haupt- und Querträgern ausgerichtet ist, können wir die Lösung leicht angeben. Wir gehen so vor, daß die von der Fahrbahntafel auf die einzelnen Haupt- oder Querträger übertragenen Lastanteile aus den Flächenlasten, unter Vernachlässigung der den Fahrbahntafeln eigenen Durchlaufwirkung, berechnet und als Streckenlasten auf Haupt- oder Querträgern angesetzt werden.

Es werden dann meist mehrere Haupt- oder Querträger mit untereinander ähnlichen Streckenlasten p_k oder p_j belastet, deren Einfluß wir geschlossen ansetzen können.

a) Fahrbahntafel liegt nur auf den Hauptträgern.

Statische Größe am Hauptträger i.

$$S_{ix,\,\Sigma p_k} = S_{ix,\,p_k}^0 + \sum_{n=1\ldots n} \mu_{(n)}\, S_{x(n)}\, F_{(n)} \sum_{k=a\ldots m} C_{ik(n)}\, p_k, \qquad 4\,(60)$$

$$S_{ix,\,p_k}^0 = 0 \ \text{für}\ k \neq i.$$

Statische Größe am Querträger h.

$$S_{hy,\,\Sigma p_k} = \sum_{n=1\ldots n} \mu_{(n)}\, \alpha_{h(n)}\, F_{(n)} \sum_{k=a\ldots m} S_{yk(n)}\, p_k. \qquad 4\,(61)$$

b) Fahrbahntafel liegt nur auf den Querträgern.

Statische Größe am Hauptträger i.

$$S_{ix,\,\Sigma p_j} = \sum_{n=1\ldots n} \mu_{(n)}\, S_{x(n)} \Big[\sum_{j=1\ldots n} \gamma_{j(n)}^+\, p_j \Big]\, B_{ip(n)}. \qquad 4\,(62)$$

Statische Größe am Querträger h.

$$S_{hy,\,\Sigma p_j} = \sum_{n=1\ldots n} \mu_{(n)}\, \alpha_{h(n)} \Big[\sum_{j=1\ldots n} \gamma_{j(n)}^+\, p_j \Big]\, S_{yp(n)}. \qquad 4\,(63)$$

§ 5. Kreuzwerke mit ungleichen Querträgern.

1. Einführung des erweiterten Bildungsgesetzes der Lastgruppen.

Wir werden bei der Berechnung durchlaufender Kreuzwerke feststellen, daß es sich zur Ableitung geschlossener Lösungen oft empfiehlt, öffnungsweise ungleich steife Querträger vorzusehen. Die Querträger müssen jedoch auf ihre ganze Länge ähnlichen Verlauf der Trägheitsmomente haben. Die Gln. 4 (1) bis 4 (7) gelten ganz allgemein, also auch für ungleich steife Querträger. Gl. 4 (3) lautet:

$$\delta_{i(n),\,i(n)} = \sum_{j=1\ldots n} \left[f_{ij,\,i(n)} + \frac{y_i'^2}{l_Q^2} f_{aj,\,a(n)} + \frac{y_i^2}{l_Q^2} f_{mj,\,m(n)} + f_{ji,\,ji}\,\alpha_{j(n)} \right] \alpha_{j(n)}.$$

Wir setzen das „Erweiterte Bildungsgesetz der Lastgruppen" an.

$$f_{ij,\,i(n)} = \omega_{i(n)} \frac{J_{Qv}}{J_{Qj}}\,\alpha_{j(n)}, \qquad\qquad 5\,(1)$$

$$i = a\ldots m, \qquad j = 1\ldots h\ldots n.$$

Darin ist J_{Qv} ein beliebiges Vergleichsträgheitsmoment. Nennen wir die Durchbiegungen eines Querträgers mit Steifigkeit J_{Qv} f_{ik}, so gilt nach Einführung von 5 (1)

$$\delta_{i(n),\,i(n)} = \sum_{j=1\ldots n} \left[\omega_{i(n)} \frac{J_{Qv}}{J_{Qj}}\,\alpha_{j(n)} + \frac{y_i'^2}{l_Q^2} \omega_{a(n)} \frac{J_{Qv}}{J_{Qj}}\,\alpha_{j(n)} + \frac{y_i^2}{l_Q^2} \omega_{m(n)} \frac{J_{Qv}}{J_{Qj}}\,\alpha_{j(n)} + f_{ii} \frac{J_{Qv}}{J_{Qj}}\,\alpha_{j(n)} \right] \alpha_{j(n)}.$$

Die Gln. 4 (4) bis 4 (7) entwickeln sich entsprechend. Es gilt

<u>Zustand $Z_{i(n)} = +1$.</u>

$$\delta_{i(n),\,i(n)} = \left[\omega_{i(n)} + \frac{y_i'^2}{l_Q^2} \omega_{a(n)} + \frac{y_i^2}{l_Q^2} \omega_{m(n)} + f_{ii} \right] \sum_{j=1\ldots n} \frac{J_{Qv}}{J_{Qj}}\,\alpha_{j(n)}^2, \qquad 5\,(2)$$

$$\delta_{i(n),\,k(n)} = \left[0 + \frac{y_i'\,y_k'}{l_Q^2} \omega_{a(n)} + \frac{y_i\,y_k}{l_Q^2} \omega_{m(n)} + f_{ik} \right] \sum_{j=1\ldots n} \frac{J_{Qv}}{J_{Qj}}\,\alpha_{j(n)}^2, \qquad 5\,(3)$$

$$\delta_{i(n),\,k(l)} = \left[0 + \frac{y_i'\,y_k'}{l_Q^2} \omega_{a(l)} + \frac{y_i\,y_k}{l_Q^2} \omega_{m(l)} + f_{ik} \right] \sum_{j=1\ldots n} \frac{J_{Qv}}{J_{Qj}}\,\alpha_{j(l)}\,\alpha_{j(n)}. \qquad 5\,(4)$$

Für $l \neq n$ ist wegen der Orthogonalität der Gruppenlasten

$$\sum_{j=1\ldots n} \frac{J_{Qv}}{J_{Qj}}\,\alpha_{j(l)}\,\alpha_{j(n)} = 0 \qquad\qquad 5\,(5)$$

und damit auch

$$\delta_{i(n),\,k(l)} = 0.$$

<u>Zustand $Z_{i(n)} = 0$.</u>

a) $P = 1$ am Hauptträger k in v.

$$\delta_{i(n),\,o} = 0, \qquad i = b\ldots m-1, \qquad i \neq k,$$

$$\delta_{k(n),\,o} = \sum_{j=1\ldots n} \alpha_{j(n)}\,f_{kj,\,kv} = f_{kv,\,k(n)}. \qquad\qquad 5\,(6)$$

Sind die Trägheitsmomente der Querträger innerhalb jeder Öffnung gleich groß, also nur öffnungsweise verschieden, so können wir auch hier Einheitsbiegelinien einführen. Wir schreiben

$$\delta_{k(n),\,o} = \omega_{k(n)}\,\gamma_{v(n)}; \qquad J_{Qj} = J_{Ql}; \qquad l = l_1, l_2, \ldots. \qquad 5\,(7)$$

Darin ist

$$\gamma_{v(n)} = \frac{f_{kv,\,k(n)}}{\omega_{k(n)}}, \qquad k = a\ldots i\ldots m, \qquad\qquad 5\,(8)$$

die Gleichung der Einheitsbiegelinie. Hierfür gilt:

$$\gamma_{h(n)} = \frac{J_{Qv}}{J_{Ql}}\, \alpha_{h(n)}, \qquad\qquad 5\,(9)$$

$$h = 1 \ldots n, \qquad l = l_1, l_2, \ldots, \qquad n = 1 \ldots n,$$

und

$$\omega_{i(n)} = \frac{f_{ih,\,i(n)}}{\alpha_{h(n)}}\, \frac{J_{Ql}}{J_{Qv}} = \text{const}, \qquad i = a \ldots k \ldots m. \qquad 5\,(10)$$

b) $P = 1$ am Querträger h im Punkt w.

$$\sum_{j=1 \ldots n} \alpha_{j(n)}\, f_{ij,\,ih} = f_{ih,\,i(n)} = \omega_{i(n)} \frac{J_{Qv}}{J_{Qh}}\, \alpha_{h(n)}, \qquad 5\,(11)$$

$$\delta_{i(n),\,o} = \left[0 + \frac{y_i'\,w'}{l_Q^2}\, \omega_{a(n)} + \frac{y_i\,w}{l_Q^2}\, \omega_{m(n)} + f_{iw} \right] \frac{J_{Qv}}{J_{Qh}}\, \alpha_{h(n)}. \qquad 5\,(12)$$

Sämtliche Formänderungsgrößen 5 (2) bis 5 (4) enthalten den Wert

$$\sum_{j=1 \ldots n} \frac{J_{Qv}}{J_{Qj}}\, \alpha_{j(n)}^2 = 1 : \mu_{(n)}. \qquad 5\,(13)$$

2. Die Einflußflächen der Knotenkräfte.

Nach Vereinfachung und Vergleich mit den Ausdrücken §§ 1 und 3 erhalten wir sinngemäß wie in § 4 die Gleichungen der statisch unbestimmten Knotenkräfte.

a) $P = 1$ am Hauptträger k im Punkt v.

$$K_{ih,\,kv} = \sum_{n=1 \ldots n} \mu_{(n)}\, \alpha_{h(n)}\, \gamma_{v(n)}\, C_{ik(n)}. \qquad 5\,(14)$$

b) $P = 1$ am Querträger j im Punkt w.

$$K_{ih,\,jw} = \sum_{n=1 \ldots n} \mu_{(n)}\, \alpha_{h(n)}\, \gamma_{j(n)}\, B_{iw(n)}, \qquad 5\,(15)$$

$$i = l \ldots m - 1; \qquad k = a \ldots m; \qquad h = 1 \ldots n; \qquad j = 1 \ldots n;$$

$$0 \leqq v \leqq l_1 + l_2 + l_3 + \cdots; \qquad -c \leqq w \leqq l_Q + c.$$

3. Die Bildung der Lastgruppen.

Da die Hauptträger ähnlichen Verlauf der Trägheitsmomente haben, lassen wir für die Eigenwertberechnung den Zeiger i zur Unterscheidung der Hauptträger weg. Bei ungleichen Querträgern, die jedoch ähnlichen Verlauf der Trägheitsmomente haben müssen, erhält man durch Gleichsetzung der Ausdrücke

$$f_{h(n)} = \sum_{j=1 \ldots n} f_{hj}\, \alpha_{j(n)} \qquad \text{und} \qquad f_{h(n)} = \omega_{(n)} \frac{J_{Qv}}{J_{Qh}}\, \alpha_{h(n)}$$

ein System von n homogenen linearen Gleichungen.

	α_1	α_2	$\ldots$	α_n		
1.	$f_{11} - \dfrac{J_{Qv}}{J_{Q1}}\,\omega$	f_{12}	$\ldots$	f_{1n}	$= 0$	
2.	f_{21}	$f_{22} - \dfrac{J_{Qv}}{J_{Q2}}\,\omega$	$\ldots$	f_{2n}	$= 0$	$5\,(16)$
$\ldots$	$\ldots$	$\ldots$	$\ldots$	$\ldots$	$= 0$	
$n.$	f_{n1}	f_{n2}	$\ldots$	$f_{nn} - \dfrac{J_{Qv}}{J_{Qn}}\,\omega$	$= 0$	

Auch dieses Gleichungssystem kann nur in dem besonderen Fall gelöst werden, daß die Nennerdeterminante gleich Null ist. Aus dieser Bedingung erhalten wir die Frequenz-Gleichung, deren Wurzeln $\omega_{(1)}$, $\omega_{(2)}$, ..., $\omega_{(n)}$ berechnet werden. Die Wurzeln $\omega_{(n)}$ werden in das homogene Gleichungssystem zur Bestimmung der Gruppenlasten $\alpha_{h(n)}$ eingeführt. Es gelten auch hier die beim Durchlaufbalken auf starren Stützen gemachten Ausführungen.

4. Die Kreuzsteifigkeiten $z_{(n)}$ der Gruppenbelastungszustände.

Die Einführung der Kreuzsteifigkeiten $z_{(n)}$ erfolgt sinngemäß wie in 4 (23), an Stelle von J_Q wird J_{Qv} gesetzt. Dann gilt bei beliebigen Hauptträgerabständen a_i

$$z_{(n)} = \frac{48\,E\,J_{Qv}}{l_Q^3}\,\omega_{(n)}, \qquad\qquad 5\,(17\,\mathrm{a})$$

bei gleichen Hauptträgerabständen a

$$z_{(n)} = \frac{6\,E\,J_{Qv}}{a^3}\,\omega_{(n)}. \qquad\qquad 5\,(17\,\mathrm{b})$$

§ 6. Kreuzwerke mit unendlich vielen, unendlich schmalen, gleichen Querträgern.

1. Kreuzwerke beliebiger Stützung.

Das „Erweiterte Bildungsgesetz der Lastgruppen" [Gl. 5 (1)]

$$f_{ih,\,i(n)} = \omega_{i(n)}\,\frac{J_{Qv}}{J_{Qh}}\,\alpha_{h(n)},$$

$$i = a \ldots k \ldots m, \qquad h = 1 \ldots j \ldots n,$$

läßt sich auch auf Kreuzwerke mit unendlich vielen, unendlich schmalen Querträgern ausdehnen. Die biegesteifen, durchlaufenden Querträger sollen zug- und druckfest mit den Hauptträgern verbunden sein. Zur Vereinfachung behandeln wir hier nur den Fall, daß alle Querträger öffnungsweise gleich sind und die Hauptträger unveränderliches Trägheitsmoment aufweisen.

Die bekannte Differentialbeziehung zwischen stetiger Belastung und elastischer Linie lautet:

$$E\,J\,y_x^{\mathrm{IV}} = p_x. \qquad\qquad 6\,(1)$$

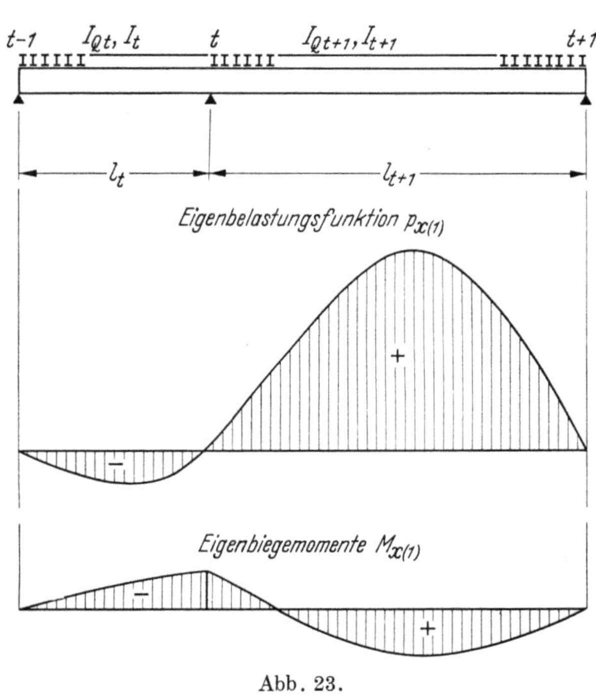

Abb. 23.

An Stelle von $f_{ih,\,i(n)}$ und $\alpha_{h(n)}$ führen wir die Größen y_x und p_x in Gl. 5 (1) ein. Der Zeiger (n) wird vorläufig weggelassen, da die Untersuchungen allgemein gelten und nicht auf einen ausgezeichneten Zustand bezogen werden sollen. Es gilt für die Öffnung t, Abb. 23,

$$y_x = \omega\,\frac{J_{Qv}}{J_{Qt}}\,p_x = \omega\,\frac{J_{Qt}}{J_{Qt}}\,E\,J_t\,y_x^{\mathrm{IV}}.$$

Wir setzen an:

$$m_t^4 = \frac{J_{Qt}}{\omega\,E\,J_{Qv}\,J_t} \qquad\qquad 6\,(2\,\mathrm{a})$$

bzw.

$$\omega = \frac{J_{Qt}}{m_t^4\,E\,J_{Qv}\,J_t}, \qquad\qquad 6\,(2\,\mathrm{b})$$

(ω ist für alle Öffnungen gleich groß)
und erhalten die homogene, lineare Differentialgleichung vierter Ordnung

$$y_x^{\mathrm{IV}} - m_t^4\,y_x = 0. \qquad\qquad 6\,(3)$$

Die Lösung dieser Gleichung lautet bekanntlich

$$y_x = A \cos m_l\, x + B \sin m_l\, x + C \, \mathfrak{Cof}\, m_l\, x + D\, \mathfrak{Sin}\, m_l\, x. \qquad 6\,(4)$$

Mit Hilfe der Rand- oder Auflagerbedingungen berechnen wir bei Kreuzwerken mit einer Öffnung die Unbekannten A bis D. Bei durchlaufenden Kreuzwerken ist Gl. 6 (4) für jede Öffnung gesondert aufzustellen, da eine geschlossene Lösung der Differentialgleichung über mehrere Öffnungen nicht bestehen kann. Die Ursache sind die Schubkräfte, y''' ist an den Stützen unstetig. Wir erhalten, den Öffnungen l_1, l_2, ... entsprechend, die Koeffizienten $A_1 \ldots D_1$, $A_2 \ldots D_2$, ... Über den Mittelstützen müssen links und rechts Biegemomente und Neigungen der Biegelinie gleich groß, die Durchbiegungen gleich Null sein. Zur Ermittlung von m_l wird die Nennerdeterminante in den erhaltenen Gleichungen gleich Null gesetzt. Diese Frequenzgleichung ist eine transzendente Gleichung, die aufzulösen ist.

Mit Hilfe der Wurzeln $m_{l(n)}$ berechnen wir die Eigenwerte $\omega_{(n)}$, die Eigenfunktionen $y_{x(n)}$ und Eigenbelastungsfunktionen $p_{x(n)}$. Diese Lösungsfunktionen sind orthogonal, es ist

$$\int_0^{l_1+l_2+\cdots} \frac{J_{Qv}}{J_{Qt}}\, p_{x(h)}\, p_{x(n)}\, dx = 0, \qquad h \neq n, \qquad\qquad 6\,(5)$$
$$h,\, n = 1,\, 2,\, 3,\, \ldots.$$

Von einer Normierung der Lösungsfunktionen sehen wir auch hier ab. Jede beliebige Belastungsfunktion kann nach den Eigenbelastungsfunktionen $p_{x(n)}$ in eine Reihe entwickelt werden.

Die beim Kreuzwerk mit beliebig vielen Querträgern endlicher Anzahl abgeleiteten Beziehungen gelten auch für Kreuzwerke mit unendlich vielen Querträgern.

Wir setzen

$$\alpha_{h(n)} = p_{x(n)}, \qquad \gamma_{v(n)} = \frac{J_{Qv}}{J_{Qt}}\, p_{v(n)},$$

$$\mu_{(n)} = 1 : \int_0^{l_1+l_2+\cdots} \frac{J_{Qv}}{J_{Qt}}\, p^2_{x(n)}\, dx, \qquad n = 1,\, 2,\, 3,\, \ldots. \qquad 6\,(6)$$

Wir berechnen die Wirkungen

$$M_{x(n)}, \qquad Q_{x(n)} \qquad \text{und} \qquad f_{ix,\,i(n)}$$

infolge der Eigenbelastungsfunktionen $p_{x(n)}$ am Hauptsystem und erhalten die Gleichungen der Einflußflächen.

Für den Belastungsangriff a, Fahrbahntafel liegt nur auf den Hauptträgern, gilt:

Knotenkräfte $\qquad K_{ix,\,vw} = \sum\limits_{n=1,\,2,\,3,\,\ldots} \mu_{(n)}\, p_{x(n)}\, \gamma_{v(n)}\, C_{iw(n)},$ $\qquad\qquad 6\,(7)$

Biegemomente $\quad M_{ix,\,vw} = M^0_{ix,\,vw} + \sum\limits_{n=1,\,2,\,3,\,\ldots} \mu_{(n)}\, M_{x(n)}\, \gamma_{v(n)}\, C_{iw(n)},$ $\qquad 6\,(8)$

Querkräfte $\qquad Q_{ix,\,vw} = Q^0_{ix,\,vw} + \sum\limits_{n=1,\,2,\,3,\,\ldots} \mu_{(n)}\, Q_{x(n)}\, \gamma_{v(n)}\, C_{iw(n)}$ $\qquad 6\,(9)$

und

Durchbiegungen

$$\delta_{ix,\,vw} = \delta^0_{ix,\,vw} + \sum\limits_{n=1,\,2,\,3,\,\ldots} \mu_{(n)}\, f_{ix,\,i(n)}\, \gamma_{v(n)}\, C_{iw(n)}, \qquad 6\,(10)$$

$$i = a \ldots m, \qquad\qquad 0 \leqq x \leqq l_1 + l_2 + \cdots,$$
$$0 \leqq v \leqq l_1 + l_2 + \cdots, \qquad -c \leqq w \leqq l_Q.$$

Die Lösungen wurden hier nur für den Belastungsfall a angeschrieben, da in diesem Fall die Reihen schnell konvergieren. Meist brauchen nur wenige Glieder der Reihen berücksichtigt zu werden. Liegt die Fahrbahntafel auf den Querträgern, so konvergieren die Reihen langsam. Wir können daher, auch wenn der Belastungsangriff b vorliegt, den des Falles a in die Rechnung einführen. Diese Annahme ist für die Wirkungen an den Hauptträgern zulässig, bei Biegemomenten und Querkräften der Querträger jedoch muß zusätzlich die örtliche Wirkung der Last für den speziell belasteten Querträger berücksichtigt werden. Als solche setzen wir die Wirkung am Durchlaufbalken — Querträger — auf starren Stützen an.

Die Auflagerkräfte $C_{iw(n)}$ am Durchlaufbalken auf elastischen Stützen werden mittels der Kreuzsteifigkeiten $z_{(n)}$ der Eigenbelastungszustände berechnet, siehe § 6,3.

2. Durchlaufende Kreuzwerke.

a) Die Eigenwerte[1].

Bei durchlaufenden Kreuzwerken bereitet im allgemeinen die angegebene, nächstliegende Lösung große Schwierigkeiten bei der rechnerischen Durchführung. Für das Kreuzwerk mit zwei Öffnungen, Abb. 23, gelten folgende Rand- und Übergangsbedingungen:

$$\text{Linkes Auflager} \qquad x_1 = 0, \qquad y_{x_1} = 0 \qquad \text{und} \qquad y''_{x_1} = 0.$$

$$\text{Mittleres Auflager} \qquad x_1 = l_1, \qquad x_2 = 0, \qquad y_{x_1} = 0, \qquad y_{x_2} = 0,$$

$$y'_{x_1} = y'_{x_2},$$

$$E\,J_1\,y''_{x_1} = E\,J_2\,y''_{x_2}.$$

$$\text{Rechtes Auflager} \qquad x_2 = l_2, \qquad y_{x_2} = 0 \qquad \text{und} \qquad y''_{x_2} = 0.$$

Es ist

y_{x_t} die Durchbiegung,

y'_{x_t} die Tangentenneigung der Biegelinie,

y''_{x_t} das $-1/EJ$ fache Biegemoment und

y'''_{x_t} die $-1/EJ$ fache Querkraft an der Stelle x_t, $\; t = 1 \ldots 2$.

Diese Bedingungen werden in die Lösungen 6 (4) bzw. ihre Ableitungen für die beiden Stababschnitte $0 - 1$ und $1 - 2$ eingesetzt. Wir erhalten acht in bezug auf die Integrationskonstanten lineare und homogene Gleichungen.

Damit von Null verschiedene Werte der Integrationskonstanten bestehen, muß die Determinante der Koeffizienten des Systems von Gleichungen Null werden. Diese Bedingung liefert eine von den Integrationskonstanten freie transzendente Gleichung, deren Wurzeln die gesuchten Eigenwerte sind. Die allgemeine Auflösung der Determinante achter Ordnung ist mit erträglichem Arbeitsaufwand nicht möglich. Wir müssen daher für die durchlaufenden Kreuzwerke mit unendlich vielen Querträgern einen anderen Weg beschreiten.

Eine Differentialgleichung derselben Bauart, wie wir sie für die Bestimmung der Eigenbelastungsfunktionen abgeleitet haben, tritt auch in der Dynamik der Stabwerke auf. Es ist dies die Differentialgleichung für harmonische Biegeschwingungen eines Stabes. Bei der Verwendung dieser Differentialgleichung zur Behandlung von Schwingungsproblemen treten bei durchlaufenden Stabwerken die gleichen Schwierigkeiten wie bei unserer Kreuzwerkberechnung auf. W. Prager hat diese jedoch gemeistert. Er geht davon aus, daß der tiefere Grund für die geringe Brauchbarkeit der besprochenen Lösungsmethode darin zu suchen ist, daß die Integrationskonstanten $A_1 \ldots D_2$ in keinerlei Zusammenhang mit denjenigen Größen stehen, welche in den Rand- und Übergangsbedingungen in Wirklichkeit auftreten, also mit der Durchbiegung y, der Neigung y' der Tangente der Biegelinie, dem Biegemoment $M = -EJ\,y''$ und der Querkraft $Q = -EJ\,y'''$. Wir folgen nun den Ausführungen von Hohenemser und Prager[2]. An Stelle der Integrationskonstanten werden andere Werte eingeführt, welche

---

[1] Bei den Ableitungen werden die Ordnungsnummern (n) der Eigenwerte stets weggelassen.
[2] Hohenemser, K., und W. Prager: Dynamik der Stabwerke, S. 125 u. f. Berlin: Springer 1933.

in unmittelbarer Beziehung zu den genannten Größen stehen. Für jeden Stababschnitt $(t-1, t)$ gelten mit

$$m_t = \sqrt[4]{\frac{J_{Qt}}{\omega\, E\, J_{Qv}\, J_t}} \qquad\qquad 6\,(11)$$

die folgenden Hilfsgrößen:

$$\left.\begin{array}{ll} e^r_{t-1} = \dfrac{y''_t}{m_t\, y'_t}\Big|_r, & e^l_t = \dfrac{y''_t}{m_t\, y'_t}\Big|_l, \\[2ex] f^r_{t-1} = \dfrac{y'''_t}{m_t^3\, y_t}\Big|_r, & f^l_t = \dfrac{y'''_t}{m_t^3\, y_t}\Big|_l. \end{array}\right\} \qquad\qquad 6\,(12)$$

Die Zeiger l und r deuten dabei an, daß die Größen unmittelbar links bzw. rechts von dem betreffenden Punkt $t-1$ oder t genommen werden sollen. Setzt man für einen beliebigen Stababschnitt $t-1, t$ in die Definitionsgleichungen 6 (12) die aus der Lösung der Differentialgleichung 6 (4) gewonnenen Ausdrücke für y und die Ableitungen ein, so erhält man nach Erweitern mit den Nennern der rechten Seite vier in den Integrationskonstanten lineare und homogene Gleichungen. Durch Nullsetzen der Koeffizienten-Determinante dieser Gleichungen erhält man schließlich mit

$$\lambda_t = m_t\, l_t \qquad\qquad 6\,(13)$$

die Beziehung

$$
\begin{aligned}
&e^r_{t-1}\, f^r_{t-1}\big[e^l_t\, f^l_t\, (\mathfrak{Cof}\,\lambda_t \cos\lambda_t - 1) - e^l_t\,(\mathfrak{Cof}\,\lambda_t \sin\lambda_t + \mathfrak{Sin}\,\lambda_t \cos\lambda_t) \\
&\qquad + f^l_t\,(\mathfrak{Cof}\,\lambda_t \sin\lambda_t - \mathfrak{Sin}\,\lambda_t \cos\lambda_t) + \mathfrak{Cof}\,\lambda_t \cos\lambda_t + 1\big] \\
&+ e^r_{t-1}\big[e^l_t\, f^l_t\,(\mathfrak{Cof}\,\lambda_t \sin\lambda_t + \mathfrak{Sin}\,\lambda_t \cos\lambda_t) - 2\,e^l_t\,\mathfrak{Sin}\,\lambda_t \sin\lambda_t - 2\,f^l_t\,\mathfrak{Cof}\,\lambda_t \cos\lambda_t \\
&\qquad + \mathfrak{Cof}\,\lambda_t \sin\lambda_t + \mathfrak{Sin}\,\lambda_t \cos\lambda_t\big] \\
&- f^r_{t-1}\big[e^l_t\, f^l_t\,(\mathfrak{Cof}\,\lambda_t \sin\lambda_t - \mathfrak{Sin}\,\lambda_t \cos\lambda_t) + 2\,e^l_t\,\mathfrak{Cof}\,\lambda_t \cos\lambda_t \\
&\qquad - 2\,f^l_t\,\mathfrak{Sin}\,\lambda_t \sin\lambda_t + \mathfrak{Cof}\,\lambda_t \sin\lambda_t - \mathfrak{Sin}\,\lambda_t \cos\lambda_t\big] \\
&+ e^l_t\, f^l_t\,(\mathfrak{Cof}\,\lambda_t \cos\lambda_t + 1) - e^l_t\,(\mathfrak{Cof}\,\lambda_t \sin\lambda_t + \mathfrak{Sin}\,\lambda_t \cos\lambda_t) \\
&+ f^l_t\,(\mathfrak{Cof}\,\lambda_t \sin\lambda_t - \mathfrak{Sin}\,\lambda_t \cos\lambda_t) + \mathfrak{Cof}\,\lambda_t \cos\lambda_t - 1 = 0. \qquad 6\,(14)
\end{aligned}
$$

Wir wollen für die verschiedenen transzendenten Funktionen, welche in der obigen Gleichung auftreten, im folgenden die Abkürzungen gebrauchen

$$\left.\begin{array}{l} \mathfrak{A}\,(\lambda) = \mathfrak{Cof}\,\lambda \sin\lambda + \mathfrak{Sin}\,\lambda \cos\lambda, \\[0.5ex] \mathfrak{B}\,(\lambda) = \mathfrak{Cof}\,\lambda \sin\lambda - \mathfrak{Sin}\,\lambda \cos\lambda, \\[0.5ex] \mathfrak{C}\,(\lambda) = 2\,\mathfrak{Cof}\,\lambda \cos\lambda, \\[0.5ex] \mathfrak{S}\,(\lambda) = 2\,\mathfrak{Sin}\,\lambda \sin\lambda, \\[0.5ex] \mathfrak{D}\,(\lambda) = \mathfrak{Cof}\,\lambda \cos\lambda - 1, \\[0.5ex] \mathfrak{E}\,(\lambda) = \mathfrak{Cof}\,\lambda \cos\lambda + 1. \end{array}\right\} \qquad 6\,(15)$$

Bei Gebrauch der abgekürzten Bezeichnungen nimmt die Beziehung die Form an

$$
\begin{aligned}
&e^r_{t-1}\, f^r_{t-1}\big[e^l_t\, f^l_t\,\mathfrak{D}\,(\lambda_t) - e^l_t\,\mathfrak{A}\,(\lambda_t) + f^l_t\,\mathfrak{B}\,(\lambda_t) + \mathfrak{E}\,(\lambda_t)\big] \\
&+ e^r_{t-1}\big[e^l_t\, f^l_t\,\mathfrak{A}\,(\lambda_t) - e^l_t\,\mathfrak{S}\,(\lambda_t) - f^l_t\,\mathfrak{C}\,(\lambda_t) + \mathfrak{A}\,(\lambda_t)\big] \\
&- f^r_{t-1}\big[e^l_t\, f^l_t\,\mathfrak{B}\,(\lambda_t) + e^l_t\,\mathfrak{C}\,(\lambda_t) - f^l_t\,\mathfrak{S}\,(\lambda_t) + \mathfrak{B}\,(\lambda_t)\big] \\
&\qquad + e^l_t\, f^l_t\,\mathfrak{E}\,(\lambda_t) - e^l_t\,\mathfrak{A}\,(\lambda_t) + f^l_t\,\mathfrak{B}\,(\lambda_t) + \mathfrak{D}\,(\lambda_t) = 0. \qquad 6\,(16\text{a})
\end{aligned}
$$

$$
\begin{aligned}
&e^l_t\, f^l_t\big[e^r_{t-1}\, f^r_{t-1}\,\mathfrak{D}\,(\lambda_t) + e^r_{t-1}\,\mathfrak{A}\,(\lambda_t) - f^r_{t-1}\,\mathfrak{B}\,(\lambda_t) + \mathfrak{E}\,(\lambda_t)\big] \\
&- e^l_t\big[e^r_{t-1}\, f^r_{t-1}\,\mathfrak{A}\,(\lambda_t) + e^r_{t-1}\,\mathfrak{S}\,(\lambda_t) + f^r_{t-1}\,\mathfrak{C}\,(\lambda_t) + \mathfrak{A}\,(\lambda_t)\big] \\
&+ f^l_t\big[e^r_{t-1}\, f^r_{t-1}\,\mathfrak{B}\,(\lambda_t) - e^r_{t-1}\,\mathfrak{C}\,(\lambda_t) + f^r_{t-1}\,\mathfrak{S}\,(\lambda_t) + \mathfrak{B}\,(\lambda_t)\big] \\
&\qquad + e^r_{t-1}\, f^r_{t-1}\,\mathfrak{E}\,(\lambda_t) + e^r_{t-1}\,\mathfrak{A}\,(\lambda_t) - f^r_{t-1}\,\mathfrak{B}\,(\lambda_t) + \mathfrak{D}\,(\lambda_t) = 0. \qquad 6\,(16\text{b})
\end{aligned}
$$

Wir haben diese Gleichung in zwei verschiedenen Formen angegeben, die sich nur durch die Anordnung der Glieder unterscheiden. Diese wichtige Beziehung soll im folgenden als Pragersche Grundgleichung bezeichnet werden. Aus ihr kann die Auflösung der Koeffizientendeterminante, die sogenannte Frequenzgleichung, für die einfachen Lagerungsweisen eines Kreuzwerks ohne weiteres entnommen, für durchlaufende Kreuzwerke mit Hilfe der unten angegebenen Übergangsbedingungen errechnet werden.

In der Grundgleichung 6 (16) kommen Glieder vor, in denen alle vier Hilfsgrößen e und f miteinander multipliziert sind, weiter Glieder, in denen nur zwei oder drei Hilfsgrößen miteinander multipliziert sind, und solche Glieder, die nur eine oder keine Hilfsgröße enthalten. Die Hilfsgrößen e und f werden entweder unendlich groß oder zu Null. In der homogenen Grundgleichung sind daher nur diejenigen Glieder von Bedeutung, in denen ∞ in höchster Potenz erscheint. Die höchstmögliche Potenz von ∞^n ist $n = 4$. Produkte, in denen ∞ in niedrigerer Potenz auftritt, oder die den Wert 0 enthalten, können gegenüber den Gliedern mit ∞ in jeweils höchster Potenz vernachlässigt werden. Alle Beziehungen, welche im folgenden verwendet werden, stellen wir in möglichst übersichtlicher Form zusammen. Da das Vorzeichen der Hilfsgrößen von der Wahl der positiven Richtung des Koordinatensystems abhängt, müssen wir diese positiven Richtungen stets durch Pfeile in den Abbildungen angeben.

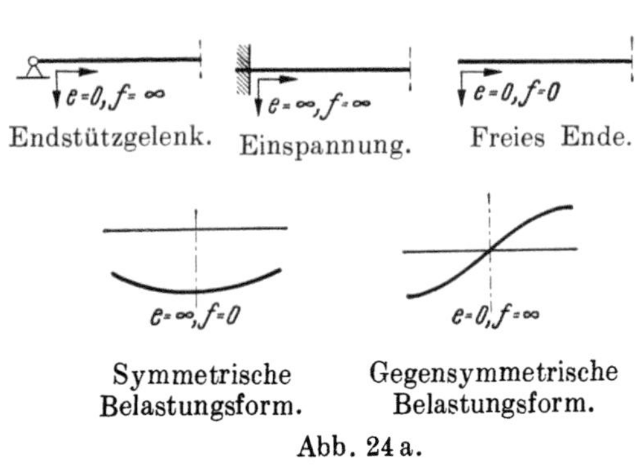

Abb. 24 a.

Die verschiedenen, praktisch wichtigen Arten von Lager- und Übergangsbedingungen lassen sich für unseren Zweck in zwei Gruppen einteilen. Bei der ersten Gruppe sind beide Hilfsgrößen sofort bestimmbar. Zu ihr gehören alle Endstützungen eines Stabes und Punkte auf der Symmetrieachse eines symmetrischen Systems. In Abb. 24a sind die hierher gehörigen Fälle unter Angabe der Werte der Hilfsgrößen angegeben. Zur zweiten Gruppe gehört derjenige Anschluß, bei dem lediglich eine Hilfsgröße ohne weiteres bestimmt werden kann, während die beiden Werte der anderen Hilfsgröße unmittelbar links und rechts von dem betreffenden Anschlußpunkt miteinander verknüpft sind. Abb. 24b enthält diese Anschlußform unter Angabe der Werte der einen Hilfsgröße und der Anschlußgleichung für die andere.

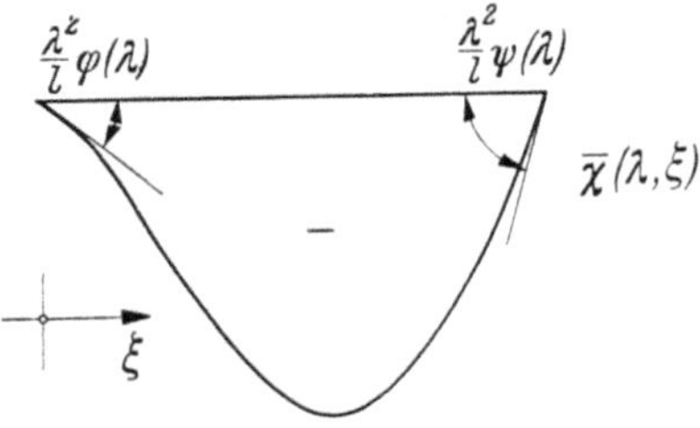

Übergangs-Bedingung	Anschlußgleichung
$y^l = y^r = 0$	$f^l = f^r = \infty$
$y'^l = y'^r$	$\left.\right\}\ (KJe)^l = (KJe)^r$
$M^l = M^r$	

mit $K \sqrt{JQt : JQv : Jt}$

b) Die Eigenbelastungsfunktionen.

Zur Berechnung der Eigenbelastungsfunktionen benutzen wir Hohenemser-Pragersche Ansätze und Bezeichnungen.

Als stetig verteilte Belastung über jeder Öffnung wählen wir zwei Funktionen

$$\overline{\chi}\,(\lambda, \xi) \qquad \text{und} \qquad \overline{\chi}\,(\lambda, \bar{\xi}),$$

Abb. 25, die öffnungsweise die Differentialgleichung

$$y^{IV} - m_l^4\, y = 0$$

erfüllen. Es ist mit

$$\xi = x : l, \qquad 0 \leqq \xi \leqq 1,$$

$$\overline{\chi}\,(\lambda, \xi) = -\frac{\mathfrak{Sin}\,\lambda\,(1 - \xi)}{2\,\mathfrak{Sin}\,\lambda} + \frac{\sin \lambda\,(1 - \xi)}{2 \sin \lambda}. \qquad 6\ (17)$$

Die Funktion $\overline{\chi}\,(\lambda, \xi)$ ist unsymmetrisch. Die Funktion $\overline{\chi}\,(\lambda, \bar{\xi})$ ist der Funktion $\overline{\chi}\,(\lambda, \xi)$ spiegelbildlich gleich, es ist an Stelle von ξ hier $\bar{\xi} = \bar{x} : l$ einzuführen.

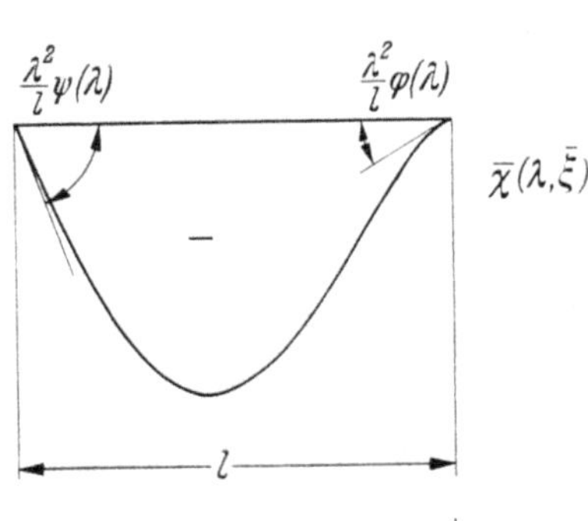

Abb. 25.

Die Ableitungen der Funktion $\overline{\chi}\,(\lambda,\xi)$ nach x lauten mit $m = \lambda/l$:

$$\overline{\chi}\,(\lambda,\xi) \;=\; -\,\frac{\operatorname{Sin}\lambda\,(1-\xi)}{2\operatorname{Sin}\lambda} + \frac{\sin\lambda\,(1-\xi)}{2\sin\lambda},$$

$$\overline{\chi}'\,(\lambda,\xi) \;=\; m\left[\frac{\operatorname{Cof}\lambda\,(1-\xi)}{2\operatorname{Sin}\lambda} - \frac{\cos\lambda\,(1-\xi)}{2\sin\lambda}\right], \qquad 6\,(18)$$

$$\overline{\chi}''\,(\lambda,\xi) \;=\; m^2\left[-\,\frac{\operatorname{Sin}\lambda\,(1-\xi)}{2\operatorname{Sin}\lambda} - \frac{\sin\lambda\,(1-\xi)}{2\sin\lambda}\right] \qquad 6\,(19)$$

$$=\; -\,m^2\,\chi\,(\lambda,\xi),$$

$$\chi\,(\lambda,\xi) \;=\; \frac{\operatorname{Sin}\lambda\,(1-\xi)}{2\operatorname{Sin}\lambda} + \frac{\sin\lambda\,(1-\xi)}{2\sin\lambda}, \qquad 6\,(20)$$

$$\overline{\chi}'''\,(\lambda,\xi) \;=\; m^3\left[\frac{\operatorname{Cof}\lambda\,(1-\xi)}{2\operatorname{Sin}\lambda} + \frac{\cos\lambda\,(1-\xi)}{2\sin\lambda}\right], \qquad 6\,(21)$$

$$\overline{\chi}^{\mathrm{IV}}\,(\lambda,\xi) \;=\; m^4\left[-\,\frac{\operatorname{Sin}\lambda\,(1-\xi)}{2\operatorname{Sin}\lambda} + \frac{\sin\lambda\,(1-\xi)}{2\sin\lambda}\right] \qquad 6\,(22)$$

$$=\; m^4\,\overline{\chi}\,(\lambda,\xi).$$

Die Ausdrücke für die Tangentenneigungen und Krümmungen der Funktion $\overline{\chi}$ lauten:

$$\overline{\chi}'\,(\lambda,0) = m\,\frac{\operatorname{Ctg}\lambda - \operatorname{ctg}\lambda}{2} = \frac{\lambda^2}{l}\,\frac{\operatorname{Ctg}\lambda - \operatorname{ctg}\lambda}{2\lambda} = \frac{\lambda^2}{l}\,\varphi\,(\lambda), \qquad 6\,(23)$$

$$\overline{\chi}'\,(\lambda,1) = m\,\frac{\operatorname{Cofec}\lambda - \operatorname{cosec}\lambda}{2\lambda} = \frac{\lambda^2}{l}\,\frac{\operatorname{Cofec}\lambda - \operatorname{cosec}\lambda}{2\lambda} = -\,\frac{\lambda^2}{l}\,\psi\,(\lambda), \qquad 6\,(24)$$

$$\chi\,(\lambda,0) = 1, \qquad 6\,(25)$$

$$\chi\,(\lambda,1) = 0. \qquad 6\,(26)$$

Darin ist nach **Hohenemser und Prager**

$$\varphi\,(\lambda) = \frac{\operatorname{Ctg}\lambda - \operatorname{ctg}\lambda}{2\lambda}, \qquad 6\,(27)$$

$$\psi\,(\lambda) = -\,\frac{\operatorname{Cofec}\lambda - \operatorname{cosec}\lambda}{2\lambda}. \qquad 6\,(28)$$

In jeder Öffnung l_t, $t = 1, 2, 3, \ldots$, wird die Belastung, Abb. 26,

$$p_x = X_t\,\overline{\chi}\,(\lambda_t,\xi) + Y_t\,\overline{\chi}\,(\lambda_t,\overline{\xi}) \qquad 6\,(29)$$

aufgebracht. Hierdurch erhält der Stab mit der Steifigkeit EJ_t die Durchbiegung

$$y_x = \frac{1}{m_t^4\,E\,J_t}\,p_x. \qquad 6\,(30)$$

Durch Differentiation der Gl. 6 (30) erhält man Tangentenneigung β und Biegemoment. Es ist

$$M = -\,EJ_t\,y'' = -\,EJ_t\,\frac{1}{m_t^4\,E\,J_t}\,\frac{d^2 p_x}{d\,x^2}$$

$$= \frac{1}{m_t^2}\,[X_t\,\chi\,(\lambda_t,\xi) + Y_t\,\chi\,(\lambda_t,\overline{\xi})]. \qquad 6\,(31)$$

Nach diesen Vorarbeiten können die Übergangsbedingungen angeschrieben werden.

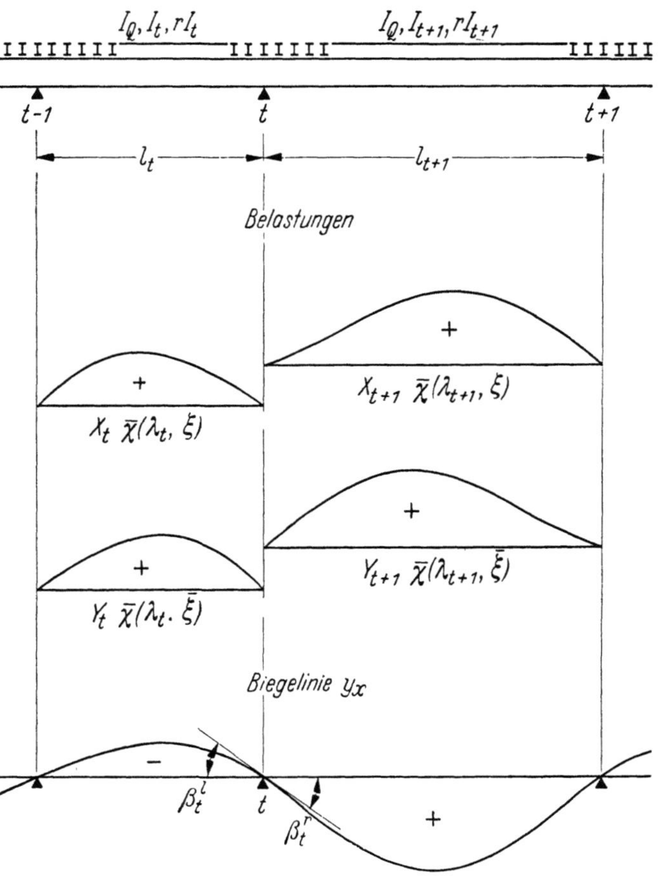

Abb. 26.

1. Bedingung.

$$M_t^l = M_t^r,$$

$$M_t^l = 0 \cdot X_t + \frac{1}{m_t^2}\, Y_t,$$

$$M_t^r = \frac{1}{m_{t+1}^2}\, X_{t+1} + 0 \cdot Y_{t+1}.$$

Daraus erhalten wir

$$m_{t+1}^2\, Y_t - m_t^2\, X_{t+1} = 0. \qquad\qquad 6\,(32)$$

2. Bedingung.

$$-\beta_t^l = \beta_t^r.$$

$$\beta_t^l = \frac{1}{m_t^4\, E\, J_t}\, \frac{\lambda_t^2}{l_t}\, [-X_t\, \psi(\lambda_t) + Y_t\, \varphi(\lambda_t)],$$

$$\beta_t^r = \frac{1}{m_{t+1}^4\, E\, J_{t+1}}\, \frac{\lambda_{t+1}^2}{l_{t+1}}\, [X_{t+1}\, \varphi(\lambda_{t+1}) - Y_{t+1}\, \psi(\lambda_{t+1})].$$

Wir erhalten

$$\frac{l_t}{m_t^2\, J_t}\, [-X_t\, \psi(\lambda_t) + Y_t\, \varphi(\lambda_t)] + \frac{l_{t+1}}{m_{t+1}^2\, J_{t+1}}\, [X_{t+1}\, \varphi(\lambda_{t+1}) - Y_{t+1}\, \psi(\lambda_{t+1})] = 0. \quad 6\,(33)$$

Für jeden Auflagerpunkt t erhalten wir $2\,t$ homogene Gleichungen zur Bestimmung der $2\,t$ Unbekannten X_t und Y_t.

Dieses Gleichungssystem hat nur von Null verschiedene Werte für die Unbekannten, wenn die Gleichungen voneinander abhängig sind, d. h. die Nennerdeterminante der Koeffizienten muß Null sein. Es zeigt sich, daß dieser Fall nur für die Eigenwerte λ eintritt.

Wegen der Homogenität kann eine der Unbekannten frei gewählt werden. Aus $(2\,t - 1)$ Gleichungen werden die übrigen Unbekannten errechnet. Die letzte Gleichung dient als Rechenkontrolle. Stimmt diese Probe nicht, so sind die Eigenwerte λ nicht genau genug ermittelt worden. Es empfiehlt sich, als Rechenkontrolle eine der Gleichungen 6 (33) zu wählen.

3. Die Kreuzsteifigkeiten der Eigenbelastungszustände.

Nach 5 (17a) erhalten wir mit 6 (2b) und 6 (13)

$$z(n) = \frac{48\, E\, J_{Qv}}{l_Q^3}\, \omega(n) = \frac{48}{l_Q^3}\, \frac{J_{Qt}}{m_t^4\, J_t}, \qquad\qquad 6\,(34)$$

$$z(n) = \frac{48}{\lambda_{t(n)}^4}\, \frac{l_t^4}{l_Q^3}\, \frac{J_{Qt}}{J_t}. \qquad\qquad 6\,(35a)$$

Diese Gleichung gilt allgemein für ungleiche Hauptträgerabstände. Bei gleichen Hauptträgerabständen a schreiben wir sinngemäß

$$z(n) = \frac{6}{\lambda_{t(n)}^4}\, \frac{l_t^4}{l_Q^3}\, \frac{J_{Qt}}{J_t}. \qquad\qquad 6\,(35b)$$

Die $z(n)$-Werte sind für alle Öffnungen gleich groß.

4. Kreuzwerke mit veränderlichem Trägheitsmoment der Hauptträger.

Haben die untereinander ähnlichen Hauptträger veränderliches Trägheitsmoment, so lautet die Differentialgleichung 6 (3) verallgemeinert

$$y_x^{IV} - \frac{1}{E\, J_x\, \omega}\, y_x = 0, \qquad 0 \leq x \leq l_1 + l_2 + \cdots. \qquad 6\,(36)$$

Im vorliegenden Fall versagen die strengen Methoden zur Berechnung der Eigenfrequenzen und Eigenbelastungsfunktionen. Wir sind gezwungen, angenäherte Verfahren zu verwenden.

Wir gehen nun ähnlich wie bei der Berechnung der Knicklast eines Stabes mit veränderlichem Trägheitsmoment vor. Bekanntlich gilt hierfür

$$P_k = \frac{M_x}{y_x}, \qquad 0 \leq x \leq l_1 + l_2 + \cdots.$$

Die Knicklast muß also an jeder Stelle des Stabes zum Biegemoment und zur Durchbiegung desselben in der gleichen Beziehung stehen, wobei selbstverständlich das veränderliche Trägheitsmoment bei der Berechnung der Durchbiegungen zu berücksichtigen ist.

Zur Berechnung der Eigenfrequenzen und Eigenbelastungsfunktionen des Kreuzwerks mit veränderlichem Trägheitsmoment benutzen wir das „1. Bildungsgesetz der Lastgruppen" und schreiben nach S. 23

$$\omega = \frac{y_x}{p_x}, \qquad 0 \leqq x \leqq l_1 + l_2 + \cdots. \qquad\qquad 6\,(37)$$

Zur Berechnung von ω nimmt man bei veränderlichem Trägheitsmoment eine passend erscheinende Belastungsfunktion p_x an und bestimmt die zugehörige Biegelinie y_x des losgelösten Hauptträgers. Als erste Belastungsfunktion wählen wir die entsprechende Eigenbelastungsfunktion des Hauptträgers mit feldweise gleichbleibendem Trägheitsmoment. Die Näherung ist um so besser, je besser die Beziehung 6 (37) für beliebige Abszissen x des Stabes befriedigt wird. Genügt die gemachte Angabe von p_x nicht, so empfiehlt es sich, die berechnete Biegelinie als zweite Näherung der Belastungslinie zu betrachten und hiermit die Rechnung von neuem zu beginnen.

Hat das durchlaufende Kreuzwerk t Stützenreihen, so wird man sich mit der Berechnung der $t - 1$ ersten Eigenbelastungszustände (n) begnügen und die Kreuzwerkberechnung nach dem abgekürzten Verfahren, siehe S. 42, durchführen.

§ 7. Die Konvergenz des Verfahrens, durchlaufende Kreuzwerke usw.

1. Die Konvergenz.

Die strenge Lösung des Kreuzwerkproblems ist als eine endliche Summe von Gliedern oder als eine unendliche Reihe entwickelt worden; man kann daher nach der Konvergenz des Verfahrens fragen. Jede gefundene Lösung setzt sich aus zwei Teilen, den statischen Wirkungen am Balken auf starren und denjenigen am Balken auf elastischen Stützen, zusammen. Beide Anteile enthalten eigene Konvergenzen.

1. Der Durchlaufbalken auf starren Stützen.

α) Die Biegemomente $M_{x(n)}$ und Durchbiegungen $f_{x(n)}$ infolge der Belastungszustände $X_{(n)} = +1$ nehmen mit wachsendem n deutlich ab, Abb. 4. Es ist

$$M_{x(1)} > M_{x(2)} > M_{x(3)} > \cdots > M_{x(n)},$$
$$f_{x(1)} \gg f_{x(2)} \gg f_{x(3)} \gg \cdots \gg f_{x(n)}.$$

β) Ist das Tragwerk symmetrisch aufgebaut, so sind für den Symmetriepunkt, meist die Brückenmitte, alle Wirkungen aus antimetrischen Lastgruppen, z. B. $n = 2, 4, 6, \ldots$ gleich Null.

$$M_{l/2(2)} = M_{l/2(4)} = \cdots = 0,$$
$$f_{l/2(2)} = f_{l/2(4)} = \cdots = 0.$$

γ) Ist $F_{(n)}$ die Fläche der Einheitsbiegelinie $\gamma_{v(n)}$, so gilt für gleichmäßig verteilte Streckenlasten p_k:

$$F_{(1)} > F_{(2)} > F_{(3)} > \cdots > F_{(n)}.$$

δ) Für Kräfte $a_{h(n)}$ und Querkräfte $Q_{x(n)}$ tritt keine bzw. nur geringfügige Abnahme der Größen auf.

2. Der Durchlaufbalken auf elastischen Stützen.

a) Fahrbahntafel liegt nur auf den Hauptträgern.

Sämtliche Auflagerdrücke $C_{ik(n)}$ und $C_{ii(n)}$ streben mit abnehmendem $z_{(n)}$ der Null zu. Alle statischen Größen am Balken auf elastischen Stützen nähern sich daher in Abhängigkeit von $C_{ik(n)}$ Null.

$$C_{ik(1)} > C_{ik(2)} > C_{ik(3)} > \cdots \to 0.$$

b) Fahrbahntafel liegt nur auf den Querträgern.

Mit abnehmender Kreuzsteifigkeit der Gruppenbelastungszustände $z_{(n)}$ nehmen auch die Auflagerkräfte $B_{ik(n)}$, $k \neq i$, mehr oder weniger schnell ab und nähern sich Null, während $B_{ii(n)}$ sich gegen Eins bewegt. Sämtliche statischen Wirkungen, als Funktionen der Auflagerkräfte, nähern sich jedoch, wegen $B_{ii(n)} \to 1$, nicht Null, sondern streben dem Wert zu, der beim durchlaufenden Balken auf starren Stützen auftritt.

3. Das Kreuzwerk.

Um einen Vergleich der beiden Fahrbahnlagerungsarten durchführen zu können, setzen wir vergleichsweise voraus, daß die Querträgersteifigkeit gleich Null sei.

α) Berechnen wir dann die Wirkungen am Hauptträger mit den für den Belastungsangriff a abgeleiteten Formeln, so ist $C_{ii(n)} = 0$, $n = 1 \ldots n$. Die Wirkungen der statisch unbestimmten Lastgruppen fallen daher hierbei alle weg und es bleibt nur der Ausdruck $S^0_{ix,iv}$, die Wirkung am Hauptsystem, übrig.

β) Im Gegensatz hierzu ist beim Belastungsangriff b $B_{ii(n)} = 1$, $n = 1 \ldots n$; es müssen sämtliche n Glieder der Gleichungen berücksichtigt werden. Zur Ermittlung der hieraus resultierenden Wirkung am Hauptsystem, z. B. dem Balken auf zwei Stützen, ist dieser Weg sehr umständlich.

Bei der praktischen Berechnung von Kreuzwerken treten stets Glieder der Form

$$\sum_{k=a\ldots m} C_{ik(n)}\, p_k$$

auf.

Bei gleicher Belastung p_k auf jedem Hauptträger k ist

$$p_k \sum_{k=a\ldots m} C_{ik(n)} = 0.$$

Bei den in den Brückenberechnungen auftretenden verschiedenen Belastungen ist immer wieder festzustellen, daß

$$\sum_{k=a\ldots m} C_{ik(1)}\, p_k > \sum_{k=a\ldots m} C_{ik(2)}\, p_k > \ldots$$

ist, da nur die Differenzen zwischen den einzelnen Größen p_k in den Summen zum Ausdruck kommen können.

Die grundsätzlichen Unterschiede im Rechnungsgang, zusammen mit den beschriebenen Konvergenzen, wirken sich bei der Kreuzwerkberechnung aus.

Im Fall a ist einfache, doppelte oder mehrfache, im Fall b ist keine oder nur langsame Konvergenz vorhanden.

Für die Wirkungen an den Hauptträgern ist die Art des Belastungsangriffs mehr oder weniger gleichgültig. Wir berechnen daher jedes Kreuzwerk für den Belastungsangriff a. Beim Belastungsfall b ist dann für die Querträgeruntersuchung jeweils der Einfluß von solchen Lasten zu berücksichtigen, die den betrachteten Querträger unmittelbar belasten. Zu den Wirkungen der Kreuzwerkberechnung für den Belastungsangriff a fügen wir dann für die örtliche Wirkung der Lasten die statischen Größen am Durchlaufbalken auf starren Stützen — Querträger — hinzu, da die Formänderungen des Kreuzwerks schon im Belastungsangriff a enthalten sind.

2. Das abgekürzte Verfahren.

Im Sinne der angewandten Mathematik als Approximativ-Mathematik gilt eine solche Lösung als streng, deren Genauigkeit in vorgeschriebenen Grenzen liegt. In der Baustatik dürfte eine Lösung als genau bezeichnet werden, bei der unter den allgemein gemachten Voraussetzungen keine größeren Fehler als 3% auftreten.

Die beschriebenen Konvergenzen sind im Belastungsfall a insgesamt so wirkungsvoll, daß beim frei aufliegenden Kreuzwerk auf zwei Stützenreihen teilweise nur die statische Wirkung am Hauptsystem und das erste statisch unbestimmte Reihenglied angesetzt zu werden brauchen. Das Beispiel[1] bestätigt obige Angaben. Es spielen für die Hauptträgermomente die

---

[1] Homberg: Einflußflächen für Trägerroste, 1. Teil, S. 15.

zweiten und höheren Reihenglieder eine ganz untergeordnete Rolle. Werden sie weggelassen, so entstehen gegenüber den Gesamtmomenten Fehler, die kaum 1,2% betragen.

Bei den Auflagerkräften infolge von Einzellasten, die nahe am Auflager selbst stehen, ist die Kreuzwirkung gering. Wir vernachlässigen daher diesen Einfluß ganz. Die Beanspruchungen der Querträger sind von allen n Reihengliedern in ungefähr gleichem Maße abhängig. Es ist daher hierfür notwendig, die vollständigen Lösungen zu verwenden.

Für durchlaufende Kreuzwerke über t Öffnungen gelten diese Überlegungen ebenso wie bei den zweiseitig frei aufliegenden Kreuzwerken. Es brauchen hier teilweise nur die Wirkungen am statisch unbestimmten Hauptsystem und die ersten t Reihenglieder der Lösung angesetzt zu werden.

3. Die Beziehungen des Kreuzwerks mit endlicher Querträgerzahl zum Kreuzwerk mit unendlich vielen, unendlich schmalen Querträgern.

Bei vielen Problemen der Technik tritt die Erscheinung auf, daß eine Ausbildung mit endlicher Teilungszahl durch eine solche mit unendlich vielen, unendlich schmalen Teilen ersetzt werden kann. Auch bei Kreuzwerken ist dies der Fall.

Da die Lösungen für das Kreuzwerk mit unendlich vielen, unendlich schmalen Querträgern meist sehr viel einfacher als für den Fall zahlreicher Querträger endlicher Zahl sind, ist diese Erscheinung für die Kreuzwerkberechnung von besonders großer Bedeutung. Würde die Durchführung einer strengen Berechnung an der großen Zahl der Unbekannten scheitern, so kann stets die diskontinuierliche Ausbildung durch die kontinuierliche ersetzt werden.

Untenstehende Tabelle zeigt für das frei aufliegende Kreuzwerk einen Vergleich der allgemeinen Lösungen bei 3 und unendlich vielen Querträgern.

Bauart	Werte	$S^0_{ix,kv}$-Glied	1. statisch unbestimmtes Reihenglied	2. Glied	3. Glied
$3\,QT$ $\infty\,QT$	$z_{(n)}$	— —	$z_{(1)} = 1{,}972\,z$ $z_{(1)} = 1{,}971\,z$	$z_{(2)} = 0{,}125\,z$ $z_{(2)} = 0{,}123\,z$	$z_{(3)} = 0{,}028\,z$ $z_{(3)} = 0{,}024\,z$
$3\,QT$ $\infty\,QT$	$K_{i2,\,kv}$	— —	$\mu_2 = 0{,}5$ $\mu_1 = 0{,}5$	— —	$\mu_2 = 0{,}5$ $\mu_1 = 0{,}5$
$3\,QT$ $\infty\,QT$	$M_{i2,\,kv}$	$M^0_{i2,\,kv}$ $M^0_{i2,\,kv}$	$\mu_3 = 0{,}213$ $\mu_3 = 0{,}202$	— —	$\mu_4 = 0{,}037$ $\mu_3 : 9 = 0{,}023$
$3\,QT$ $\infty\,QT$	$A_{i,\,kv}$	$A^0_{i,\,kv}$ $A^0_{i,\,kv}$	$\mu_3 = 0{,}604$ $2 : \pi = 0{,}636$	$\mu_5 = 0{,}25$ $1 : \pi = 0{,}318$	$\mu_9 = 0{,}104$ $2 : 3\,\pi = 0{,}212$
$3\,QT$ $\infty\,QT$	$\delta_{i2,\,kv}$	$\delta^0_{i2,\,kv}$ $\delta^0_{i2,\,kv}$	$1{,}972 : 96 = 0{,}021$ $\mu_5 = 0{,}021$	— —	$0{,}028 : 96 = 0{,}0003$ $\mu_5 : 81 = 0{,}0003$
$3\,QT$ $\infty\,QT$	$F_{(n)}$ Vollast	— —	$F_{(1)} = 0{,}636\,l$ $F_{(1)} = 0{,}637\,l$	— —	$F_{(3)} = 0{,}172\,l$ $F_{(3)} = 0{,}212\,l$
$3\,QT$ $\infty\,QT$	$\gamma_{v(n)}$ P in $l/2$	— —	$\gamma_{2\,(1)} = 1{,}0$ $\gamma_{2\,(1)} = 1{,}0$	$\gamma_{2\,(2)} = 0$ $\gamma_{2\,(2)} = 0$	$\gamma_{2\,(3)} = 1{,}00$ $\gamma_{2\,(3)} = 1{,}00$

Um vergleichsfähige Formeln zu erhalten, wird bei der Berechnung der Kreuzsteifigkeiten $z_{(n)}$ die Gesamtheit der unendlich vielen, unendlich schmalen Querträger über die Stützweite l in $(n + 1)$ Einzelquerträger zusammengefaßt gedacht[1].

Der Koeffizientenvergleich zeigt beim $S^0_{ix,\,kv}$-Glied völlige und beim 1. statisch unbestimmten Reihenglied eine fast vollständige Übereinstimmung.

---

[1] H o m b e r g: Einflußflächen für Trägerroste, 1. Teil, S. 35.

Wir können daher, wenn mit dem abgekürzten Verfahren gearbeitet wird, ohne die Schärfe der Untersuchung zu verschlechtern, die endliche Querträgerzahl durch eine unendlich große ersetzen. Bei frei aufliegenden Kreuzwerken ist dies nicht erforderlich, da hierfür alle Lösungen vorliegen.

Große Vorteile bringt der Ansatz unendlich vieler, unendlich schmaler Querträger jedoch bei der Berechnung über mehrere Öffnungen durchlaufender Kreuzwerke und anderer schwieriger Systeme mit endlich vielen Querträgern, bei denen die Determinante 1 (29) nicht aufgelöst werden kann, für unendlich große Anzahl der Querträger die Lösung der Frequenzgleichung jedoch bekannt ist. Ist $t - 1$ der Grad der statischen Unbestimmtheit des Hauptsystems, so sind bei der abgekürzten Lösung die t ersten statisch unbestimmten Reihenglieder anzusetzen.

Zu beachten ist dann, daß die Wirkung der unendlich vielen, unendlich schmalen Querträger gleich der aller Querträger endlicher Zahl sein muß. Wir setzen daher:

$$J'_Q = \frac{n+1}{l}\,J_Q.$$

Darin ist

J_Q　das Trägheitsmoment eines der Querträger endlicher Anzahl,

J'_Q　das Trägheitsmoment eines Querträgerstreifens von der Breite 1 [m] bei unendlich vielen Querträgern,

n　die Querträgeranzahl,

l　die Stützweite [m].

4. Bemerkungen zur Berechnung von Kreuzwerken mit veränderlichem Trägheitsmoment der Hauptträger.

Das angegebene Berechnungsverfahren gilt für frei aufliegende und durchlaufende Kreuzwerke mit gleichbleibendem oder veränderlichem Trägheitsmoment der Haupt- und Querträger.

Beim frei aufliegenden, stählernen Balken auf zwei Stützen mit abgestuften Trägheitsmomenten, jedoch gleichbleibender Stegblechhöhe, werden die Verhältnisse der J meist so gewählt, daß das Trägheitsmoment des Grundquerschnittes am Auflager etwa 50% von demjenigen in Brückenmitte beträgt. Der größte Querschnitt reicht oft über die beiden mittleren Viertel der Stützweite. Zu beachten ist außerdem, daß bei Kreuzwerken die Maximalmomentenkurven teilweise von der einfachen Parabel abweichen; die Abnahme der Biegemomente von Brückenmitte zum Auflager erfolgt bei Kreuzwerken oft langsamer als bei einfachen Balkenbrücken. Die Durchbiegungen eines losgelösten Hauptträgers des Kreuzwerks unterscheiden sich daher nur wenig von denjenigen des Balkens mit unveränderlichem Trägheitsmoment. Es ist daher in der Mehrzahl aller auftretenden Fälle möglich, die Veränderlichkeit der Hauptträgerträgheitsmomente bei frei aufliegenden Kreuzwerken auf zwei Stützenreihen zu vernachlässigen. Eine Verbesserung dieses Ansatzes ist möglich, indem zur Berechnung der Kreuzsteifigkeit z ein gleichbleibendes Ersatzträgheitsmoment eingeführt wird. Dieses wird so gewählt, daß beim losgelösten Hauptträger mit gleichbleibendem Ersatzträgheitsmoment in Brückenmitte die gleichen Durchbiegungen auftreten wie beim wirklichen Hauptträger mit veränderlichem Trägheitsmoment.

Soll die Veränderlichkeit der Trägheitsmomente bei besonders wichtigen Bauwerken genau berücksichtigt werden, so empfiehlt es sich, die Zahl der Querträger einzuschränken.

Bei durchlaufenden Kreuzwerken mit gleichbleibender Stegblechhöhe und abgestuften Trägheitsmomenten können wir in den meisten Fällen für jede Öffnung ein festes, mittleres Ersatzträgheitsmoment einführen. Die Berechnung wird dann mit feldweise gleichbleibenden Trägheitsmomenten durchgeführt.

Frei aufliegende und durchlaufende Kreuzwerke mit veränderlicher Hauptträgerhöhe, die stark veränderliches Trägheitsmoment aufweisen, bereiten bei der Berechnung größere Mühe, da die Einsenkungen der losgelösten Hauptträger zuvor unter Berücksichtigung des veränderlichen Trägheitsmomentes genau berechnet werden müssen. Der Lösungsgang ist jedoch der gleiche wie bei Kreuzwerken mit gleichbleibendem Trägheitsmoment der Hauptträger.

5. Über mehrere Öffnungen durchlaufende Kreuzwerke.

Bei durchlaufenden Kreuzwerken legt man die Querträger in die Gebiete der größten Hauptträgerdurchbiegungen, weil dort ihre Wirkung am größten ist. Durchlaufende Kreuzwerke beliebiger Öffnungsverhältnisse lassen sich mit Hilfe des angegebenen Verfahrens berechnen, solange die Determinante 1 (29) aufgelöst werden kann. Dies ist mit erträglichem Arbeitsaufwand allgemein nur bei Determinanten bis zum 4. Grade möglich. Da der Grad der Determinante von der Anzahl der Querträger abhängig ist, können bei beliebigen Öffnungsverhältnissen nur die in Abb. 27 gezeigten Kreuzwerke mit höchstens 4 Querträgern berechnet werden.

Bei Längssymmetrie des Kreuzwerks können symmetrische und antimetrische Lastgruppen verwendet werden. Wir erhalten zwei unabhängige Determinanten, für welche das gleiche gilt, was oben gesagt wurde. Es können daher bei Symmetrie die Kreuzwerke der Abb. 28 mit größerer Querträgeranzahl, $n \leq 8$, untersucht werden.

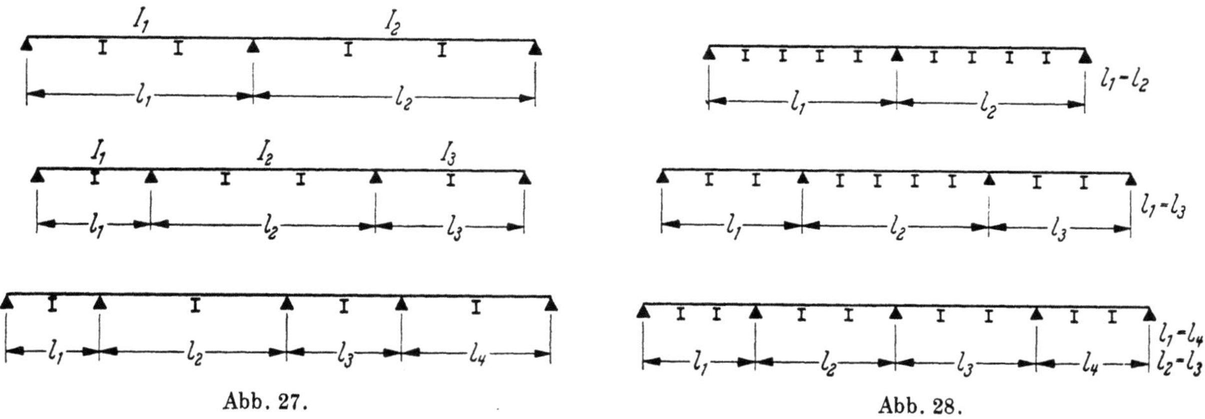

Abb. 27.   Abb. 28.

Die Systeme der Abb. 28 können aber auch gelöst werden, wenn Unsymmetrie vorliegt. Wir erzeugen dann künstlich eine statische Längssymmetrie, indem die Kreuzsteifigkeiten z für entsprechende Öffnungen gleich groß gewählt werden. Beim Kreuzwerk mit 2 Öffnungen gilt z. B.:

	Linke Öffnung	Rechte Öffnung
Stützweiten	l_1	$l_2 = \varkappa \, l_1$
Hauptträgerträgheitsmomente	J bzw. $r\,J$	$c\,J$ bzw. $c\,r\,J$
Querträgerträgheitsmomente	J_Q	$\dfrac{c}{\varkappa^3} J_Q$
Antimetrische Lastgruppen	$\alpha h(n)$ $n = 1, 3, 5, \ldots$	$-\dfrac{c}{\varkappa^2}\,\alpha h(n)$
Symmetrische Lastgruppen	$\alpha h(n)$ $n = 2, 4, 6, \ldots$	$\dfrac{1}{\varkappa}\,\alpha h(n)$
Durchbiegungen infolge antimetrischer Lastgruppen	$f ih,\, i(n)$ $n = 1, 3, 5, \ldots$	$-\varkappa\, f ih,\, i(n)$
Durchbiegungen infolge symmetrischer Lastgruppen	$f ih,\, i(n)$ $n = 2, 4, 6, \ldots$	$\dfrac{\varkappa^2}{c}\, f ih,\, i(n)$

Wie wir uns durch Nachrechnen überzeugen können, gelten die angegebenen Zusammenhänge für die Gruppenlasten und Durchbiegungen bei beliebiger Anzahl der Querträger, jedoch muß die Anzahl derselben in beiden Öffnungen gleich groß sein. Wir können dann das „Erweiterte Bildungsgesetz der Lastgruppen“ 5 (1)

$$f ih,\, i(n) = \omega i(n) \frac{J_Q v}{J_Q h}\, \alpha h(n), \qquad i = a \ldots m, \qquad h = 1 \ldots n,$$

anwenden. Es ist mit $J_Q v = 1$:

$$J_Q h\, \frac{f ih,\, i(n)}{\alpha h(n)} = \frac{c}{\varkappa^3}\, J_Q h\, \frac{-\varkappa\, f ih,\, i(n)}{-\dfrac{c}{\varkappa^2}\, \alpha h(n)} = \omega i(n),$$

$$n = 1, 3, 5, \ldots$$

bzw.

$$J_{Qh}\,\frac{f_{ih,\,i(n)}}{\alpha_{h(n)}} = \frac{c}{\varkappa^3}\,J_{Qh}\,\frac{\dfrac{\varkappa^2}{c}\,f_{ih,\,i(n)}}{\dfrac{1}{\varkappa}\,\alpha_{h(n)}} = \omega_{i(n)},$$

$$n = 2,\,4,\,6,\,\ldots$$

Durch die geschickte Wahl der Querträgerträgheitsmomente konnte die erwünschte Symmetriebeziehung voll hergestellt werden. Die Anpassung der Querträger an die gewählten Steifigkeitsverhältnisse ist leicht möglich, jedoch werden dann die Querträger in der kleineren Öffnung nicht ausgenutzt. Es wurde dieser vereinfachende Ansatz bei der Ableitung der geschlossenen Lösungen für durchlaufende Kreuzwerke mit n Querträgern, $n = 2, 3$ und ∞, berücksichtigt[1].

In der gleichen Weise geht man bei 3 und 4 Öffnungen vor.

Es gibt aber noch eine zweite Möglichkeit, mit Vorteil ungleich steife Querträger anzuwenden. Hat man z. B. für ein festliegendes Öffnungsverhältnis die statischen Größen errechnet, so kann man hieraus neue Werte für den Fall gewinnen, daß z. B. eine Stützweite mit $\varkappa$ wächst. Man ist so in der Lage, aus einer speziellen Rechnung Lösungen für allgemeine Stützweitenverhältnisse abzuleiten.

Für das Kreuzwerk mit drei Öffnungen gilt dann z. B.:

	Seitenöffnungen	Mittelöffnungen
Stützweiten	l	$\varkappa\,l$
Hauptträgerträgheitsmomente	$J = \text{const}$	$\dfrac{\varkappa}{k}\,J = \text{const}$
Querträgerträgheitsmomente	J_Q	$\dfrac{\eta}{\varkappa^2}\,J_Q$
Symmetrische und antimetrische Lastgruppen aus n Einzelkräften	$\alpha^{*}_{h(n)}$	$\dfrac{\eta}{k\,\varkappa}\,\alpha^{*}_{(n)}$
Ordinaten der Einheitsbiegelinien	$\gamma^{*}_{h(n)}$	$\dfrac{\varkappa}{k}\,\gamma^{*}_{h(n)}$

Es sind $\alpha^{*}_{h(n)}$ und $\gamma^{*}_{h(n)}$ die für $\varkappa = 1$ berechneten Werte. η ist eine beliebige konstante Größe, die zur Regelung der Steifigkeitsverhältnisse dient.

Nach 5 (8) gilt $f_{ih,\,i(n)} = \omega_{i(n)}\,\gamma_{h(n)}$, setzen wir diesen Wert in 5 (1) ein, so können wir schreiben

$$\frac{J_{Q}l}{J_{Qv}}\,\frac{\gamma_{h(n)}}{\alpha_{h(n)}} = 1, \qquad l = l_1,\,l_2,\,l_3.$$

Für $\varkappa \neq 1$ erhalten wir dann mit $J_{Qv} = J_Q$ in der Mittelöffnung gleichfalls

$$\frac{\eta}{\varkappa^2} \cdot 1 \cdot \frac{\dfrac{\varkappa}{k}\,\gamma^{*}_{h(n)}}{\dfrac{\eta}{k\,\varkappa}\,\alpha^{*}_{h(n)}} = 1.$$

Bei den im Formelteil der in der Fußnote[1] genannten Arbeit angegebenen Lösungen sind die Werte η und k so gewählt worden, daß für den dort jeweils angegebenen Bereich von $\varkappa$ die Verhältnisse der Trägheitsmomente der Hauptträger gut mit denen übereinstimmen, die sich in der Wirklichkeit ergeben und daß die Querträgersteifigkeiten in den einzelnen Öffnungen nur wenig voneinander abweichen.

6. Abgekürzte Lösung für über mehrere Öffnungen durchlaufende Kreuzwerke.

Bei durchlaufenden Kreuzwerken mit zahlreichen Öffnungen, Haupt- und Querträgern ist der Grad der statischen Unbestimmtheit überaus hoch. Die in § 7, 1 bis 3 gezeigten Konvergenzen und Zusammenhänge haben daher hier besonders große Bedeutung und man sollte daher von dem abgekürzten Verfahren § 7, 2 und 3 stets Gebrauch machen, um den Arbeits-

---

[1] Homberg: Einflußflächen für Trägerroste, 2. Teil.

aufwand bei der Kreuzwerkberechnung einzuschränken. Dies ist besonders angebracht bei Stützweiten größer als 30 m, da hier der Einfluß der Fahrzeuglasten schon merklich gegenüber dem der ständigen Last und des Menschengedränges zurücktritt.

Die statischen Größen der Querträger kann man dann genau genug mit Hilfe frei aufliegender Ersatzsysteme mit nur einer Öffnung berechnen, ohne nennenswerte Fehler zu machen.

7. Der allgemeine Lösungsgang.

a) Beliebige Kreuzwerke.

Beim frei aufliegenden und durchlaufenden Kreuzwerk mit n Querträgern sind zu berechnen:

1. Die Durchbiegungen f_{hj} am losgelösten Hauptträger mit gleichbleibendem oder veränderlichem Trägheitsmoment.

2. Das Gleichungssystem 1 (29)

	α_1	α_2	$\ldots$	α_n	
1.	$f_{11} - \omega$	f_{12}	$\ldots$	f_{1n}	$= 0$
2.	f_{21}	$f_{22} - \omega$	$\ldots$		$= 0$
$\ldots$	$\ldots$	$\ldots$	$\ldots$		$= 0$
$n.$	f_{n1}	f_{n2}	$\ldots$	$f_{nn} - \omega$	$= 0$

3. Die Nennerdeterminante D dieses Gleichungssystems, die Frequenzgleichung als Gleichung n-ten Grades für ω.

4. Die Wurzeln $\omega_{(n)}$ der Frequenzgleichung.

5. Die Gruppenlasten $\alpha_{h(n)}$ durch Einsetzen der Werte $\omega_{(n)}$ in das homogene Gleichungssystem 1 (29).

6. Die Werte $\mu_{(n)}$ nach 1 (10).

7. Die Ordinaten der Einheitsbiegelinien $\gamma_{v(n)}$ nach 1 (12) und 4 (14)

$$f_{v(n)} = \sum_{j=1\ldots n} f_{vj}\,\alpha_{j(n)}, \qquad \gamma_{v(n)} = \frac{f_{v(n)}}{\omega_{(n)}}.$$

8. Die Kreuzsteifigkeiten der Gruppenbelastungszustände. Bei beliebigen bzw. gleichen Hauptträgerabständen gilt nach 4 (28a, b)

$$z_{(n)} = \frac{48\,E\,J_Q}{l_Q^3}\,\omega_{(n)} \qquad \text{bzw.} \qquad z_{(n)} = \frac{6\,E\,J_Q}{a^3}\,\omega_{(n)}.$$

9. Die Auflagerkräfte $B_{ik(n)}$ und $C_{ik(n)}$ am elastisch gestützten Durchlaufbalken nach § 2.

10. Die Einflußflächen der Schnittkräfte nach § 4, 8 und 4, 9.

b) Frei aufliegende Kreuzwerke mit mehreren Querträgern in gleich großen Abständen und gleichbleibenden Trägheitsmomenten der Hauptträger.

Es sind zu berechnen:

1. Die Sinus-Ordinaten an den Stellen $n\pi\,x_h/l$, $0 \leqq x_h \leqq 1$, $n = 1\ldots n$, die den Befestigungsstellen der n Querträger entsprechen. Diese Werte werden als Gruppenlasten $\alpha_{h(n)}$ eingeführt, wobei jeweils der größte Wert jeder Gruppe gleich Eins gesetzt wird. Zugleich bestimmen wir nach 1 (10)

$$\sum_{j=1\ldots n} \alpha_{j(n)}^2 \qquad \text{und} \qquad \mu_{(n)} = 1 : \sum_{j=1\ldots n} \alpha_{j(n)}^2.$$

2. Die Biegelinien infolge der Lastgruppen (n) an einem losgelösten Hauptträger mit dem Trägheitsmoment J

$$f_{v(n)} = \sum_{j=1\ldots n} f_{vj}\,\alpha_{j(n)}, \qquad 0 \leqq v \leqq l, \qquad n = 1\ldots n.$$

Die Einteilung der Stützweite erfolgt in beliebig viele Teile.

3. Die Parameter nach 1 (7)

$$\omega_{(n)} = f_{h(n)} : \alpha_{h(n)}.$$

4. Die Ordinaten der Einheitsbiegelinien nach 1 (12)

$$\gamma_{v(n)} = \frac{f_{v(n)}}{\omega_{(n)}}, \qquad 0 \leq v \leq l, \qquad n = 1 \dots n.$$

5. Die Kreuzsteifigkeiten der Gruppenbelastungszustände nach 4 (28a, b)

$$z_{(n)} = \frac{48\,E\,J_Q}{l_Q^3}\,\omega_{(n)} \qquad \text{bzw.} \qquad z_{(n)} = \frac{6\,E\,J_Q}{a^3}\,\omega_{(n)}.$$

6. Die Auflagerkräfte $B_{ik(n)}$ und $C_{ik(n)}$ am Durchlaufbalken auf elastischen Stützen nach § 2.

7. Die Einflußflächen der Schnittkräfte nach § 4, 8 und 4, 9.

8. Die Grenzen des Verfahrens.

Das angegebene, genaue Verfahren zur Kreuzwerkberechnung gilt unter der Voraussetzung, daß der Verlauf der Trägheitsmomente der Träger innerhalb jeder Schar ähnlich ist. Dem Verfahren sind durch den Umfang der notwendigen Rechenarbeit Grenzen gesteckt.

Die Anzahl der Hauptträger.

Die $m-2$ Elastizitätsgleichungen des Durchlaufbalkens auf elastischen Stützen werden meist mit Hilfe von Determinanten gelöst. Determinanten vierter Ordnung sind mit erträglichem Arbeitsaufwand noch lösbar. Bei unsymmetrischer Ausbildung des Kreuzwerks in der Querrichtung kann daher die Anzahl der Hauptträger sechs betragen. Ist das Tragwerk in der Querrichtung symmetrisch aufgebaut, so können Lastgruppen zur Unterteilung des Rasters der Elastizitätsgleichungen verwendet und bis zehn Hauptträger angeordnet werden. Ist die Hauptträgerzahl noch größer, so ist die Auflösung mit Hilfe des Gaußschen Verfahrens durchzuführen. Sind sehr viele Hauptträger vorhanden, so kann die elastische Stützung durch die elastische Bettung ersetzt werden.

Die Anzahl der Querträger.

Zur Bestimmung der Gruppenlasten $\alpha_{h(n)}$ ist die Frequenzgleichung aufzulösen. Auch hier ist bei endlicher Anzahl der Querträger die Determinante vierter Ordnung als Grenze gesetzt. Bei unsymmetrischer Ausbildung des Kreuzwerks in der Längsrichtung darf daher die Anzahl der Querträger vier, bei Längssymmetrie acht betragen. Besonders einfach zu berechnen sind in der Längsrichtung unsymmetrische Kreuzwerke mit zwei, symmetrische mit drei oder vier Querträgern. Zur Bestimmung der Eigenwerte sind dann nur unabhängige Gleichungen zweiten Grades aufzulösen.

Beim frei aufliegenden Kreuzwerk mit gleichbleibendem Trägheitsmoment der Hauptträger wurden die Ordinaten von Sinus-Wellen als Gruppenlasten gefunden. In diesem Falle ist die Anzahl der Querträger unbeschränkt, jedoch müssen die Querträger in gleichen Abständen angeordnet sein.

Mit Hilfe der Differentialgleichung 6 (3)

$$y_x^{IV} - m_l^4\, y_x = 0$$

können wir Kreuzwerke mit einer oder mehreren Öffnungen und unendlich vielen, unendlich schmalen Querträgern berechnen. Die Grenze liegt hier bei Kreuzwerken mit drei beliebig großen Öffnungen und bei in der Längsrichtung symmetrischen Kreuzwerken mit sechs Öffnungen.

III. Kreuzwerke mit drehsteifen Hauptträgern.

§ 8. Kreuzwerke mit gleichen Querträgern in gleichen Abständen.

1. Über die Verwendung von Last- und Momentgruppen.

Das frei aufliegende Kreuzwerk auf zwei Stützenreihen mit m drehsteifen Hauptträgern, n lastverteilenden Querträgern und 2 starren Endquerträgern ist $n(2m-2)$fach statisch unbestimmt, wenn der horizontale Biegewiderstand der Träger vernachlässigt wird. Zur Bildung eines statisch unbestimmten Hauptsystems durchschneiden wir die n Querträger $1 \ldots n$ an je $(m-1)$ Stellen y, Abb. 29, und bringen an diesen Schnitten die statisch unbestimmten Größen $Z_{Ih,vw}$ an. Die Unterscheidung der Schnittkräfte nach ihrer Art und ihren Angriffspunkten an den Querträgern erfolgt also durch große und kleine Buchstaben. Hierbei bezeichnen die beiden ersten Buchstaben im Zeiger Art und Ort der Unbekannten, die beiden letzten Buchstaben, hinter dem Komma, den Ort der äußeren Last $P = 1$.

Durch Verwendung von längsgerichteten Last- und Momentgruppen, Abb. 30, soll ein Raster der Elastizitätsgleichungen mit n unabhängigen Gruppen von je $(2m-2)$ Gleichungen und Unbekannten erhalten werden.

Raster der Elastizitätsgleichungen für das System, Abb. 29.

Wir führen hierzu, sinngemäß wie beim Balken auf starren Stützen, das „Bildungsgesetz der Lastgruppen"

$$f_{ih,I(n)} = \omega_{i(n)}\,\alpha_{h(n)}, \qquad 8\,(1)$$

$$i = a, b \ldots k \ldots m, \quad h = 1, 2 \ldots j \ldots n,$$

und außerdem das „Bildungsgesetz der Momentgruppen"

$$\varrho_{ih,K(n)} = \omega_{iT(n)}\,\beta_{h(n)}, \qquad 8\,(2)$$

$$i = a, b \ldots k \ldots m, \quad h = 1, 2 \ldots j \ldots n,$$

ein. Darin ist

$f_{ih,I(n)}$ die Durchbiegung des Hauptträgers i an der Stelle h infolge einer Lastgruppe $Z_{I(n)} = +1$,

$\alpha_{h(n)}$ die Gruppenlast, die, als Teil der n-ten Lastgruppe, zum Belastungszustand $Z_{I(n)} = +1$ gehört,

$\omega_{(n)}$ der Eigenwert der Hauptträgerdurchbiegung,

$\varrho_{ih,K(n)}$ die Verdrehung des Hauptträgers i an der Stelle h infolge einer Momentgruppe $Z_{K(n)} = +1$,

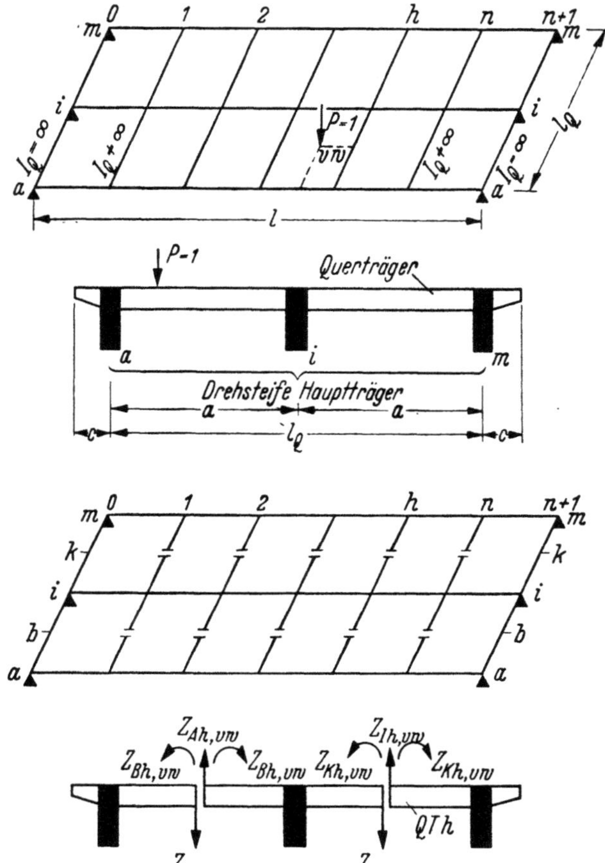

Abb. 29.

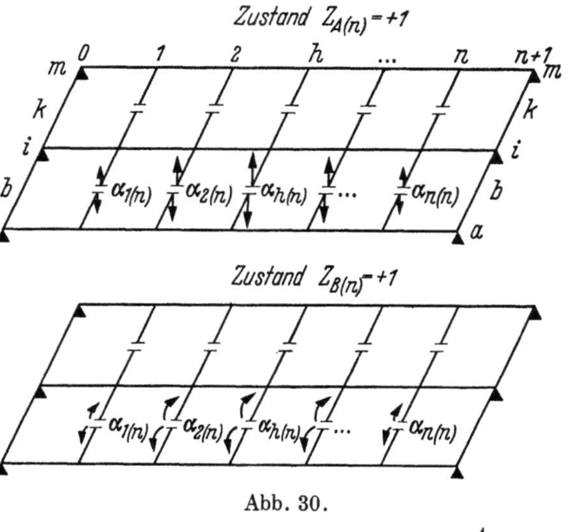

Abb. 30.

$\beta_{h(n)}$ das Gruppenmoment, das, als Teil der n-ten Momentgruppe, zum Belastungszustand $Z_{K(n)} = +1$ gehört,

$\omega_i T_{(n)}$ der Eigenwert der Hauptträgerverdrehung.

Da diese Beziehungen für alle Hauptträger in gleicher Weise angeschrieben werden, müssen diese Träger gleiche Stützungsart und ähnlichen Verlauf der Trägheitsmomente auf ihre ganze Länge aufweisen.

Das frei aufliegende Kreuzwerk mit m Hauptträgern mit gleichbleibender Biege- und Drehsteifigkeit und untereinander gleichen Querträgern in gleichen Abständen hat besondere Eigenschaften.

Es gilt:

$$\alpha_{h(n)} = \beta_{h(n)} = \sin n\pi x_h/l, \qquad n = 1 \ldots n, \qquad 8\,(3)$$

und

$$\varrho_{ih,K(n)} = \omega_i T_{(n)}\, \alpha_{h(n)}. \qquad 8\,(4)$$

Die statisch unbestimmten Größen $Z_{Ih,kv}$ infolge $P = 1$ im Punkt kv an diesem Kreuzwerk schreiben wir daher:

$$Z_{Ih,kv} = \sum_{n=1\ldots n} \alpha_{h(n)} Z_{I(n),kv}, \qquad 8\,(5)$$

$$I = A, B \ldots I, K \ldots; \qquad k = a \ldots m,$$
$$h = 1 \ldots n, \qquad 0 \leqq v \leqq l.$$

Darin ist

$Z_{I(n),kv}$ die endgültige statisch unbestimmte Lastgruppe oder Momentgruppe infolge von $P = 1$ am Hauptträger k in v.

2. Die Formänderungsgrößen und Belastungsglieder bei Verwendung von Last- und Momentgruppen.

Die Berechnung der Vorzahlen der Elastizitätsgleichungen wird für das Kreuzwerk mit drei Haupt- und fünf lastverteilenden Querträgern allgemein durchgeführt, es könnte jedoch an Stelle von diesem jedes andere System eingeführt werden.

Die Durchbiegungen $f_{ih,I(n)}$ bestimmen wir wie in § 4, es ist nach Abb. 31

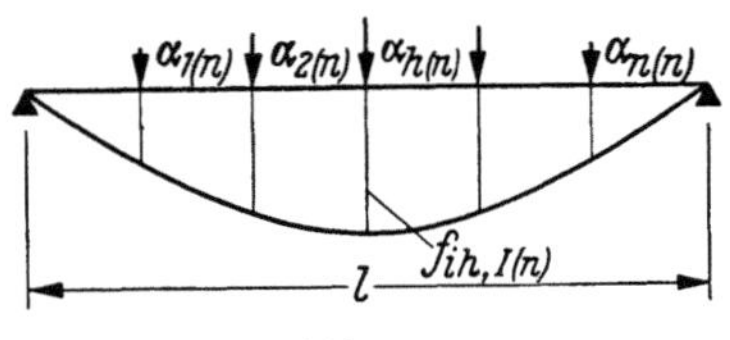

Abb. 31.

$$f_{ih,I(n)} = \sum_{j=1\ldots n} f_{ih,ij}\, \alpha_{j(n)}, \qquad 8\,(6)$$
$$h = 1 \ldots n, \qquad n = 1 \ldots n.$$

Um die n Winkeländerungen (Verdrehungen) $\varrho_{ih,K(n)}$ für jeden der Gruppenbelastungszustände anschreiben zu können, müssen die statischen Größen am Stab berechnet werden. Ein am beidseitig drehfest eingespannten Balken, Abb. 32a, an der Stelle v angreifendes Drehmoment D verteilt sich auf die Einspannstellen $x = 0$ und $x = l$ nach dem Hebelgesetz wie folgt:

und

$$\left.\begin{aligned} D_0 &= \frac{v'}{l}\, D \\[2mm] D_l &= \frac{v}{l}\, D. \end{aligned}\right\} \qquad 8\,(7)$$

Die Drehmomentenfläche ist in Abb. 32b angegeben. Wir nehmen an, daß $\vartheta_i = 1 : G J_T$ die bekannte Verdrehung der Längeneinheit des Hauptträgers i infolge eines Drehmomentes $D_i = 1$ ist. Es gilt dann:

$$\varrho_{ix,iv} = \frac{x v'}{l}\, \vartheta_i, \qquad 0 \leqq v \leqq x,$$

$$\varrho_{ix,iv} = \frac{x' v}{l}\, \vartheta_i, \qquad x \leqq v \leqq l$$

und

$$\varrho_{iv,iv} = \frac{v\,v'}{l}\,\vartheta_i.$$

Der Biegelinie entsprechend nennen wir Drehlinie eine solche Linie, die die Verdrehungen der einzelnen Stabquerschnitte darstellt, Abb. 32c.

Die Winkelverdrehungen $\varrho_{ih,K(n)}$ sind nach Abb. 33

$$\varrho_{ih,K(n)} = \vartheta_i\,[D_{0(n)}\,x_h - \alpha_{1(n)}\,(x_h - \lambda) - \alpha_{2(n)}\,(x_h - 2\lambda) - \cdots]. \qquad 8\,(8)$$

Mit Hilfe der Arbeitsgleichung bestimmen wir die Vorzahlen in den Elastizitätsgleichungen, Abb. 34.

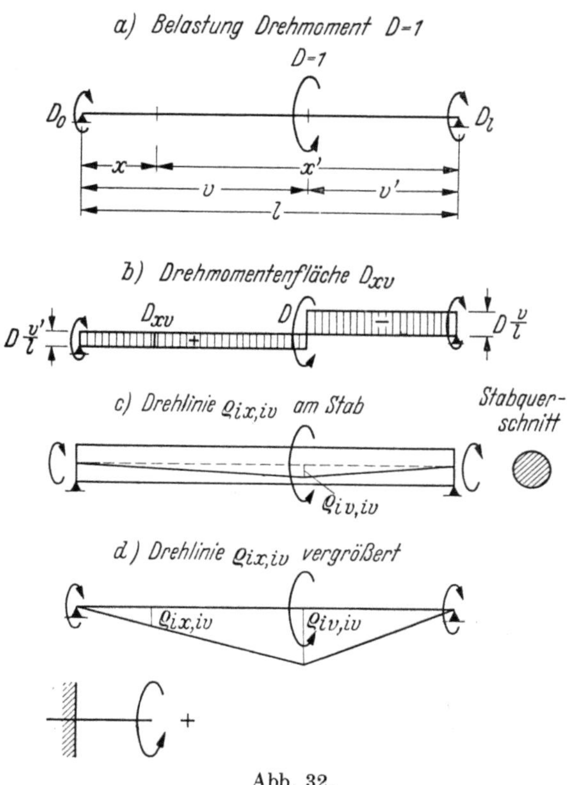

Abb. 32.

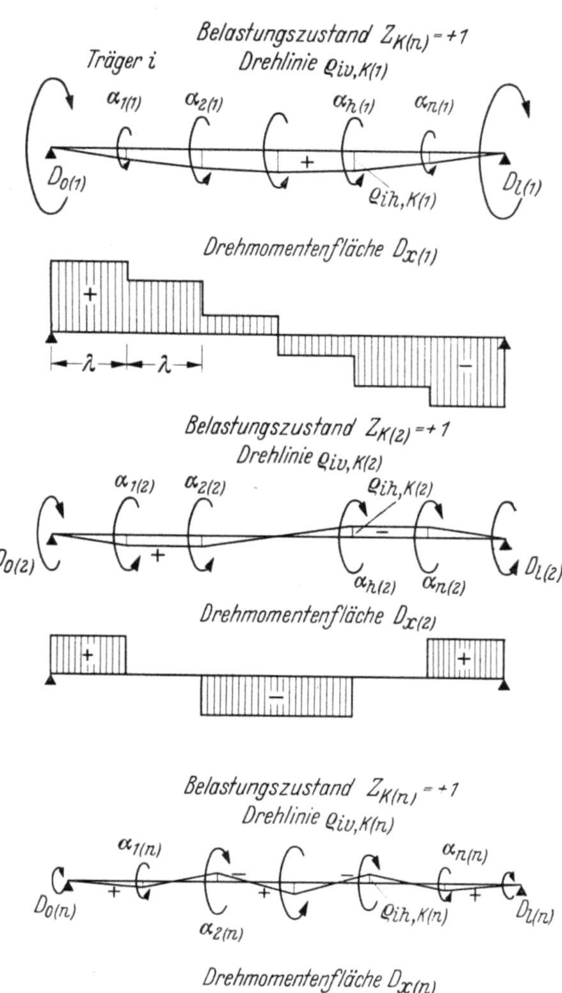

Abb. 33.

<u>Zustand $Z_{A(n)} = +1$.</u>

$$1\,\delta_{A(n),A(n)} = \sum_{j=1\ldots n} \alpha_{j(n)}^2 \left[\omega_{a(n)} + \omega_{aT(n)}\frac{a^2}{4} + \omega_{i(n)} + \omega_{iT(n)}\frac{a^2}{4} + 2f_{bb}\right], \qquad 8\,(9)$$

$$1\,\delta_{A(n),A(n)} = \left[\omega_{a(n)} + \omega_{aT(n)}\frac{a^2}{4} + \omega_{i(n)} + \omega_{iT(n)}\frac{a^2}{4} + 2f_{bb}\right]\sum_{j=1\ldots n}\alpha_{j(n)}^2, \qquad 8\,(10)$$

$$1\,\delta_{B(n),A(n)} = \left[-\omega_{aT(n)} + \omega_{iT(n)}\right]\frac{a}{2}\sum_{j=1\ldots n}\alpha_{j(n)}^2, \qquad 8\,(11)$$

$$1\,\delta_{I(n),A(n)} = \left[-\omega_{i(n)} + \omega_{iT(n)}\frac{a^2}{4}\right]\sum_{j=1\ldots n}\alpha_{j(n)}^2, \qquad 8\,(12)$$

$$1\,\delta_{K(n),A(n)} = -\omega_{iT(n)}\frac{a}{2}\sum_{j=1\ldots n}\alpha_{j(n)}^2. \qquad 8\,(13)$$

Zustand $Z_{B(n)} = +1$[1].

$$1\,\delta_{A(n),\,B(n)} = \left[-\,\omega_a T(n) + \omega_i T(n)\right] \frac{a}{2} \sum_{j=1\ldots n} \alpha^2_{j(n)}, \qquad 8\,(14)$$

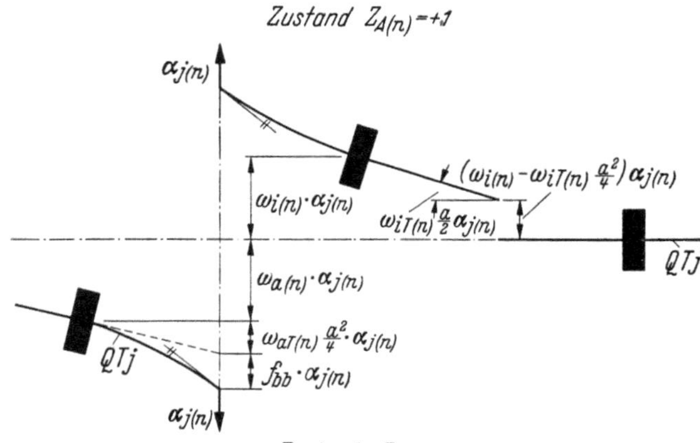

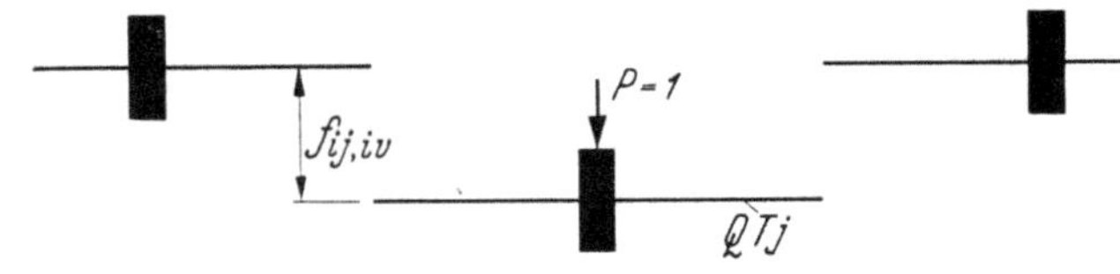

Abb. 34 a.

$$1\,\delta_{B(n),\,B(n)} = \left[\omega_a T(n) + \omega_i T(n) + 2\,\varphi'_{bb}\right] \sum_{j=1\ldots n} \alpha^2_{j(n)}, \qquad 8\,(15)$$

$$1\,\delta_{I(n),\,B(n)} = \omega_i T(n) \frac{a}{2} \sum_{j=1\ldots n} \alpha^2_{j(n)}, \qquad 8\,(16)$$

$$1\,\delta_{K(n),\,B(n)} = -\,\omega_i T(n) \sum_{j=1\ldots n} \alpha^2_{j(n)}. \qquad 8\,(17)$$

Für die weiteren Zustände $Z_{I(n)} = +1$ usw. erhalten wir die Formänderungsgrößen sinngemäß.

Zustand $Z_{I(n)} = 0,\ I = A, B, I, K.$

a) $P = 1$ am Hauptträger i im Punkt v.

$$1\,\delta_{A(n),\,o} = -\sum_{j=1\ldots n} \alpha_{j(n)}\, f_{ij,\,iv} = -$$

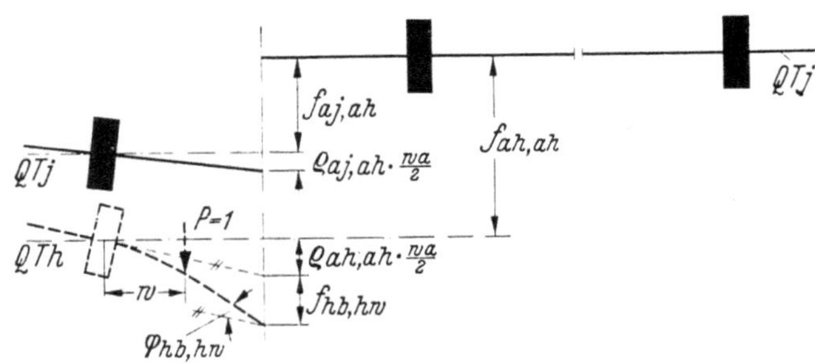

$$-\sum_{j=1\ldots n} f_{iv,\,ij}\, \alpha_{j(n)} = -f_{iv,\,i(n)}, \qquad 8\,(18)$$

$$1\,\delta_{A(n),\,o} = -\,\omega_{i(n)}\, \gamma_{v(n)}; \qquad 8\,(19)$$

$$1\,\delta_{B(n),\,o} = 0, \qquad 8\,(20)$$

$$1\,\delta_{I(n),\,o} = +\,\omega_{i(n)}\, \gamma_{v(n)}, \qquad 8\,(21)$$

$$1\,\delta_{K(n),\,o} = 0. \qquad 8\,(22)$$

Darin ist

$$\gamma_{v(n)} = \frac{f_{iv,\,i(n)}}{\omega_{i(n)}}, \qquad n = 1 \ldots n \qquad 8\,(23)$$

die Ordinate der Einheitsbiegelinie 1 (12).

Es gilt weiter

$$\gamma_{h(n)} = \alpha_{h(n)}, \qquad h = 1 \ldots n. \qquad 8\,(24)$$

b) $P = 1$ in w am Querträger h.

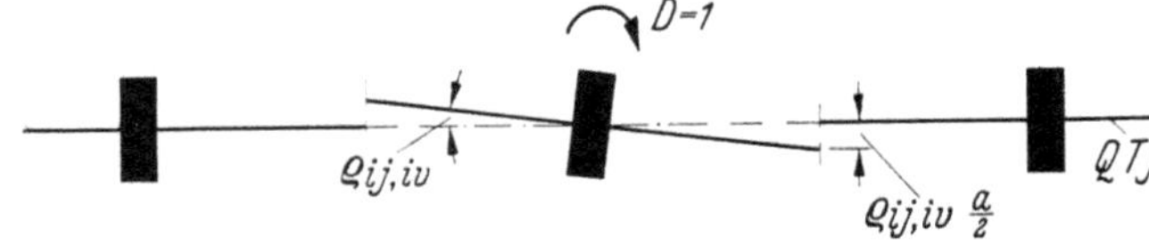

Abb. 34 b.

$$1\,\delta_{A(n),\,o} = \sum_{j=1\ldots n} \alpha_{j(n)}\left[f_{aj,\,ah} + \varrho_{aj,\,ah}\, \frac{wa}{2}\right] + \alpha_{h(n)}\, f_{hb,\,hw}, \qquad 8\,(25)$$

$$1\,\delta_{B(n),\,o} = \sum_{j=1\ldots n}\left[-\,\alpha_{j(n)}\, \varrho_{aj,\,ah}\, w\right] - \alpha_{h(n)}\, \varphi_{hb,\,hw}, \qquad 8\,(26)$$

$$1\,\delta_{I(n),\,o} = 0, \qquad 8\,(27)$$

$$1\,\delta_{K(n),\,o} = 0. \qquad 8\,(28)$$

<hr>

[1] In Abb. 34 ist $\omega_{i\,T(n)} = \omega_{a\,T(n)}$.

Es ist

$$\sum_{j=1\ldots n} f_{ij,\,ih}\,\alpha_{j(n)} = \sum_{j=1\ldots n} f_{ih,\,ij}\,\alpha_{j(n)} = \omega_{i(n)}\,\alpha_{h(n)}, \qquad\qquad 8\,(29)$$

$$\sum_{j=1\ldots n} \varrho_{ij,\,ih}\,\alpha_{j(n)} = \sum_{j=1\ldots n} \varrho_{ih,\,ij}\,\alpha_{j(n)} = \omega_{iT(n)}\,\alpha_{h(n)}, \qquad\qquad 8\,(30)$$

$$i = a \ldots m.$$

Wenn alle Querträger gleich steif sind, erhalten wir

$$1\,\delta_{A(n),\,0} = \left[\omega_{a(n)} + \omega_{aT(n)}\,\frac{w\,a}{2} + f_{bw}\right]\alpha_{h(n)}, \qquad\qquad 8\,(31)$$

$$1\,\delta_{B(n),\,0} = \left[-\,\omega_{aT(n)}\,w - \varphi_{bw}\right]\alpha_{h(n)}. \qquad\qquad 8\,(32)$$

c) Drehmoment $D = 1$ am Hauptträger i im Punkt v.

$$1\,\delta_{A(n),\,0} = \frac{a}{2}\sum_{j=1\ldots n} \varrho_{ij,\,iv}\,\alpha_{j(n)}, \qquad\qquad 8\,(33)$$

$$1\,\delta_{B(n),\,0} = \sum_{j=1\ldots n} \varrho_{ij,\,iv}\,\alpha_{j(n)}, \qquad\qquad 8\,(34)$$

$$1\,\delta_{I(n),\,0} = 1\,\delta_{A(n),\,0}, \qquad\qquad 8\,(35)$$

$$1\,\delta_{K(n),\,0} = -\,1\,\delta_{B(n),\,0}. \qquad\qquad 8\,(36)$$

Es ist

$$\sum_{n=1\ldots n} \varrho_{ij,\,iv}\,\alpha_{j(n)} = \sum_{n=1\ldots n} \varrho_{iv,\,ij}\,\alpha_{j(n)} = \omega_{iT(n)}\,\gamma_{v(n)}^{+}. \qquad\qquad 8\,(37)$$

Darin ist $\gamma_{v(n)}^{+}$ die Ordinate der Einheitsverdrehungslinie. Die Einheitsverdrehungslinie ist das in die Einheitsbiegelinie einbeschriebene Polygon mit den Eckordinaten

$$\gamma_{h(n)}^{+} = \gamma_{h(n)} = \alpha_{h(n)}, \qquad h = 1 \ldots n. \qquad\qquad 8\,(38)$$

Sämtliche Formänderungsgrößen enthalten den Wert

$$\sum_{j=1\ldots n} \alpha_{j(n)}^{2} = 1 : \mu_{(n)}, \qquad n = 1 \ldots n. \qquad\qquad 8\,(39)$$

Um diesen Wert auf der linken Seite der Elastizitätsgleichungen zum Verschwinden zu bringen, erweitern wir die Gleichungen der Formänderungsgrößen und Belastungsglieder mit $\mu_{(n)}$, schreiben diesen Wert jedoch auf der linken Seite der Ausdrücke für diese Vorzahlen nicht mit. Wir erhalten dann:

$$\underline{\text{Zustand } Z_{A(n)} = +1.}$$

$$\delta_{A(n),\,A(n)} = \omega_{a(n)} + \omega_{i(n)} + \left[\omega_{aT(n)} + \omega_{iT(n)}\right]\frac{a^{2}}{4} + 2f_{bb}, \qquad\qquad 8\,(40)$$

$$\delta_{B(n),\,A(n)} = \left[-\,\omega_{aT(n)} + \omega_{iT(n)}\right]\frac{a}{2}, \qquad\qquad 8\,(41)$$

$$\delta_{I(n),\,A(n)} = -\left[\omega_{i(n)} - \omega_{iT(n)}\,\frac{a^{2}}{4}\right], \qquad\qquad 8\,(42)$$

$$\delta_{K(n),\,A(n)} = -\,\omega_{iT(n)}\,\frac{a}{2}. \qquad\qquad 8\,(43)$$

$$\underline{\text{Zustand } Z_{B(n)} = +1.}$$

$$\delta_{A(n),\,B(n)} = \left[-\,\omega_{aT(n)} + \omega_{iT(n)}\right]\frac{a}{2}, \qquad\qquad 8\,(44)$$

$$\delta_{B(n),\,B(n)} = \left[\omega_{aT(n)} + \omega_{iT(n)} + 2\,\varphi'_{bb}\right], \qquad\qquad 8\,(45)$$

$$\delta_{I(n),\,B(n)} = \omega_{iT(n)}\,\frac{a}{2}, \qquad\qquad 8\,(46)$$

$$\delta_{K(n),\,B(n)} = -\,\omega_{iT(n)}. \qquad\qquad 8\,(47)$$

$$\text{Zustand } Z_{I(n)} = 0, \qquad I = A, B, I, K.$$

a) $P = 1$ am Hauptträger i im Punkt v.

$$\delta_{A(n),o} = -\mu_{(n)}\,\gamma_{v(n)}\,\omega_{i(n)}, \tag{8 (48)}$$

$$\delta_{B(n),o} = 0, \tag{8 (49)}$$

$$\delta_{I(n),o} = \mu_{(n)}\,\gamma_{v(n)}\,\omega_{i(n)}, \tag{8 (50)}$$

$$\delta_{K(n),o} = 0. \tag{8 (51)}$$

b) $P = 1$ am Querträger h im Punkt w.

$$\delta_{A(n),o} = \mu_{(n)}\,\gamma_{h(n)}\left[\omega_{a(n)} + \omega_{aT(n)}\,\frac{v\cdot a}{2} + f_{bw}\right], \tag{8 (52)}$$

$$\delta_{B(n),o} = \mu_{(n)}\,\gamma_{h(n)}\left[-\omega_{aT(n)}\,w - \varphi_{bw}\right], \tag{8 (53)}$$

$$\delta_{I(n),o} = 0, \tag{8 (54)}$$

$$\delta_{K(n),o} = 0. \tag{8 (55)}$$

Wird die Last $P = 1$ von sekundären Längsträgern auf die Querträger übertragen, so ist für $P = 1$ in v an Stelle von $\gamma_{v(n)}$ die Ordinate $\gamma_{v(n)}^{+}$ des in die Einheitsbiegelinie einbeschriebenen Polygons einzuführen.

c) Drehmoment $D = 1$ am Hauptträger i im Punkt v.

$$\delta_{A(n),o} = \mu_{(n)}\,\gamma_{v(n)}^{+}\,\omega_{iT(n)}\,\frac{a}{2}, \tag{8 (56)}$$

$$\delta_{B(n),o} = \mu_{(n)}\,\gamma_{v(n)}^{+}\,\omega_{iT(n)}, \tag{8 (57)}$$

$$\delta_{I(n),o} = \mu_{(n)}\,\gamma_{v(n)}^{+}\,\omega_{iT(n)}\,\frac{a}{2}, \tag{8 (58)}$$

$$\delta_{K(n),o} = -\mu_{(n)}\,\gamma_{v(n)}^{+}\,\omega_{iT(n)}. \tag{8 (59)}$$

3. Die Beziehungen des Kreuzwerks zu den beiden Hilfssystemen 1 und 3, dem Durchlaufbalken auf starren und auf elastisch senk- und drehbaren Stützen.

Wir sind nun in der Lage, die Formänderungsgrößen und Belastungsglieder mit denen zu vergleichen, die bei der Berechnung der durchlaufenden Balken auf 1. starren und auf 2. elastisch senk- und drehbaren Stützen auftreten. Sämtliche Formänderungsgrößen und Belastungsglieder 8 (40) bis (59), die hier bei den Belastungen durch Last- und Momentgruppen auftreten, sind mit denen des Balkens auf elastisch senk- und drehbaren Stützen 3 (1) bis (19) eng verwandt. Alle Glieder in diesen Größen, die aus Formänderungen der Hauptträger — der elastischen Stützen — stammen, sind untereinander ähnlich, die Anteile aus Durchbiegungen der Querträger — der elastisch gestützten Balken — sind gleich.

An Stelle der Stützensenkungen ω_i infolge $B_i = 1$, und Verdrehungen ω_{iT} infolge $T_i = 1$, Seite 18, treten die Eigenwerte 8 (1) u. 8 (4)

$$\omega_{i(n)} = \frac{f_{ih,I(n)}}{\alpha_{h(n)}}$$

und

$$\omega_{iT(n)} = \frac{\varrho_{ih,k(n)}}{\alpha_{h(n)}},$$

$$i = a \ldots k \ldots m,$$

auf.

Bei den Belastungsgliedern 8 (48) bis (59) erscheinen neben den Werten, die mit denen des Balkens auf elastisch senk- und drehbaren Stützen verwandt sind, noch die Faktoren

$$\mu_{(n)}\,\gamma_{h(n)} \qquad \text{bzw.} \qquad \mu_{(n)}\,\gamma_{v(n)},$$

die von der Berechnung des Balkens auf $(n + 2)$ starren Stützen her bekannt sind. Es sind nach 1 (14)

$$X_{(n)h} = -\mu_{(n)}\,\gamma_{h(n)}, \qquad h = 1 \ldots n,$$

und

$$X_{(n)v} = -\mu_{(n)}\,\gamma_{v(n)}, \qquad 0 \leqq v \leqq l.$$

Die Werte $X_{(n)h}$ sind in $X_{(n)v}$ enthalten, da $v = x_h$ sein kann. Sämtliche Belastungsglieder der Elastizitätsgleichungen des beliebigen Gruppenbelastungszustandes $Z_{(n)}$ enthalten daher den gleichen Wert $X_{(n)v}$. Er kann daher ausgeklammert werden und bei der Auflösung der Elastizitätsgleichungen des Gruppenbelastungszustandes unberücksichtigt bleiben.

Die Ergebnisse der Auflösung dieser Elastizitätsgleichungen nennen wir wegen ihrer engen Verwandtschaft mit denjenigen des Durchlaufbalkens auf elastisch senk- und drehbaren Stützen

$$Y_{Ii[n]} \quad \text{und} \quad Y_{Iw[n]} \quad \text{bzw.} \quad Y^+_{Ii[n]} \quad \text{und} \quad Y^+_{Iw[n]},$$

wenn die Lasten nur auf die Querträger übertragen werden. Hierbei soll der Zeiger $[n]$ dazu dienen, die statischen Größen des Hilfssystems 3 von denen des Hilfssystems 2 zu unterscheiden.

Sinngemäß führen wir die Begriffe ein

Biegekreuzsteifigkeit der Gruppenbelastungszustände

$$z_{[n]} = \frac{48\,E\,J_Q}{l_Q^3}\,\omega_{(n)}, \tag{8 (60)}$$

Drehkreuzsteifigkeit der Gruppenbelastungszustände

$$z_{T[n]} = \frac{E\,J_Q}{l_Q}\,\omega_{T(n)}, \tag{8 (61)}$$

$$z_{[n]} \neq z_{T[n]}, \tag{8 (62)}$$

Biegerandsteifigkeit $\qquad\qquad r = J_R : J, \tag{8 (63)}$

Drehrandsteifigkeit $\qquad\qquad r_T = J_{RT} : J_T. \tag{8 (64)}$

Multiplizieren wir $Y_{Ii[n]}$ bzw. $Y_{Iw[n]}$ mit der vorher ausgeklammerten Größe $\mu_{(n)}\,\gamma_{v(n)}$, so können wir die Lösung für die statisch unbestimmten Größen — Lastgruppen — infolge der äußeren Belastung anschreiben. Es ist für

a) $P = 1$ am Hauptträger i im Punkt v

$$Z_{I(n),\,iv} = \mu_{(n)}\,\gamma_{v(n)}\,Y_{Ii[n]}, \tag{8 (65)}$$

b) $P = 1$ am Querträger h im Punkt w

$$Z_{I(n),\,hw} = \mu_{(n)}\,\gamma_{h(n)}\,Y^+_{Iw[n]}, \tag{8 (66)}$$

c) Drehmoment $D = 1$ am Hauptträger i im Punkt v

$$Z^{\searrow}_{I(n),\,iv} = \mu_{(n)}\,\gamma^+_{v(n)}\,Y^{\searrow}_{Ii[n]}, \tag{8 (67)}$$

$$I = A, B, \ldots J, K, \ldots, \qquad n = 1 \ldots n.$$

Wir können jetzt die endgültigen Lösungen für die statisch unbestimmten Größen des Kreuzwerks mit drehsteifen Hauptträgern angeben.

a) $P = 1$ am Hauptträger i im Punkt v

$$Z_{Ih,\,iv} = \sum_{n=1\ldots n} \mu_{(n)}\,\alpha_{h(n)}\,\gamma_{v(n)}\,Y_{Ii[n]} = -\sum_{n=1\ldots n} A_{h(n),\,v}\,Y_{Ii[n]}, \tag{8 (68)}$$

b) $P = 1$ am Querträger j im Punkt w

$$Z_{Ih,\,jw} = \sum_{n=1\ldots n} \mu_{(n)}\,\alpha_{h(n)}\,\gamma^+_{v(n)}\,Y^+_{Iw[n]} = -\sum_{n=1\ldots n} A^+_{h(n),\,v}\,Y^+_{Iw[n]}, \tag{8 (69)}$$

c) Drehmoment $D = 1$ am Hauptträger i im Punkt v

$$Z^{\searrow}_{Ih,\,iv} = \sum_{n=1\ldots n} \mu_{(n)}\,\alpha_{h(n)}\,\gamma^+_{v(n)}\,Y_{Ii[n]} = -\sum_{n=1\ldots n} A^+_{h(n),\,v}\,Y^{\searrow}_{Ii[n]}, \tag{8 (70)}$$

$$I = A, B, \ldots J, K \ldots; \qquad h = 1 \ldots n;$$
$$0 \leqq v \leqq l; \qquad\qquad -c \leqq w \leqq l_Q + c.$$

Einflußflächen der statisch Unbekannten.

Es wird angenommen, daß die Fahrbahntafel sich a) nur auf den Hauptträgern, b) nur auf den Querträgern auflagert. Die äußere Last $P = 1$ soll sich in vw auf der Fahrbahntafel befinden. Dann gilt

a) Fahrbahntafel ruht auf den Hauptträgern

$$Z_{Ih,vw} = - \sum_{n=1\ldots n} A_{h(n),v}\, Y_{Iw[n]}, \qquad 8\,(71)$$

b) Fahrbahntafel ruht auf den Querträgern

$$Z_{Ih,vw} = - \sum_{n=1\ldots n} A^+_{h(n),v}\, Y^+_{Iw[n]}. \qquad 8\,(72)$$

c) Drehmoment $D = 1$ in iv

$$Z^{\searrow}_{Ih,iv} = - \sum_{n=1\ldots n} A^+_{h(n),v}\, Y^{\searrow}_{Ii[n]}. \qquad 8\,(73)$$

4. Einflußflächen der statischen Größen.

Aus den statisch unbestimmten Größen $Y_{Iw[n]}$ und $Y^+_{Iw[n]}$ gewinnen wir nach § 3 die Auflagerdrücke $C_{iw[n]}$ bzw. $B_{iw[n]}$, die Einspannmomente $T_{iw[n]}$ und $T^+_{iw[n]}$ und jede beliebige statische Größe am Durchlaufbalken auf elastisch senk- und drehbaren Stützen $S_{yw[n]}$ und $S^+_{yw[n]}$. Wir führen diese Werte an Stelle von $Y_{Ik[n]}$ und $Y^+_{Iw[n]}$ in die Gln. 8 (71) und (72) ein und erhalten die geschlossenen Lösungen für Knotenkräfte, Knoteneinspannmomente und jede beliebige statische Größe.

a) Fahrbahn ruht nur auf den Hauptträgern.

Knotenkräfte

$$K_{ih,vw} = - \sum_{n=1\ldots n} A_{h(n),v}\, C_{iw[n]}, \qquad 8\,(74)$$

Knoteneinspannmomente

$$E_{ih,vw} = - \sum_{n=1\ldots n} A_{h(n),v}\, T_{iw[n]}, \qquad 8\,(75)$$

statische Größen am Hauptträger i

$$S_{ix,vw} = S^0_{ix,vw} + \sum_{n=1\ldots n} S_{x(n),v}\, C_{iw[n]}, \qquad 8\,(76)$$

statische Größen am Querträger h

$$S_{hy,vw} = - \sum_{n=1\ldots n} A_{h(n),v}\, S_{yw[n]}. \qquad 8\,(77)$$

b) Fahrbahntafel ruht nur auf den Querträgern.

Knotenkräfte

$$K_{ih,vw} = - \sum_{n=1\ldots n} A^+_{h(n),v}\, B_{iw[n]}, \qquad 8\,(78)$$

Knoteneinspannmomente

$$E_{ih,vw} = - \sum_{n=1\ldots n} A^+_{h(n),v}\, T^+_{iw[n]}, \qquad 8\,(79)$$

statische Größen am Hauptträger i

$$S_{ix,vw} = - \sum_{n=1\ldots n} S^+_{x(n),v}\, B_{iw[n]}, \qquad 8\,(80)$$

statische Größen am Querträger h

$$S_{hy,vw} = - \sum_{n=1\ldots n} A^+_{h(n),v}\, S^+_{yw[n]}. \qquad 8\,(81)$$

Auf Grund der abgeleiteten Gleichungen der Einflußflächen läßt sich jetzt der Satz aussprechen:

Jede statische Größe am Kreuzwerk mit drehsteifen Hauptträgern wird als Produkt von statischen Größen, längs am Durchlaufbalken auf starren Stützen und quer am elastisch senk- und drehbar gestützten Durchlaufbalken, entwickelt.

5. Die Wirkungen aus äußeren Momenten, Wärmeänderungen, Stützensenkungen und -verdrehungen.

Zur Berücksichtigung der drei ersten Belastungen, Abb. 21, die nicht durch die Einflußflächen erfaßt werden können, müssen wir wie in § 4, 10, von der ursprünglichen Form der Belastungsglieder $\delta_{I(n),0}$ ausgehen. Es sind daher in die Gleichungen der Einflußflächen an Stelle von $\gamma_{v(n)}$ die Werte

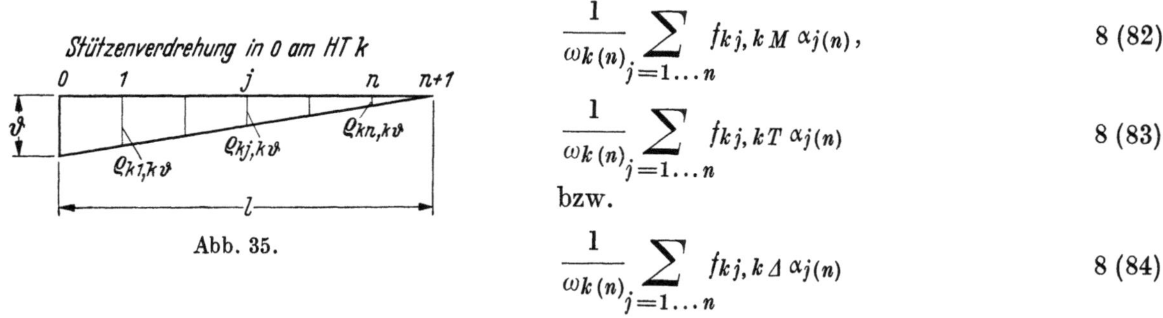

Abb. 35.

$$\frac{1}{\omega_{k(n)}} \sum_{j=1\ldots n} f_{kj,kM}\, \alpha_{j(n)}, \qquad 8\,(82)$$

$$\frac{1}{\omega_{k(n)}} \sum_{j=1\ldots n} f_{kj,kT}\, \alpha_{j(n)} \qquad 8\,(83)$$

bzw.

$$\frac{1}{\omega_{k(n)}} \sum_{j=1\ldots n} f_{kj,k\Delta}\, \alpha_{j(n)} \qquad 8\,(84)$$

einzuführen.

Die Wirkungen infolge einer Auflagerverdrehung ϑ erhalten wir sinngemäß, Abb. 35. Es ist an Stelle von $\gamma_{v(n)}^{+}$ der Wert

$$\frac{1}{\omega_{iT(n)}} \sum_{j=1\ldots n} \varrho_{kj,k\vartheta}\, \alpha_{j(n)} \qquad 8\,(85)$$

einzuführen. Mit den Werten $C_{ik[n]}^{\searrow}$ erhalten wir dann die Lösungen

$$S_{ix,k\vartheta} = \sum_{n=1\ldots n} \frac{\mu_{(n)}}{\omega_{kT(n)}}\, \varrho_{x(n)} \left[\sum_{n=1\ldots n} \varrho_{kj,k\vartheta}\, \alpha_{j(n)} \right] C_{ik[n]}^{\searrow}. \qquad 8\,(86)$$

6. Durchlaufende Kreuzwerke mit drehsteifen Hauptträgern.

Das Torsionsproblem kennt keine Durchlaufbauweisen. Ein äußeres Drehmoment in einer beliebigen Öffnung eines Durchlaufträgers im Hauptsystem wird nur von Einspannungen der beiden Auflager dieses Feldes aufgenommen, während die übrigen Auflager spannungslos bleiben. Daher gilt $\beta_{h(n)} \neq \alpha_{h(n)}$. Die obige Lösung ist daher hier nicht anwendbar.

Wir müssen daher einen anderen Weg beschreiten, und zwar den über statisch unbestimmte Hauptsysteme. Zu diesem Zweck durchschneiden wir die Hauptträger des Kreuzwerks über den Mittelstützen und schalten an diesen Stellen insgesamt $m\,(t-1)$ Gelenke ein. Als statisch unbestimmte Größen bringen wir $m\,(t-1)$ Stützmomente an. Die Berechnung geht dann in der üblichen Weise vor sich.

B. Anwendung der Theorie.

§ 9. Durchlaufbalken auf fünf gleichen, elastischen Stützen.

Der in Abb. 36 dargestellte Balken hat fünf gleiche, elastische Stützen im gleichen Abstand a. Das Tragwerk ist symmetrisch ausgebildet, es ist dreifach statisch unbestimmt. Die Berechnung kann durch Einführung von Lastgruppen aus je zwei Kräften sehr vereinfacht werden. Die Lastgruppen werden als statisch unbestimmte Größen und als äußere Kräfte

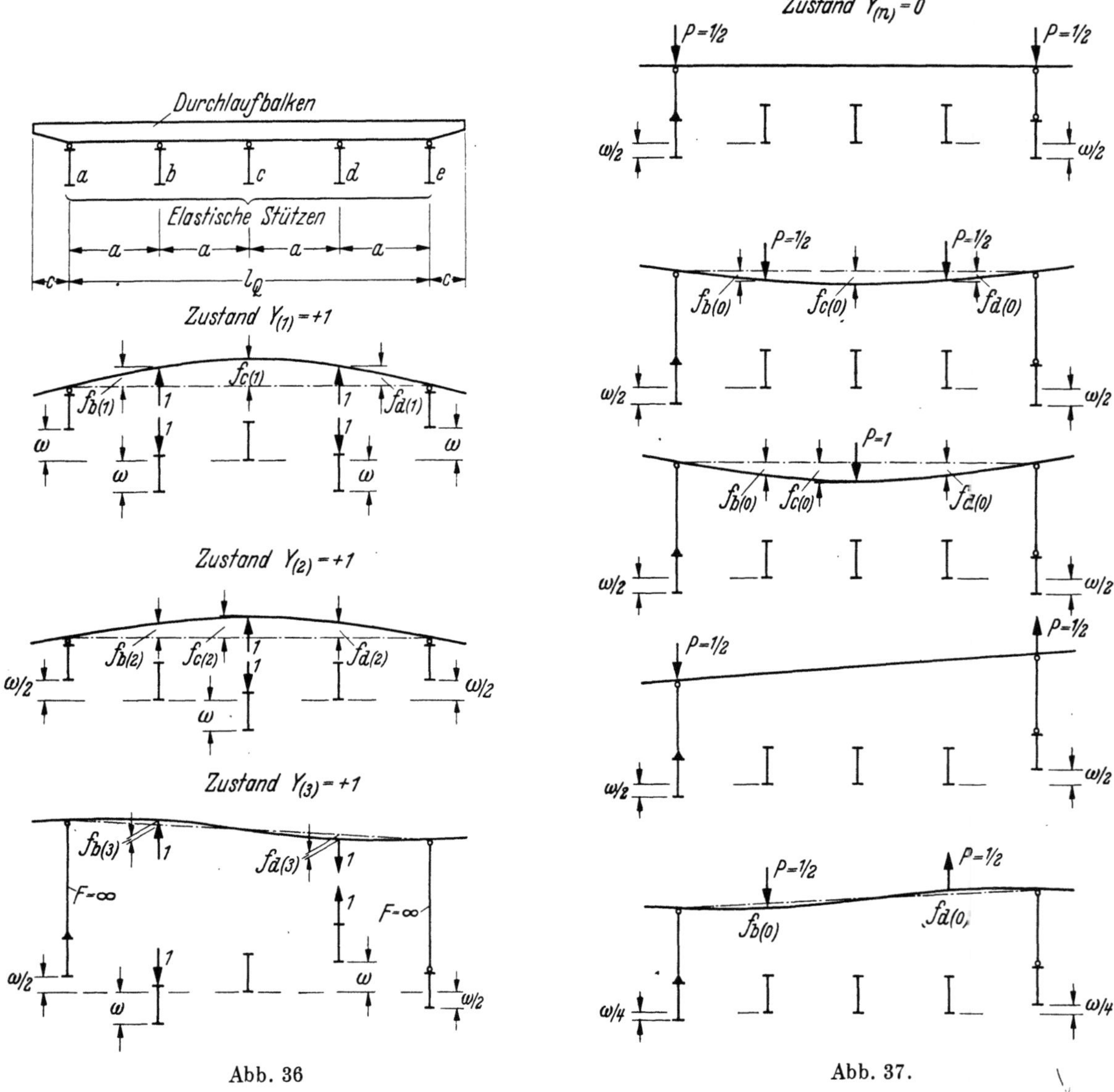

Abb. 36   Abb. 37.

angebracht. Die statisch unbestimmten Gruppengrößen werden $Y_{(1)}$, $Y_{(2)}$ und $Y_{(3)}$, die Formänderungsgrößen $\delta_{(1)(1)}$, $\delta_{(1)(2)}$ bis $\delta_{(3)(3)}$, die Belastungsglieder infolge äußerer Lastgruppen $\delta_{(1)(0)}$, $\delta_{(2)(0)}$ und $\delta_{(3)(0)}$ genannt. In Abb. 36 sind die Belastungszustände und Formänderungszustände infolge $Y_{(i)} = +1$, in Abb. 37 infolge äußerer Lastgruppen $P = \pm 1/2$ dargestellt. Die Formänderungsgrößen $\delta_{(i)(k)}$ und Belastungsgrößen $\delta_{(i)(0)}$ gewinnen wir mit Hilfe der Arbeitsgleichung aus der Verbindung des Belastungszustandes $Y_{(i)} = +1$ mit den Verschiebungszuständen $Y_{(k)} = +1$ und $Y_{(k)} = 0$. Es ist $Y_b = Y_{(1)} + Y_{(3)}$, $Y_c = Y_{(2)}$ und $Y_d = Y_{(1)} - Y_{(3)}$.

Wir bezeichnen die Durchbiegung des losgelösten Balkens auf zwei Stützen im Hauptsystem, an der Stelle i infolge von $P = 1$ in k, mit f_{ik}, diejenige infolge einer Lastgruppe (k)

mit $f_{i(k)}$, die Durchbiegung der Stütze i infolge $B_i = 1$ mit ω_i. Die Durchbiegungen werden in Richtung der statisch unbestimmten Größen $Y_{(i)} = +1$ positiv gezählt.

Nach Gl. 1 (26) erhalten wir die Durchbiegungen f_{ik} am losgelösten Balken auf zwei Stützen.

Mit $l_Q = 4\,a$ und $k_Q = a^3 : 12\,EJ$ gilt

$$f_{bb} = f_{dd} = 9\,k_Q, \qquad f_{bc} = 11\,k_Q,$$
$$f_{cb} = f_{cd} = 11\,k_Q, \qquad f_{cc} = 16\,k_Q,$$
$$f_{db} = f_{bd} = 7\,k_Q, \qquad f_{dc} = 11\,k_Q.$$

Die Formänderungsgrößen und Belastungsglieder sind in der nachfolgenden Tabelle angegeben. Wir nehmen weiter an, daß die elastischen Stützen durch Balken auf zwei Stützen (Hauptträger des Kreuzwerks) mit der Stützweite l und dem Trägheitsmoment J gebildet werden. Der elastisch gestützte Balken (Querträger) sei in $l/2$ angebracht. Dann ist

$$\omega = l^3/48\,EJ.$$

Zur Abkürzung der Rechnung führen wir ein

$$z = (l : 2a)^3\, J_Q : J$$

und erhalten

$$\omega = \frac{l^3}{48\,EJ}\,\frac{2\,a^3\,J_Q}{2\,a^3\,J_Q} = 2\,\frac{l^3\,J_Q}{8\,a^3\,J}\,\frac{a^3}{12\,E\,J_Q} = 2\,z\,k_Q.$$

Formänderungsgrößen und Belastungsglieder.

	Mittelträgern	Anteile aus Randträgern	Querträgern
$1\,\delta_{(1)(1)} =$	$+\,2\,\omega$	$+2\cdot\omega$	$+\,2\cdot(9+7)\,k_Q$
$1\,\delta_{(1)(2)} =$	0	$+\,2\cdot 1/2\cdot\omega$	$+2\cdot 11\,k_Q$
$1\,\delta_{(2)(1)} =$	0	$+\omega$	$+2\cdot 11\,k_Q$
$1\,\delta_{(2)(2)} =$	$+\omega$	$+1/2\cdot\omega$	$+16\,k_Q$
$1\,\delta_{(3)(3)} =$	$+\,2\,\omega$	$+\,2\cdot 1/4\cdot\omega$	$+\,2\cdot(9-7)\,k_Q$

1. $P = 1/2$ in a und e

$1\,\delta_{(1)(0)} =$	0	$-\,2\cdot 1/2\cdot\omega$	0
$1\,\delta_{(2)(0)} =$	0	$-1/2\cdot\omega$	0

2. $P = 1/2$ in b und d

$1\,\delta_{(1)(0)} =$	0	$-\,2\cdot 1/2\cdot\omega$	$-\,2\cdot 1/2\cdot(9+7)\,k_Q$
$1\,\delta_{(2)(0)} =$	0	$-1/2\cdot\omega$	$-\,2\cdot 1/2\cdot 11\,k_Q$

3. $P = 1$ in c

$1\,\delta_{(1)(0)} =$	0	$-\,2\cdot 1/2\cdot\omega$	$-\,2\cdot 11\,k_Q$
$1\,\delta_{(2)(0)} =$	0	$-1/2\cdot\omega$	$-16\,k_Q$

4. $P = \pm\,1/2$ in a und e

$1\,\delta_{(3)(0)} =$	0	$-\,2\cdot 1/4\cdot\omega$	0

5. $P = \pm\,1/2$ in b und d

$1\,\delta_{(3)(0)} =$	0	$-\,2\cdot 1/8\cdot\omega$	$-\,2\cdot 1/2\cdot(9-7)\,k_Q$

Formänderungsgrößen.

$$\delta_{(1)(1)} = 4\,\omega + 32\,k_Q = 8\,z\,k_Q + 32\,k_Q = (32 + 8\,z)\,k_Q,$$
$$\delta_{(1)(2)} = \omega + 22\,k_Q = 2\,z\,k_Q + 22\,k_Q = (22 + 2\,z)\,k_Q,$$
$$\delta_{(1)(3)} = 0,$$
$$\delta_{(2)(1)} = \delta_{(1)(2)} = (22 + 2\,z)\,k_Q,$$
$$\delta_{(2)(2)} = 3/2\cdot\omega + 16\,k_Q = 3\,z\,k_Q + 16 = (16\,k_Q + 3\,z)\,k_Q,$$
$$\delta_{(2)(3)} = 0, \qquad \delta_{(3)(1)} = 0, \qquad \delta_{(3)(2)} = 0,$$
$$\delta_{(3)(3)} = 5/2\cdot\omega + 4\,k_Q = 5\,z\,k_Q + 4\,k_Q = (4 + 5\,z)\,k_Q.$$

Belastungsglieder.

1. $P = 1/2$ in a und e.
$$\delta_{(1)(0)} = -\,\omega = -\,2\,z\,k_Q,$$
$$\delta_{(2)(0)} = -\,1/2\cdot\omega = -\,z\,k_Q.$$

2. $P = 1/2$ in b und d.

$$\delta_{(1)(0)} = -\omega - 16\,k_Q = -2\,z\,k_Q - 16\,k_Q = -(16 + 2\,z)\,k_Q,$$
$$\delta_{(2)(0)} = -1/2 \cdot \omega - 11\,k_Q = -z\,k_Q - 11\,k_Q = -(11 + z)\,k_Q.$$

3. $P = 1$ in c.

$$\delta_{(1)(0)} = -\omega - 22\,k_Q = -2\,z\,k_Q - 22\,k_Q = -(22 + 2\,z)\,k_Q,$$
$$\delta_{(2)(0)} = -1/2 \cdot \omega - 16\,k_Q = -z\,k_Q - 16\,k_Q = -(16 + z)\,k_Q.$$

4. $P = \pm 1/2$ in a und e.

$$\delta_{(3)(0)} = -1/2 \cdot \omega = -z\,k_Q.$$

5. $P = \pm 1/2$ in b und d.

$$\delta_{(3)(0)} = -1/4 \cdot \omega - 2\,k_Q = -1/2 \cdot z\,k_Q - 2\,k_Q = -(2 + 1/2 \cdot z)\,k_Q.$$

Da k_Q in sämtlichen Werten enthalten ist, kann dieser Faktor in den Elastizitätsgleichungen weggekürzt werden. Die Elastizitätsgleichungen lauten dann:

	$Y_{(1)}$	$Y_{(2)}$	$Y_{(3)}$	$-\delta_{(1)(0)}$	$-\delta_{(2)(0)}$	$-\delta_{(3)(0)}$
1.	$32 + 8\,z$	$22 + 2\,z$	0	1		
2.	$22 + 2\,z$	$16 + 3\,z$	0		1	
3.	0	0	$4 + 5\,z$			1

Die dritte Gleichung ist unabhängig von den beiden ersten.

Wir erhalten die Lösungen in der Form

	$\cdot -\delta_{(1)0}$	$\cdot -\delta_{(2)0}$	$\cdot -\delta_{(3)0}$
$Y_{(1)} =$	$(16 + 3\,z):N$	$-(22 + 2\,z):N$	0
$Y_{(2)} =$	$-(22 + 2\,z):N$	$(32 + 8\,z):N$	0
$Y_{(3)} =$	0	0	$1:N'$

$$N = (32 + 8\,z)(16 + 3\,z) - (22 + 2\,z)^2 = 28 + 136\,z + 20\,z^2,$$
$$N' = 4 + 5\,z.$$

Die Auswertung der Lösungsgleichungen ergibt:

1. $P = 1$ in a.

$$Y_{(1)} = \quad 2\,z\,(16 + 3\,z):N - z\,(22 + 2\,z):N = (10\,z + 4\,z^2):N,$$
$$Y_{(2)} = -2\,z\,(22 + 2\,z):N + z\,(32 + 8\,z):N = (-12\,z + 4\,z^2):N,$$
$$Y_{(3)} = \qquad z:N'.$$

2. $P = 1$ in b.

$$Y_{(1)} = (16 + 2\,z)(16 + 3\,z):N + (11 + z) \cdot -(22 + 2\,z):N = (14 + 36\,z + 4\,z^2):N,$$
$$Y_{(2)} = (16 + 2\,z) \cdot -(22 + 2\,z):N + (11 + z)(32 + 8\,z):N (44\,z + 4\,z^2):N,$$
$$Y_{(3)} = (2 + 1/2 \cdot z):N'.$$

3. $P = 1$ in c.

$$Y_{(1)} = (22 + 2\,z)(16 + 3\,z):N + (16 + z) \cdot -(22 + 2\,z):N = (44\,z + 4\,z^2):N,$$
$$Y_{(2)} = (22 + 2\,z) \cdot -(22 + 2\,z):N + (16 + z)(32 + 8\,z):N = (28 + 72\,z + 4\,z^2):N$$

usw.

Aus den Größen $Y_{(n)}$ gewinnen wir nach dem Überlagerungsansatz die Auflagerkräfte Y_i, $i = b \ldots d$, an den Mittelstützen. Mit Hilfe der Gleichgewichtsbedingungen $\sum V = 0$ und $\sum M = 0$ können wir die Auflagerkräfte an den Randstützen a und e bestimmen. Zur Vereinheitlichung bezeichnen wir alle Auflagerkräfte des Balkens auf elastischen Stützen mit dem Buchstaben B, da die Lasten nur am Balken selbst angreifen sollen. Die Anteile der Auflagerkräfte aus symmetrischen Lastgruppen benennen wir $\bar{B}_{ik}$, diejenigen aus antimetrischen Lastgruppen $\bar{\bar{B}}_{ik}$. Es ist

$$B_{ik} = \bar{B}_{ik} \pm \bar{\bar{B}}_{ik}.$$

1. $P = 1$ in a.

$$B_{ba} = \frac{10\,z + 4\,z^2}{N} + \frac{z}{N'}, \qquad B_{ca} = \frac{-12\,z + 4\,z^2}{N},$$
$$B_{da} = \frac{10\,z + 4\,z^2}{N} - \frac{z}{N'}.$$

Es gilt mit $\sum V = 0$:

$$\overline{B}_{aa} = \overline{B}_{ea} = 1/2 \cdot (1 - 2\,Y_{(1)} - Y_{(2)})$$

$$= \frac{14 + 68\,z + 10\,z^2 - 10\,z - 4\,z^2 + 6\,z - 2\,z^2}{N}$$

$$= \frac{14 + 64\,z + 4\,z^2}{N}.$$

Weiter gilt mit $\sum M = 0$:

$$\overline{\overline{B}}_{aa} = -\overline{\overline{B}}_{ea} = 1/2 - 1/2\,Y_{(3)}$$

$$= \frac{2 + 5/2\,z - 1/2\,z}{N'}$$

$$= \frac{2 + 2\,z}{N'}.$$

Daraus folgt:

$$B_{aa} = \frac{14 + 64\,z + 4\,z^2}{N} + \frac{2 + 2\,z}{N'},$$

$$B_{ea} = \frac{14 + 64\,z + 4\,z^2}{N} - \frac{2 + 2\,z}{N'}.$$

In der gleichen Weise erhalten wir die Lösungen für die weiteren Laststellungen $P = 1$ in b bis e. Die Werte $\overline{B}_{ik}$ werden nun durch 2 gekürzt, die Werte $\overline{\overline{B}}_{ik}$ mit 2 erweitert, um ganze Zahlen in den Gleichungen zu erhalten. Die neuen Nenner der Brüche nennen wir N_1 und N_2 an Stelle von N und N'. Die Ergebnisse fassen wir in einer Tabelle der Einflußwerte der Auflagerkräfte des Balkens auf elastischen Stützen zusammen.

Einflußwerte der Auflagerkräfte B_{ik} des Balkens auf fünf gleichen, elastischen Stützen.

| | B_{ik}-Werte | | Zahlen- | $\cdot z$ | $\cdot z^2$ | Nenner |
	$i = a \dots c$	$k = a \dots e$	wert			
Einflußwerte für Auflagerkraft B_{ak}	$B_{aa} = \left\{ \begin{matrix} + \\ + \end{matrix} \right.$	$B_{ae} = \left\{ \begin{matrix} + \\ - \end{matrix} \right.$	7 4	32 4	2 —	$: N_1$ $: N_2$
	$B_{ab} = \left\{ \begin{matrix} + \\ + \end{matrix} \right.$	$B_{ad} = \left\{ \begin{matrix} + \\ - \end{matrix} \right.$	— —	5 2	2 —	$: N_1$ $: N_2$
	$B_{ac} =$	—	—	$- 6$	2	$: N_1$
Einflußwerte für Auflagerkraft B_{bk}	$B_{ba} = \left\{ \begin{matrix} + \\ + \end{matrix} \right.$	$B_{be} = \left\{ \begin{matrix} + \\ - \end{matrix} \right.$	— —	5 2	2 —	$: N_1$ $: N_2$
	$B_{bb} = \left\{ \begin{matrix} + \\ + \end{matrix} \right.$	$B_{bd} = \left\{ \begin{matrix} + \\ - \end{matrix} \right.$	7 4	18 1	2 —	$: N_1$ $: N_2$
	$B_{bc} =$	—	—	22	2	$: N_1$
Einflußwerte für Auflagerkraft B_{ck}	$B_{ca} =$	$B_{ce} =$	—	$- 6$	2	$: N_1$
	$B_{cb} =$	$B_{cd} =$	—	22	2	$: N_1$
	$B_{cc} =$	—	14	36	2	$: N_1$
	$N_1 =$		14	68	10	
	$N_2 =$		8	10	—	

Bemerkung: Der erste Zeiger gibt den Ort des Auflagers, der zweite die Stellung der Last an.

§ 10. Frei aufliegende Kreuzwerke ohne Drehsteifigkeit.

1. Das Kreuzwerk mit zwei Querträgern.

Für Kreuzwerke, bei denen die Querträger in den Drittelspunkten der Stützweite liegen, können die unbekannten Gruppenlasten ohne Hilfe von Sinus-Funktionen angegeben werden. Wir setzen eine symmetrische und antimetrische Lastgruppe mit den Kräften $\alpha_{j(n)} = \pm 1$ an, Abb. 38.

Tabelle der Lastgruppen (n).

n	$\alpha_{1(n)}$	$\alpha_{2(n)}$	$\displaystyle\sum_{j=1\ldots 2}\alpha_{j(n)}^2$	$\mu_{(n)}$
1	1	1	2	0,5
2	1	-1	2	0,5

Haben die Hauptträger gleichbleibendes Trägheitsmoment, so werden ihre Durchbiegungen $f_{iv,\,ij}$ nach Gl. 1 (26) berechnet. Hiermit werden die Durchbiegungen $f_{iv,\,i(n)}$ infolge der beiden Lastgruppen berechnet. Die Einteilung der Stützweite erfolgt in 9 Teile. Es ist

$$f_{iv,\,i(n)} = \sum_{j=1\ldots n} f_{iv,\,ij}\,\alpha_{j(n)} = [f_{iv,\,i1} \pm f_{iv,\,i2}],$$

$$\omega_{i(n)} = \frac{f_{ih,\,i(n)}}{\alpha_{h(n)}} \quad \text{und} \quad \gamma_{v(n)} = \frac{f_{iv,\,i(n)}}{\omega_{i(n)}}.$$

Ordinaten der Biegelinien und Einheitsbiegelinien.

$l = 9\,\lambda$

Punkt v	$f_{iv,\,i1}$	$f_{iv,\,i2}$	$f_{iv,\,i(1)}$	$f_{iv,\,i(2)}$	$\gamma_{v(1)}$	$\gamma_{v(2)}$
0,33 ...	264	213	477	51	0,392593	0,629630
0,66 ...	492	408	900	84	0,740741	1,037037
1,0	648	567	1215	81	1,000000	1,000000
1,33 ...	705	672	1377	33	1,133333	0,407407
1,66 ...	672	705	1377	-33	1,133333	$-0,407407$
2,0	567	648	1215	-81	1,000000	$-1,000000$
2,33 ...	408	492	900	-84	0,740741	$-1,037037$
2,66 ...	213	264	477	-51	0,392593	$-0,629630$

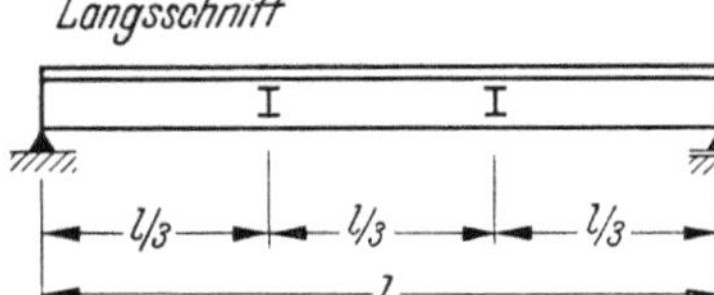

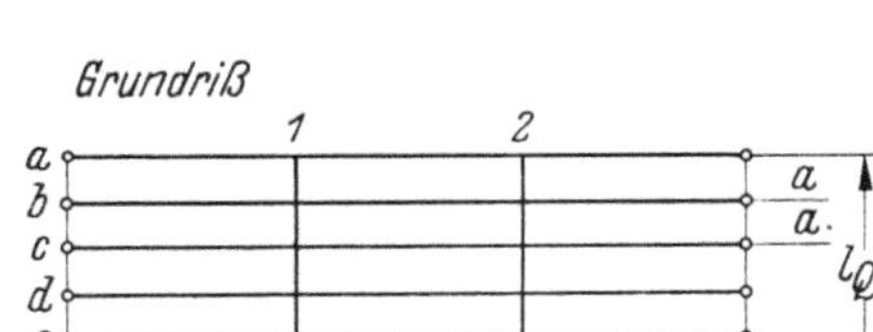

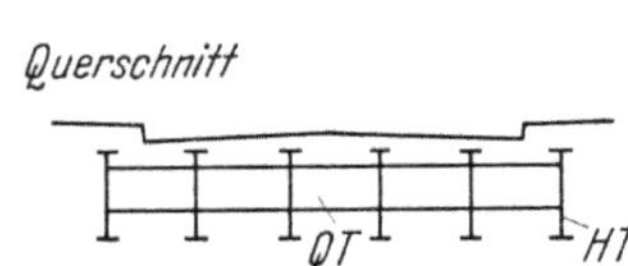

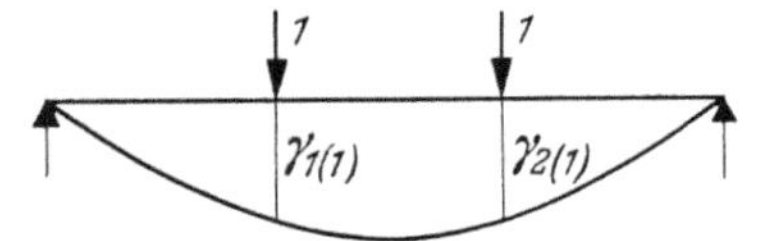

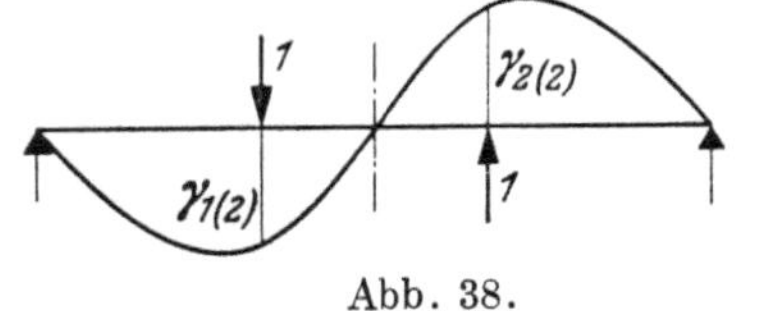

Abb. 38.

Sämtliche Werte $f_{iv,\,ij}$ und $f_{iv,\,i(n)}$ der Tabelle sind mit $\lambda^3 : 54\,EJ_i$ zu multiplizieren. Es ist

$$\omega_{i(1)} = 1215 \cdot \frac{\lambda^3}{6\cdot 9\,EJ_i} \quad \text{und} \quad \omega_{i(2)} = 81 \cdot \frac{\lambda^3}{6\cdot 9\,EJ_i},$$

$$\omega_{i(1)} = 15 \cdot \frac{l^3}{6\cdot 81\,EJ_i} \quad \text{und} \quad \omega_{i(2)} = 1 \cdot \frac{l^3}{6\cdot 81\,EJ_i}.$$

Nach Gl. 4 (28) folgen die Kreuzsteifigkeiten der Gruppenbelastungszustände

$$z_{(1)} = 1,481\,481\, z,$$

$$z_{(2)} = 0,098\,765\, z.$$

Darin ist

$$z = \left(\frac{l}{l_Q}\right)^3 \frac{J_Q}{J} \quad \text{bzw.} \quad = \left(\frac{l}{2\,a}\right)^3 \frac{J_Q}{J}.$$

Wir können nun nach Gl. 4 (46) die Gleichung der Einflußfläche jeder Knotenkraft anschreiben.

$$K_{ih,\,vw} = \sum_{n=1\ldots 2} \mu_{(n)}\,\alpha_{h(n)}\,\gamma_{v(n)}\,C_{iw(n)},$$

$$K_{i1,\,vw} = \tfrac{1}{2}\,\gamma_{v(1)}\,C_{iw(1)} + \tfrac{1}{2}\,\gamma_{v(2)}\,C_{iw(2)},$$

$$K_{i2,\,vw} = \tfrac{1}{2}\,\gamma_{v(1)}\,C_{iw(1)} - \tfrac{1}{2}\,\gamma_{v(2)}\,C_{iw(2)}$$

usw.

In Abb. 39 bis 44 sind einige charakteristische Einflußflächen für ein Kreuzwerk mit zwei Querträgern dargestellt.

2. Das frei aufliegende Kreuzwerk mit drei Querträgern.

Es wird vorausgesetzt, daß die Haupt- und Querträger auf ihre ganze Länge gleichbleibendes Trägheitsmoment aufweisen und daß die Querträger in gleichen Entfernungen $l/4$ angeordnet

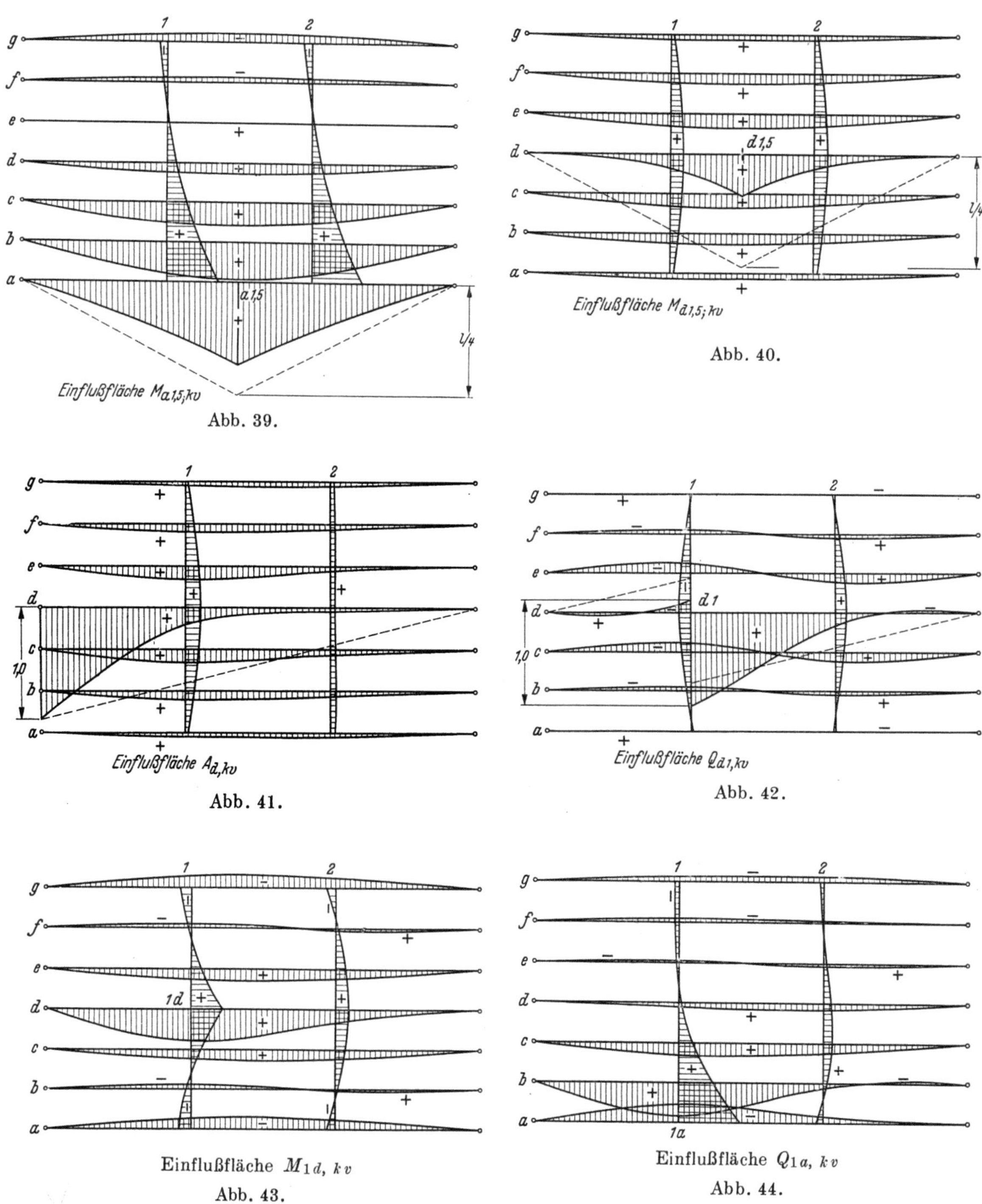

Abb. 39.

Abb. 40.

Abb. 41.

Abb. 42.

Abb. 43.

Abb. 44.

sind, Abb. 45. Die Gruppenlasten können mit Hilfe der Sinus-Funktionen bestimmt werden.

x_h/l	1/4	1/2	3/4
$\sin \pi\, x_h/l =$	0,70711	1	0,70711
$\sin 2\pi\, x_h/l =$	1	—	—1
$\sin 3\pi\, x_h/l =$	0,70711	—1	0,70711

Der größte Wert jeder Gruppe wird gleich plus Eins gesetzt. Wir erhalten die

Tabelle der Lastgruppen (n).

n	$\alpha_1(n)$	$\alpha_2(n)$	$\alpha_3(n)$	$\sum\limits_{j=1\ldots3}\alpha_j^2(n)$	$\mu(n)$
1	$1/2 \cdot \sqrt{2}$	1	$1/2 \cdot \sqrt{2}$	2	0,5
2	1	—	-1	2	0,5
3	$-1/2 \cdot \sqrt{2}$	1	$-1/2 \cdot \sqrt{2}$	2	0,5

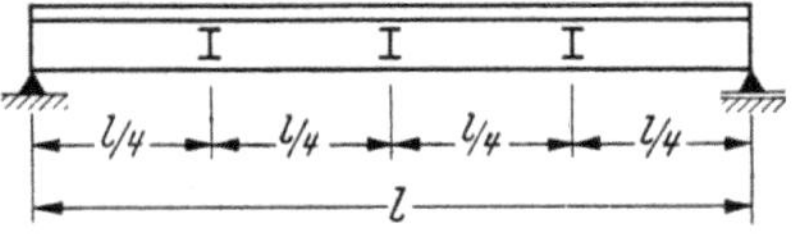

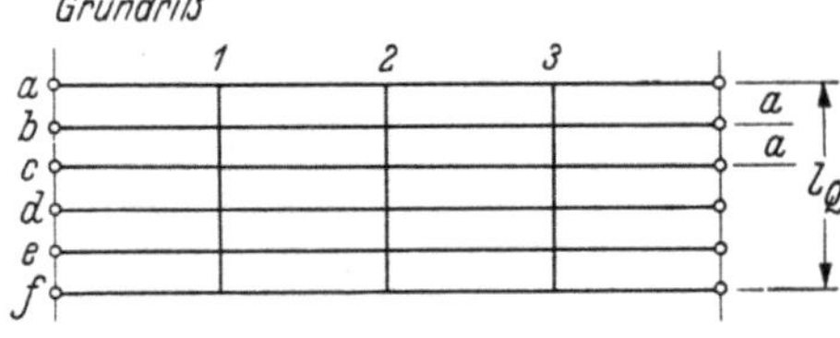

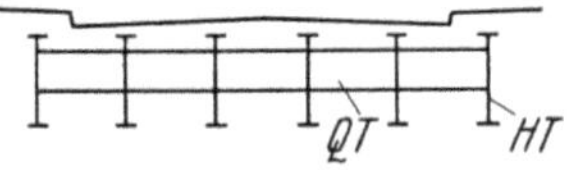

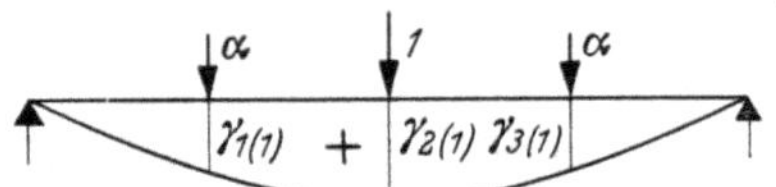

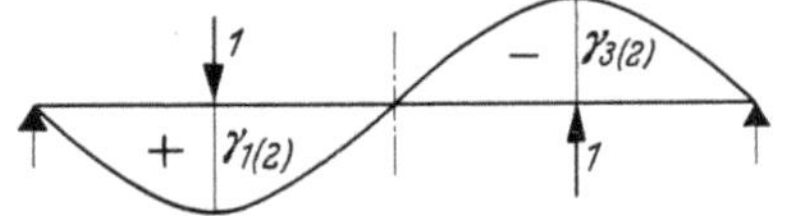

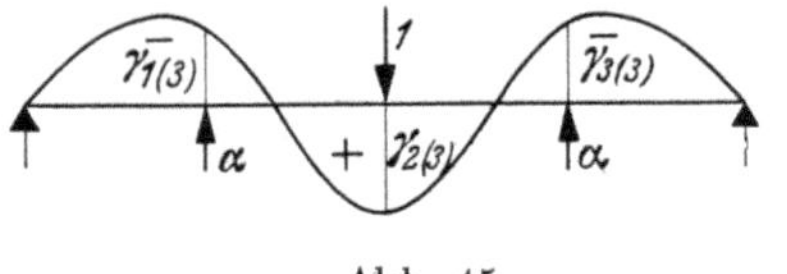

Abb. 45.

Nach Gl. 1 (26) erhalten wir die Durchbiegungen $f_{iv,ij}$. Die Einteilung der Hauptträgerstützweite erfolgt in acht Teile. $l = 8\,\lambda$. Es ist

$$f_{iv,i}(n) = \sum_{j=1\ldots3} f_{iv,ij}\,\alpha_j(n), \qquad n = 1\ldots3,$$

$$\omega_i(n) = \frac{f_{ih,i}(n)}{\alpha_h(n)}, \qquad \gamma_v(n) = \frac{f_{iv,i}(n)}{\omega_i(n)}.$$

Ordinaten der Biegelinien $f_{iv,\,i(n)}$.

$l = 8\lambda$

Punkt v	$f_{iv,\,i1}$	$f_{iv,\,i2}$	$f_{iv,\,i3}$	$f_{iv,\,i(1)}$	$f_{iv,\,i(2)}$	$f_{iv,\,i(3)}$
0,5	162	188	118	385,989 898	44,0	$-$ 9,989 898
1	288	352	224	714,038 671	64,0	$-$10,038 671
1,5	350	468	306	931,862 048	44,0	4,137 952
2	352	512	352	1009,803 173	0,0	14,196 827
2,5	306	468	350	931,862 048	$-$44,0	4,137 952
3	224	352	288	714,038 671	$-$64,0	$-$10,038 671
3,5	118	188	162	385,989 898	$-$44,0	$-$ 9,989 898

Sämtliche Werte $f_{iv,\,ij}$ und $f_{iv,\,i(n)}$ sind mit $\lambda^3 : 6 \cdot 8\,EJ_i$ zu multiplizieren.

$$\omega_{i(1)} = 1009,803\,173\,\frac{\lambda^3}{6\cdot 8\,EJ_i}; \qquad \omega_{i(2)} = 64,0\,\frac{\lambda^3}{6\cdot 8\,EJ_i}; \qquad \omega_{i(3)} = 14,196\,827\,\frac{\lambda^3}{6\cdot 8\,EJ_i}.$$

Ordinaten der Einheitsbiegelinien $\gamma_{v(n)}$.

Punkt	$\gamma_{v(1)}$	$\gamma_{v(2)}$	$\gamma_{v(3)}$
0,5	0,382 243	0,687 500	$-$0,703 671
1	0,707 107	1,000 000	$-$0,707 107
1,5	0,922 816	0,687 500	0,291 470
2	1,000 000	0,000 000	1,000 000
2,5	0,922 816	$-$0,687 500	0,291 470
3	0,707 107	$-$1,000 000	$-$0,707 107
3,5	0,382 243	$-$0,687 500	$-$0,703 671

Die Kreuzsteifigkeiten der Gruppenbelastungszustände erhalten wir nach Gl. 4 (28).

$$z_{(1)} = 1,972\,272\,z,$$
$$z_{(2)} = 0,125\,000\,z,$$
$$z_{(3)} = 0,027\,728\,z.$$

Darin ist:

$$z = (l:l_Q)^3\,J_Q:J$$

oder

$$z = (l:2\,a)^3\,J_Q:J.$$

Wir bilden nun die Größen

$$\mu_1 = \mu_{(1)}\,\alpha_{1(1)} = \mu_{(1)}\,\alpha_{3(1)} = \mu_{(3)}\,\alpha_{1(3)} = \mu_{(3)}\,\alpha_{3(3)} = 0,353\,553,$$
$$\mu_2 = \mu_{(1)}\,\alpha_{2(1)} = \mu_{(2)}\,\alpha_{1(2)} = \mu_{(2)}\,\alpha_{3(2)} = \mu_{(3)}\,\alpha_{2(3)} = 0,5$$

und erhalten die

Einflußflächen der Knotenkräfte

	$\cdot\,\gamma_{v(1)}\,C_{ik\,(1)}$	$\cdot\,\gamma_{v(2)}\,C_{ik\,(2)}$	$\cdot\,\gamma_{v(3)}\,C_{ik\,(3)}$
$K_{i1,\,kv} =$	μ_1	μ_2	$-\mu_1$
$K_{i2,\,kv} =$	μ_2	$-$	μ_2
$K_{i3,\,kv} =$	μ_1	$-\mu_2$	$-\mu_1$

Die Biegemomente am losgelösten Hauptträger sind:

$$0 \leqq x \leqq l/4,$$
$$M_{x(1)} = (1/2 \cdot \sqrt{2} + 0,5)\,x \quad = 1,207\,107\,x,$$
$$M_{x(2)} = 0,5\,x,$$
$$M_{x(3)} = (-\,1/2 \cdot \sqrt{2} + 0,5)\,x = 0,207\,107\,x,$$
$$l/4 \leqq x \leqq l/2,$$
$$M_{x(1)} = 1/2 \cdot \sqrt{2} \cdot l/4 + 0,5\,x,$$
$$M_{x(2)} = l/4 - 0,5\,x,$$
$$M_{x(3)} = -\,1/2 \cdot \sqrt{2} \cdot l/4 + 0,5\,x.$$

Wir bilden nun die Werte $\mu_{(n)}\, M_{x(n)}$:

$$0 \leq x \leq l/4,$$

$$\mu_{(1)}\, M_{x(1)} = \mu_8\, x \quad\;\; = 0,603\,553\, x,$$

$$\mu_{(2)}\, M_{x(2)} = \mu_5\, x \quad\;\; = 0,25\, x,$$

$$\mu_{(3)}\, M_{x(3)} = -\mu_9\, x = -0,103\,553\, x,$$

$$l/4 \leq x \leq l/2,$$

$$\mu_{(1)}\, M_{x(1)} = \mu_6\, l + \mu_5\, x = 0,088\,388\, l + 0,25\, x,$$

$$\mu_{(2)}\, M_{x(2)} = \mu_7\, l - \mu_5\, x = 0,125\, l - 0,25\, x,$$

$$\mu_{(3)}\, M_{x(3)} = -\mu_6\, l + \mu_5 = -0,088\,388\, l + 0,25\, x,$$

$$x = l/2,$$

$$\mu_{(1)}\, M_{x(1)} = \mu_3\, l = 0,213\,388\, l,$$

$$\mu_{(2)}\, M_{x(2)} = 0,$$

$$\mu_{(3)}\, M_{x(3)} = \mu_4\, l = 0,036\,612\, l.$$

Wir erhalten die

Einflußflächen der Hauptträgerbiegemomente

		$M^0_{ix,\,kv}$	$\cdot\gamma_{v(1)}\, C_{ik(1)}$	$\cdot\gamma_{v(2)}\, C_{ik(2)}$	$\cdot\gamma_{v(3)}\, C_{ik(3)}$
$0 \leq x \leq \dfrac{l}{4}$	$M_{ix,\,kv} =$	$+1$	$+\, x\, \mu_8$	$+\, x\, \mu_5$	$-\, x\, \mu_9$
$\dfrac{l}{4} \leq x \leq \dfrac{l}{2}$	$M_{ix,\,kv} =$	$+1$	$+\, l\, \mu_6 + x\, \mu_5$	$+\, l\, \mu_7 - x\, \mu_5$	$\cdot\, -\, l\, \mu_6 + x\, \mu_5$
$x = \dfrac{l}{2}$	$M_{ix,\,kv} =$	$+1$	$+\, l\, \mu_3$	$-$	$+\, l\, \mu_4$

$$M^0_{ix,\,kv} = 0 \quad \text{für} \quad k \neq i.$$

In der gleichen Weise erhalten wir die Einflußflächen der Hauptträgerquerkräfte und -durchbiegungen.

Die Einflußflächen für die Querträgerschnittkräfte sind abhängig von der Zahl der Hauptträger. Sie werden daher über die Knotenkräfte berechnet.

3. Das Kreuzwerk mit unendlich vielen, unendlich schmalen Querträgern.

Die Differentialgleichung des Eigenwertproblems ist nach 6 (3)

$$y_x^{\mathrm{IV}} - m^4\, y_x = 0.$$

Die Lösung lautet nach 6 (4):

$$y_x = A \cos mx + B \sin mx + C \operatorname{\mathfrak{Cof}} mx + D \operatorname{\mathfrak{Sin}} mx.$$

Beim frei aufliegenden Kreuzwerk auf zwei Stützenreihen mit gleichbleibendem Trägheitsmoment der m Hauptträger und unendlich vielen, unendlich schmalen, gleich steifen Querträgern, Abb. 46, lauten die Randbedingungen:

$$x = 0, \qquad y_x = 0, \qquad y_x'' = 0,$$

$$x = l, \qquad y_x = 0, \qquad y_x'' = 0.$$

Gl. 6 (4) wird zweimal differentiiert, dann ist

$$y_x'' = -A\, m^2 \cos mx - B\, m^2 \sin mx + C\, m^2 \operatorname{\mathfrak{Cof}} mx + D\, m^2 \operatorname{\mathfrak{Sin}} mx.$$

Wir erhalten durch Einsetzen der Randbedingungen

$$1.\quad x = 0, \qquad y_x = A + 0 + C + 0 = 0,$$

$$y_x'' = -A\, m^2 - 0 + C\, m^2 + 0 = 0.$$

Daraus folgt $A = 0$ und $C = 0$.

$$2. \quad x = l, \qquad y_x = B \sin ml + D \operatorname{Sin} ml = 0,$$
$$y_x'' = - B\, m^2 \sin ml + D\, m^2 \operatorname{Sin} ml = 0.$$

Die Nennerdeterminante der Koeffizienten der beiden Gleichungen wird Null gesetzt.

$$D = \begin{vmatrix} \sin ml & \operatorname{Sin} ml \\ - \sin ml & \operatorname{Sin} ml \end{vmatrix} = 0.$$

Es folgt

$$2 \sin ml \cdot \operatorname{Sin} ml = 0.$$

Für $ml \neq 0$ ist stets $\operatorname{Sin} ml \neq 0$. Die Gleichung kann daher nur bestehen, wenn $\sin ml = 0$ ist, dies ist für $ml = n\pi$ der Fall. Wir können daher schreiben:

$$m_{(n)} l = n\pi, \qquad n = 1, 2, 3, \ldots,$$
$$m_{(n)}^4 = n^4 \pi^4 : l^4,$$

bzw. gilt nach 6 (2a) für den Hauptträger i

$$m_{i(n)}^4 = 1 : E J_i \, \omega_{i(n)};$$

wir erhalten

$$\omega_{i(n)} = l^4 : E J_i \, n^4 \pi^4, \qquad n = 1, 2, 3, \ldots.$$

Weiter gilt allgemein $y_x = B \sin n\pi + D \operatorname{Sin} n\pi = 0$, es muß daher auch $D = 0$ sein. Die Lösung lautet $y_x = B \sin n\pi x/l$. Für $x = l$ und ganzzahlige n ist $y_x = B \sin n\pi = 0$, B kann also frei gewählt werden. Beachten wir die Beziehung $y_{ix(n)} = \omega_{i(n)} p_{x(n)}$, so gilt $B_{(n)} = \omega_{i(n)}$. Die Eigenfunktionen und Eigenbelastungsfunktionen lauten dann für einen Hauptträger i

$$y_{ix(n)} = \omega_{i(n)} \sin n\pi x/l$$

und

$$p_{x(n)} = \sin n\pi x/l, \qquad n = 1, 2, 3, \ldots.$$

Wir können nun die Knotenkräfte am Kreuzwerk nach 6 (6) und 6 (7) berechnen. Es gilt

$$\int_0^l p_{x(n)}^2 \, dx = \int_0^l \sin^2 n\pi x/l \cdot dx = \frac{l}{2}, \qquad n = 1, 2, 3, \ldots.$$

Es ist

$$p_{x(n)} = \sin n\pi x/l, \qquad p_{v(n)} = \sin n\pi v/l;$$

wir ziehen $\mu_{(n)} = 2 : l$ vor die Summe und erhalten die Einflußflächen der Knotenkräfte

$$K_{ix,vw} = \frac{2}{l} \sum_{n=1,2,3,\ldots} \sin n\pi x/l \cdot \sin n\pi v/l \cdot C_{iw(n)},$$

$$i = a \ldots m, \qquad 0 \leqq x \leqq l, \qquad 0 \leqq v \leqq l, \qquad -c \leqq w \leqq l_Q + c.$$

Für Brückenmitte, also $x/l = 1/2$, gilt

$$\sin n\pi/2 = \pm 1 \qquad \text{für } n = 1, 3, 5, \ldots,$$
$$\sin n\pi/2 = 0 \qquad \text{für } n = 2, 4, 6, \ldots.$$

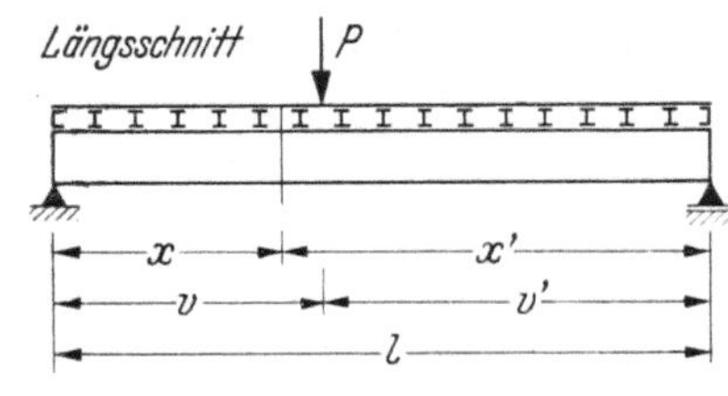

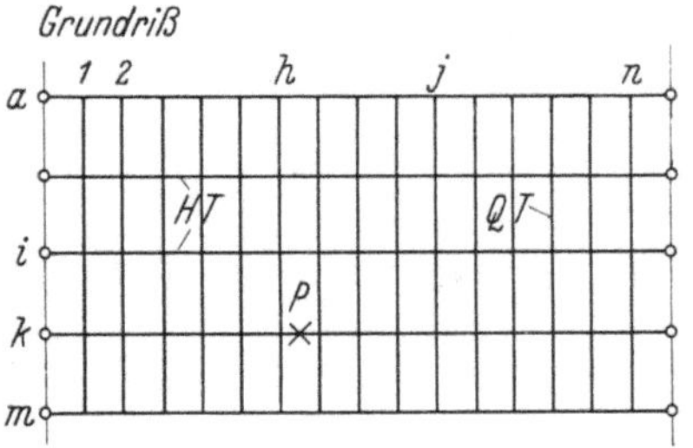

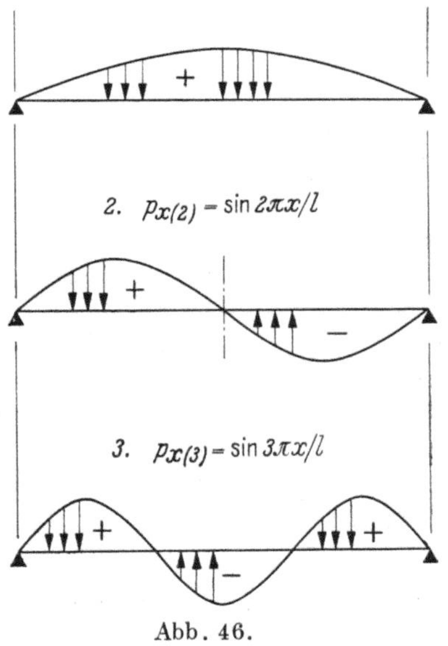

Abb. 46.

Daraus folgt, weil $\sin(-v) = -\sin v$ ist,

$$K_{il/2,\,vw} = \frac{2}{l} \sum_{n=+1,\,-3,\,+5,\,-\cdots} \sin n\pi v/l \cdot C_{iw(n)},$$

$$i = a \ldots m, \qquad 0 \leqq v \leqq l, \qquad -c \leqq w \leqq l_Q + c.$$

Die Lösung für die Einflußfläche der Hauptträgerdurchbiegungen erhalten wir auf einfachste Weise, indem der Ansatz $y_{ix(n)} = \omega_{ix(n)}\, p_{x(n)}$ in die Gleichung der Knotenkräfte eingeführt und die Durchbiegung $\delta^0_{ix,\,vw}$ infolge äußerer Lasten am statisch bestimmten Hauptsystem hinzugefügt wird.

$$\delta_{ix,\,vw} = \delta^0_{ix,\,vw} + \frac{2\,l^3}{\pi^4\,E\,J_i} \sum_{n=1,2,3,\ldots} \frac{1}{n^4} \sin n\pi\, x/l \cdot \sin n\pi v/l \cdot C_{iw(n)},$$

$$i = a \ldots m, \qquad 0 \leqq x \leqq l, \qquad 0 \leqq v \leqq l, \qquad -c \leqq w \leqq l_Q + c.$$

Aus der Gleichung der Durchbiegungen erhalten wir durch zwei- bzw. dreimalige Differentiation unter Beachtung der allgemeinen Beziehungen

$$E\,J_i \frac{d^2 y}{d\,x^2} = -M \quad \text{und} \quad Q = \frac{d\,M}{d\,x}$$

die Lösungen für die Einflußflächen der Hauptträgerbiegemomente und -querkräfte.

$$M_{ix,\,vw} = M^0_{ix,\,vw} + \frac{2\,l}{\pi^2} \sum_{n=1,2,3,\ldots} \frac{1}{n^2} \sin n\pi\, x/l \cdot \sin n\pi v/l \cdot C_{iw(n)},$$

$$Q_{ix,\,vw} = Q^0_{ix,\,vw} + \frac{2}{\pi} \sum_{n=1,2,3,\ldots} \frac{1}{n} \cos n\pi\, x/l \cdot \sin n\pi v/l \cdot C_{iw(n)},$$

$$i = a \ldots m, \qquad 0 \leqq x \leqq l, \qquad 0 \leqq v \leqq l, \qquad -c \leqq w \leqq l_Q + c,$$

$$S^0_{ix,\,vw} = 0 \quad \text{für} \quad y_{i-1} > w > y_{i+1}.$$

Für die ausgezeichneten Punkte Brückenmitte und Auflager gilt:
Einflußflächen der Hauptträgerbiegemomente in Brückenmitte

$$M_{il/2,\,vw} = M^0_{il/2,\,vw} + \frac{2\,l}{\pi^2} \sum_{n=+1,\,-3,\,+5,\,-\cdots} \frac{1}{n^2} \sin n\pi v/l \cdot C_{iw(n)}.$$

Einflußflächen der Hauptträgerauflagerkräfte

$$A_{i,\,vw} = A^0_{i,\,vw} + \frac{2}{\pi} \sum_{n=1,2,3,\ldots} \frac{1}{n} \sin n\pi v/l \cdot C_{iw(n)}.$$

Einflußflächen der Hauptträgerdurchbiegungen in Brückenmitte

$$\delta_{il/2,\,vw} = \delta^0_{il/2,\,vw} + \frac{2\,l^3}{\pi^4\,E\,J_i} \sum_{n=+1,\,-3,\,+5,\,-\cdots} \frac{1}{n^4} \sin n\pi v/l \cdot C_{iw(n)},$$

$$i = a \ldots m, \qquad 0 \leqq v \leqq l, \qquad -c \leqq w \leqq l_Q + c.$$

Nach 4 (28) erhalten wir die Kreuzsteifigkeiten der Eigenbelastungszustände

$$z_{(n)} = \frac{48}{\pi^4} \frac{l}{n^4}\, z = 0{,}492\,767\, \frac{l}{n^4}\, z, \qquad n = 1, 2, 3, \ldots.$$

Darin ist bei verschieden großen bzw. gleich großen Hauptträgerabständen nach 2 (11)

$$z = (l : l_Q)^3\, J_Q : J \quad \text{bzw.} \quad z = (l : 2a)^3\, J_Q : J.$$

Die Querträgersteifigkeit J_Q ist für die Längeneinheit zu berechnen und einzusetzen. Benutzt man die Lösungen für Kreuzwerke mit unendlich vielen Querträgern als Approximationen für die Berechnung von Kreuzwerken mit n Querträgern, $n \geqq 5$, so gilt

$$z_{(h)} = 0{,}492\,767 \cdot \frac{1}{h^4}\, (n+1)\, z, \qquad h = 1 \ldots n.$$

Bei der Ermittlung von z ist dann das Einzelträgheitsmoment J_Q eines Querträgers einzuführen.

§ 11. Durchlaufende Kreuzwerke ohne Drehsteifigkeit.

1. Das Kreuzwerk mit zwei Öffnungen und einem Querträger in jeder Öffnung.

Die Stützweiten des Tragwerks sind l und $\varkappa\, l$. Die Trägheitsmomente der Hauptträger sind öffnungsweise gleichbleibend, jedoch verschieden groß. Die linke Öffnung hat die Trägheitsmomente J und $r\,J$, die rechte die Trägheitsmomente $c\,J$ und $c\,r\,J$. Die beiden lastverteilenden Querträger sind gleich steif, ihr Trägheitsmoment J_Q ist auf die ganze Länge l_Q gleichbleibend. Die Anzahl der Hauptträger ist beliebig, Abb. 47.

Die Berechnung des Hilfssystems 1 erfolgt mit Hilfe eines statisch unbestimmten Hauptsystems, des durchlaufenden Balkens auf drei Stützen. Für die Durchbiegungen dieses Tragwerks stehen keine fertigen Formeln zur Verfügung. Es müssen daher vorerst das unbekannte Stützmoment $M_s = X_1$ des losgelösten Hauptträgers auf drei Stützen für die einzelnen Laststellungen berechnet und dann die Durchbiegungen der Punkte 1 und 3 bestimmt werden.

Die Gleichung der Einflußlinie des Stützmoments lautet für Lasten P_1 in der linken und P_2 in der rechten Öffnung

$$M_s = -\frac{c\,l}{2\,(c+\varkappa)}\,\omega_D\,P_1 - \frac{\varkappa^2\,l}{2\,(c+\varkappa)}\,\omega_D'\,P_2,$$

ω_D und ω_D' Zahlen nach Müller-Breslau.

Dann erhalten wir die Durchbiegungen f_{hj}

$$f_{11} = \frac{l^3\,(7\,c + 16\,\varkappa)}{768\,E\,J_i\,(c+\varkappa)}, \qquad f_{31} = -\frac{9\,\varkappa^2\,l^3}{768\,E\,J_i\,(c+\varkappa)},$$

$$f_{13} = -\frac{9\,\varkappa^2\,l^3}{768\,E\,J_i\,(c+\varkappa)}, \qquad f_{33} = \frac{\varkappa^3\,l^3\,(16\,c + 7\,\varkappa)}{768\,E\,c\,J_i\,(c+\varkappa)}.$$

Mit Hilfe der Gl. 1 (29) erhalten wir die beiden homogenen Gleichungen

	α_1	α_3	
1.	$f_{11} - \omega$	f_{13}	$= 0$
2.	f_{31}	$f_{33} - \omega$	$= 0$

Wir berechnen die Nennerdeterminante D der Koeffizienten und setzen sie gleich Null

$$D = (f_{11} - \omega)\,(f_{33} - \omega) - f_{13}^2,$$
$$D = \omega^2 - \omega\,(f_{11} + f_{33}) + f_{11}\,f_{33} - f_{13}^2 = 0.$$

Die Ergebnisse der allgemeinen Durchführung der Untersuchung sind im Formelteil der in Fußnote 1, S. 19, zitierten Arbeit wiedergegeben.

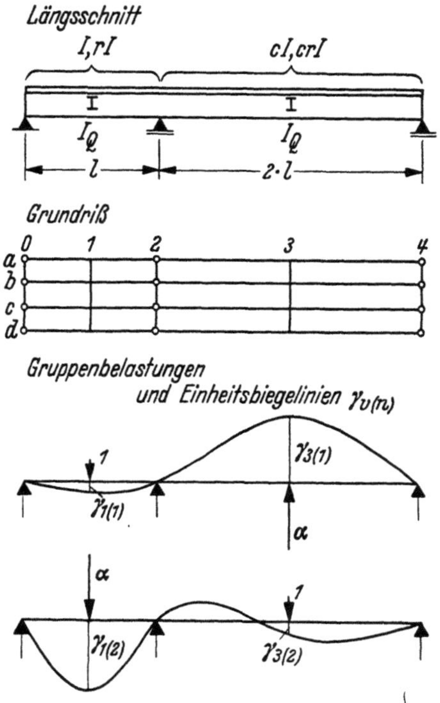

Wir wollen hier die Berechnung für den Fall $\varkappa = 2{,}0$ und $c = 1{,}0$ durchführen. Die Werte f_{hj} lauten:

$$f_{11} = 39 \cdot \frac{l^3}{3 \cdot 768\,E\,J}, \qquad f_{31} = -36 \cdot \frac{l^3}{3 \cdot 768\,E\,J},$$

$$f_{13} = -36 \cdot \frac{l^3}{3 \cdot 768\,E\,J}, \qquad f_{33} = 240 \cdot \frac{l^3}{3 \cdot 768\,E\,J}.$$

Die Konstante $l^3 : 2304\,EJ$ wird vorerst nicht mitgeschrieben, die quadratische Gleichung für ω lautet

$$\omega^2 - 279\,\omega = -8064,$$

die Lösungen dieser Gleichung sind

$$\omega_1 = 246{,}253220, \qquad \omega_2 = 32{,}746780.$$

Abb. 47.

Wir setzen $\alpha_{1(1)} = 1$ und $\alpha_{3(2)} = 1$ und erhalten nach Einsetzen der Werte ω_1 und ω_2 in 1 (29)

$$39 - 246{,}253220 - 36\,\alpha_{3(1)} = 0,$$

$$\underline{\alpha_{3(1)} = -\alpha = -5{,}757034}$$

und

$$(39 - 32{,}746780)\,\alpha_{1(2)} - 36 = 0,$$

$$\underline{\alpha_{1(2)} = \alpha = 5{,}757034.}$$

Weiter gilt

$$\omega_{(1)} = 5{,}130275 \cdot \frac{l^3}{48\,E\,J}, \qquad \omega_{(2)} = 0{,}682225 \cdot \frac{l^3}{48\,E\,J}.$$

Nach 4 (28) erhalten wir bei gleichen Hauptträgerabständen die Kreuzsteifigkeiten der Gruppenbelastungszustände

$$z_{(n)} = \frac{6\,E\,J_Q}{a^3}\,\omega_{(n)}.$$

Mit

$$z = (l : 2\mathrm{a})^3\, J_Q : J$$

folgt

$$\underline{z_{(1)} = 5{,}130275\,z} \qquad \text{und} \qquad \underline{z_{(2)} = 0{,}682225\,z.}$$

Die Gleichungen der Einflußflächen der Knotenkräfte erhalten wir nach § 4. 8. Es gilt 1 (10):

$$\mu_{(1)} = \mu_{(2)} = \frac{1}{1+\alpha^2}.$$

Weiter setzen wir

$$\mu_1 = \mu_{(1)}\,\alpha_{1(1)} = \mu_{(2)}\,\alpha_{3(2)} = \frac{1}{1+\alpha^2},$$

$$\mu_2 = \mu_{(1)}\,\alpha_{3(1)} = \mu_{(2)}\,\alpha_{1(2)} = \frac{\alpha}{1+\alpha^2}$$

und erhalten die Einflußflächen der Knotenkräfte

	$\cdot\,\gamma v_{(1)}\, C_{i\,k(1)}$	$\cdot\,\gamma v_{(2)}\, C_{i\,k(2)}$
$K_{i1,kv} =$	μ_1	μ_2
$K_{i3,kv} =$	$-\mu_2$	μ_1

Zur Berechnung der Einheitsbiegelinien $\gamma v_{(n)}$ des losgelösten Durchlaufträgers unterteilen wir die Durchbiegungen in zwei Anteile.

1. Anteil der Durchbiegung infolge P in $l/2$ am Balken auf zwei Stützen. $\lambda = l/8$.

$$f^0_{v\,1} = \frac{P\,l^3}{48\,E\,J}\left[3\,\frac{v}{l} - 4\left(\frac{v}{l}\right)^3\right]$$
$$= \frac{P\,\lambda^3}{48\,E\,J} \cdot 512\left[3\,\frac{v}{l} - 4\left(\frac{v}{l}\right)^3\right],$$

$$f^0_{v\,1} = \frac{\lambda^3}{48\,E\,J}\,\eta_1\,P \quad \text{in der linken Öffnung,}$$

bzw.

$$f^0_{v\,3} = \frac{\lambda^3}{48\,E\,J}\,\eta_2\,\varkappa^3\,P \quad \text{in der rechten Öffnung.}$$

An Stelle von P sind die Werte der Gruppenlasten $\alpha_{j(n)}$ einzuführen.

Berechnung der Einheitsbiegelinien $\gamma v_{(n)}$.

$l = 8\,\lambda$; $k = \dfrac{\lambda^3}{48\,E\,J}$

	0,25	0,5	0,75	1	1,25	1,5	1,75	2,25	2,5	2,75	3	3,25	3,5	3,75
η_1 · · ·	188	352	468	512	468	352	188							
η_2 · · ·								188	352	468	512	468	352	188
η_3 · · ·	63	120	165	192	195	168	105							
η_4 · · ·								105	168	195	192	165	120	63
1. Glied .	188,0	352,0	468,0	512,0	468,0	352,0	188,0	−8658,6	−16211,8	−21554,3	−23580,8	−21554,3	−16211,8	−8658,6
2. Glied .	693,9	1321,7	1817,3	2114,7	2147,7	1850,4	1156,5	+4625,9	+7401,5	+8591,0	+8458,8	+7269,3	+5286,7	+2775,5
$f v_{(1)}$ · ·	881,9	1673,7	2285,3	2626,7	2615,7	2202,4	1344,5	−4032,7	−8810,3	−12963,3	−15122,0	−14285,0	−10925,1	−5883,1
$\gamma v_{(1)}$ · ·	0,336	0,637	0,870	1,000	0,996	0,839	0,512	−1,535	−3,354	−4,935	−5,757	−5,438	−4,159	−2,240
1. Glied .	1082,3	2026,5	2694,3	2947,6	2694,3	2026,5	1082,3	1504,0	2816,0	3744,0	4096,0	3744,0	2816,0	1504,0
2. Glied .	−307,3	−585,4	−805,0	−936,7	−951,3	−819,6	−512,2	−2049,0	−3278,4	−3805,2	−3746,7	−3220,0	−2341,7	−1229,4
$f v_{(2)}$ · ·	775,0	1441,1	1889,3	2010,9	1743,0	1206,9	570,1	−545,0	−462,4	−61,2	349,3	524,0	474,3	274,6
$\gamma v_{(2)}$ · ·	2,219	4,126	5,409	5,757	4,990	3,455	1,632	−1,560	−1,324	−0,175	1,000	1,500	1,358	0,786

2. Anteil der Durchbiegung infolge des Stützmoments $M_{s(n)}$.

$$\omega_D = \omega'_D = 0{,}375 = 3/8.$$

$$M_{s(1)} = -\frac{3\,l\,(c - \varkappa^2\,\alpha)}{16\,(c + \varkappa)}, \qquad M_{s(2)} = -\frac{3\,l\,(c\,\alpha + \varkappa^2)}{16\,(c + \varkappa)},$$

$$f^0_{v\,M_{s(n)}} = M_{s(n)}\,\frac{l^2}{6\,E\,J}\,\omega_D \qquad \text{bzw.} \qquad = M_{s(n)}\,\frac{\varkappa^2\,l^2}{6\,E\,c\,J}\,\omega'_D ,$$

$$f^0_{v\,M_{s(1)}} = -\frac{3\,(c - \varkappa^2\,\alpha)}{2\,(c + \varkappa)}\,\frac{l^3}{48\,E\,J}\,\omega_D = +\,11{,}014\,068\,\frac{\lambda^3}{48\,E\,J}\,\eta_3$$

in der linken Öffnung und

$$f^0_{v\,M_{s(1)}} = -\frac{3\,(c - \varkappa^2\,\alpha)}{2\,(c + \varkappa)}\,\frac{l^3}{48\,E\,J}\,\frac{\varkappa^2}{c}\,\omega'_D = +\,44{,}056\,272\,\frac{\lambda^3}{48\,E\,J}\,\eta_4$$

in der rechten Öffnung. Darin ist $\eta_3 = 512\,\omega_D$ und $\eta_4 = 512\,\omega'_D$.

In der gleichen Weise erhalten wir

$$f^0_{v\,M_{s(2)}} = -\,4{,}878\,517\,\frac{\lambda^3}{48\,E\,J}\,\eta_3 \text{ in der linken Öffnung}$$

und

$$f^0_{v\,M_{s(2)}} = -\,19{,}514\,068\,\frac{\lambda^3}{48\,E\,J}\,\eta_4 \text{ in der rechten Öffnung.}$$

Die Gleichungen der Biegelinien der Gruppenbelastungszustände lauten dann

$f_{v(1)} = \eta_1 + 11{,}014\,068\,\eta_3$

bzw. $= -\,46{,}056\,272\,\eta_2 + 44{,}056\,272\,\eta_4$,

$f_{v(2)} = \eta_1\,\alpha - 4{,}878\,517\,\eta_3$

bzw. $= 8\,\eta_2 - 19{,}514\,068\,\eta_4$.

Die Konstante $\lambda^3/48\,E\,J$ wurde nicht mitgeschrieben.

Dann erhalten wir die Gleichungen der Einheitsbiegelinien

$$\gamma_{v(1)} = \frac{f_{v(1)}}{\omega_{(1)}} \qquad \text{und} \qquad \gamma_{v(2)} = \frac{f_{v(2)}}{\omega_{(2)}}.$$

Die weitere Berechnung der Schnittkräfte und Durchbiegungen erfolgt nach den im allgemeinen Teil angegebenen Gleichungen.

2. Das Kreuzwerk mit drei Öffnungen und zwei Querträgern in jedem Feld.

Die Stützweiten des Tragwerks sind l; $1{,}2\,l$; l. Die Trägheitsmomente der Hauptträger sind auf ihre ganze Länge gleichbleibend. Alle sechs lastverteilenden Querträger sind gleich, ihr Trägheitsmoment J_Q ist auf die ganze Querträgerlänge gleichbleibend. Der durchlaufende Hauptträger auf vier Stützen wird als statisch unbestimmtes Hauptsystem gewählt. Da die Seitenöffnungen gleich groß und die Querträger in regelmäßigen Abständen angeordnet sind, ist das Tragwerk symmetrisch in der Längsrichtung. Wir unterteilen daher die Lastgruppen $z_{(n)}$ in symmetrische und antimetrische Gruppen.

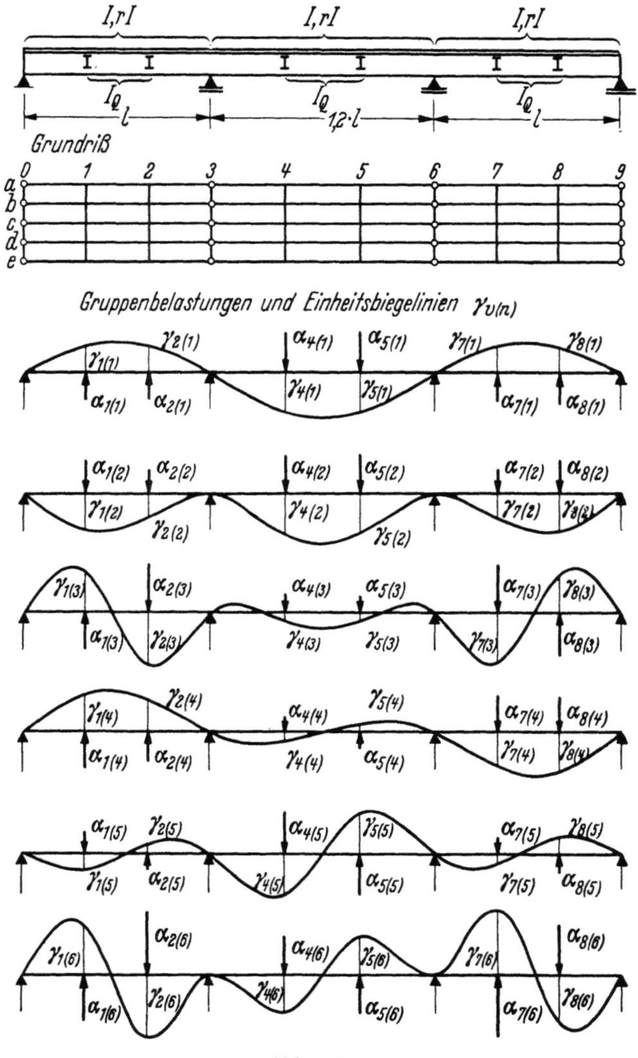

Abb. 48.

Jede Lastgruppe besteht aus sechs Einzellasten, den Gruppenlasten $\alpha_{h(n)}$, Abb. 48. Auch die unbekannten Stützmomente des losgelösten Hauptträgers werden mit Gruppen, jedoch nur aus zwei Kräften, berechnet. Es werden Lastgruppen P_1 in den beiden Seitenöffnungen und Lastgruppen P_2 in der Mittelöffnung, in symmetrisch zur Brückenmitte liegenden Punkten des Durchlaufträgers, angebracht. Die Gleichungen der Stützmomente lauten:

1. Symmetrische Lastgruppen aus zwei Kräften

$$X_1 = M_3 = M_6 = -\frac{l}{2+3\varkappa}\,\omega_D\,P_1 - \frac{\varkappa^2\,l}{2+3\varkappa}\,(\omega_D + \omega_D')\,P_2.$$

2. Antimetrische Lastgruppen aus zwei Kräften

$$X_2 = M_3 = -M_6 = -\frac{l}{2+\varkappa}\,\omega_D\,P_1 - \frac{\varkappa^2\,l}{2+\varkappa}\,(\omega_D - \omega_D')\,P_2.$$

Nach bekannten Verfahren erhalten wir die allgemeinen Gleichungen der Durchbiegungen infolge der Lastgruppen aus zwei Kräften.

$$f_{11} + f_{18} = (80 + 216\,\varkappa), \qquad f_{12} + f_{17} = (46 + 189\,\varkappa),$$
$$f_{21} + f_{28} = (46 + 189\,\varkappa), \qquad f_{22} + f_{27} = (44 + 216\,\varkappa),$$
$$f_{41} + f_{48} = -144\,\varkappa^2, \qquad f_{42} + f_{47} = -180\,\varkappa^2,$$
$$f_{14} + f_{15} = -144\,\varkappa^2,$$
$$f_{24} + f_{25} = -180\,\varkappa^2,$$
$$f_{44} + f_{45} = (270\,\varkappa^3 + 81\,\varkappa^4).$$

Multiplikator $l^3 : 4374\,(2 + 3\varkappa)\,EJ$.

$$f_{11} - f_{18} = (80 + 72\,\varkappa), \qquad f_{12} - f_{17} = (46 + 63\,\varkappa),$$
$$f_{21} - f_{28} = (46 + 63\,\varkappa), \qquad f_{22} - f_{27} = (44 + 72\,\varkappa),$$
$$f_{41} - f_{48} = -16\,\varkappa^2, \qquad f_{42} - f_{47} = -20\,\varkappa^2,$$
$$f_{14} - f_{15} = -16\,\varkappa^2,$$
$$f_{24} - f_{25} = -20\,\varkappa^2,$$
$$f_{44} - f_{45} = (18\,\varkappa^3 + 5\,\varkappa^4).$$

Multiplikator $l^3 : 4374\,(2 + \varkappa)\,EJ$.

Mit Hilfe der Gl. 1 (29) erhalten wir wegen der Symmetrie zwei unabhängige Systeme von je drei Gleichungen und drei Unbekannten α_h. Das symmetrische Gleichungssystem lautet:

	α_1	α_2	α_3	
1.	$f_{11} + f_{18} - \omega$	$f_{12} + f_{17}$	$f_{14} + f_{15}$	$= 0$
2.	$f_{21} + f_{28}$	$f_{22} + f_{27} - \omega$	$f_{24} + f_{25}$	$= 0$
3.	$f_{41} + f_{48}$	$f_{42} + f_{47}$	$f_{44} + f_{45} - \omega$	$= 0$

Zur Bestimmung der Eigenwerte ω setzen wir die Determinante der Koeffizienten jedes Gleichungssystems gleich Null.

Wir führen $\varkappa = 1{,}2$ in die einzelnen Ausdrücke ein. Um für die Zahlenrechnung bequeme Zahlen zu erhalten, schreiben wir die Konstante $l^3 : 244{,}944\,EJ$ nicht mit.

Die Determinante der Koeffizienten lautet dann:

$$D = \begin{vmatrix} 3{,}392 - \omega & 2{,}728 & -2{,}0736 \\ 2{,}728 & 3{,}032 - \omega & -2{,}592 \\ -2{,}0736 & -2{,}592 & 6{,}345216 - \omega \end{vmatrix} = 0.$$

Nach Zwischenrechnung erhalten wir

$$D = \omega^3 - 12{,}769216\,\omega^2 + 32{,}585947\,\omega - 11{,}535334 = 0.$$

Der Verlauf der Funktion $D = f(\omega)$ ist in Abb. 49 dargestellt. Die Wurzeln der Gleichung ergeben sich zu

$$\omega_1 = 9{,}450210, \qquad \omega_2 = 2{,}897771, \qquad \omega_3 = 0{,}421235.$$

Die Eigenwerte $\omega_{(n)}$ lauten dann:

$$\omega_{(1)} = 9{,}450\,210 \cdot l^3 : 244{,}944\,EJ,$$
$$\omega_{(2)} = 2{,}897\,771 \cdot l^3 : 244{,}944\,EJ,$$
$$\omega_{(3)} = 0{,}421\,235 \cdot l^3 : 244{,}944\,EJ.$$

Diese Werte werden nacheinander in das obige Gleichungssystem eingesetzt. Wir dürfen in den homogenen Gleichungen eine beliebige Gruppenlast gleich Eins setzen und wählen hierzu $\alpha_{4(n)} = 1$.

	$\alpha_{1(n)}$	$\alpha_{2(n)}$	$\alpha_{4(n)}$	
1.	$3{,}392 - \omega_{(n)}$	$2{,}728$	$-2{,}0736$	$= 0$
2.	$2{,}728$	$3{,}032 - \omega_{(n)}$	$-2{,}592$	$= 0$
3.	$-2{,}0736$	$-2{,}592$	$6{,}345\,216 - \omega_{(n)}$	$= 0$

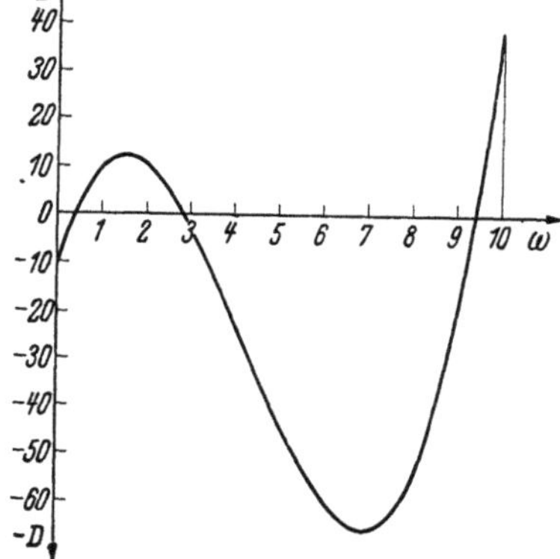

Abb. 49.

In diesen drei Gleichungen ist $l^3 : 244{,}944\,EJ$ bei den Werten nicht mitgeschrieben worden, wir brauchen daher nur die reinen Zahlengrößen ω_1 bis ω_3 einzuführen.

1.

	$\alpha_{1(1)}$	$\alpha_{2(2)}$		
1.	$+6{,}058\,210$	$-2{,}728$	$+2{,}0736$	$= 0$
2.	$-2{,}728$	$+6{,}418\,210$	$+2{,}592$	$= 0$

Die Lösungen lauten

$$\alpha_{1(1)} = -0{,}648\,193 \quad \text{und} \quad \alpha_{2(1)} = -0{,}679\,360.$$

2.

	$\alpha_{1(2)}$	$\alpha_{2(2)}$		
1.	$0{,}494\,229$	$2{,}728$	$-2{,}0736$	$= 0$
2.	$2{,}728$	$0{,}134\,229$	$-2{,}592$	$= 0$

$$\alpha_{1(2)} = 0{,}920\,955 \quad \text{und} \quad \alpha_{2(2)} = 0{,}593\,269.$$

3.

	$\alpha_{1(3)}$	$\alpha_{2(3)}$		
1.	$2{,}970\,765$	$2{,}728$	$-2{,}0736$	$= 0$
2.	$2{,}728$	$2{,}610\,765$	$-2{,}592$	$= 0$

$$\alpha_{1(3)} = -5{,}278\,253 \quad \text{und} \quad \alpha_{2(3)} = 6{,}508\,082.$$

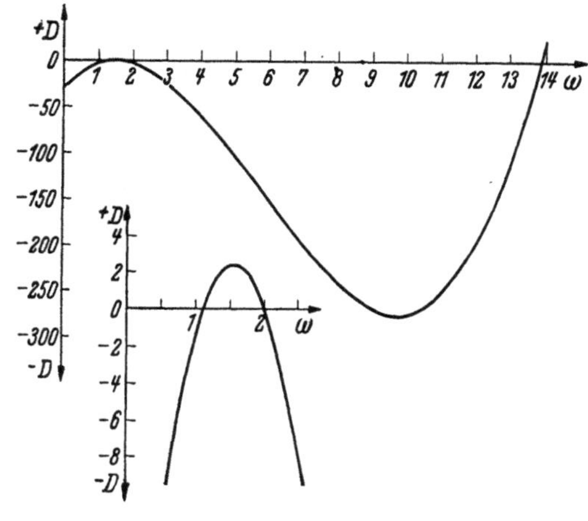

Abb. 50.

Zur Nachprüfung der Werte der Lastgruppen (n) bilden wir die Summen, z. B.

$$\sum_{j=1}^{4} \alpha_{j(1)}\,\alpha_{j(2)} = \begin{aligned} &-0{,}648\,193 \cdot 0{,}920\,955 = -0{,}596\,957 \\ &-0{,}679\,360 \cdot 0{,}593\,269 = -0{,}403\,043 \\ &+1{,}0 \qquad \cdot 1{,}0 \quad\;\; = \underline{+1{,}0} \\ &\hphantom{+1{,}0 \qquad \cdot 1{,}0 \quad\;\; = } 0{,}000\,000. \end{aligned}$$

Sämtliche Proben stimmen mit der gleichen Genauigkeit.

In der gleichen Weise erfolgt die Untersuchung für die antimetrischen Lastgruppen (n), $n = 4, 5, 6$.

$$D = \begin{vmatrix} 8{,}32 - \omega & 6{,}08 & -1{,}152 \\ 6{,}08 & 6{,}52 - \omega & -1{,}44 \\ -1{,}152 & -1{,}44 & 2{,}0736 - \omega \end{vmatrix} = 0$$

$$D = \omega^3 - 16{,}9136\,\omega^2 + 44{,}651\,52\,\omega - 30{,}098\,718 = 0, \text{ Abb. 50.}$$

Die Wurzeln der Gleichung sind

$$\omega_4 = 13{,}845\,661, \quad \omega_5 = 1{,}957\,277, \quad \omega_6 = 1{,}110\,663,$$
$$\omega_4 + \omega_5 + \omega_6 = 16{,}913\,601 \text{ (Sollwert } 16{,}913\,600).$$

Bei sämtlichen Werten ist die Konstante $l^3 : 699{,}84\,EJ$ nicht mitgeschrieben worden.

Durch Einsetzen der Werte $\omega_{(n)}$, $n = 1 \ldots 6$, in Gl. 4 (28) erhalten wir — bei gleichen Hauptträgerabständen als Regelausführung — die Kreuzsteifigkeiten $z_{(n)}$ der Gruppenbelastungszustände

$$z_{(n)} = \frac{6\,EJ_Q}{a^3}\,\omega_{(n)}.$$

Mit

$$z = \left(\frac{l}{2\,a}\right)^3 \frac{J_Q}{J}$$

folgt für $n = 1 \ldots 3$

$$z_{(n)} = \frac{6\,EJ_Q}{a^3}\,\omega_n\,\frac{l^3}{244{,}944\,EJ}\cdot\frac{8}{8} = 0{,}195\,963\,\omega_n\,z.$$

Für $n = 4 \ldots 6$ gilt

$$z_{(n)} = \frac{6\,EJ_Q}{a^3}\,\omega_n\,\frac{l^3}{699{,}84\,EJ}\cdot\frac{8}{8} = 0{,}068\,587\,\omega_n\,z.$$

Die Lösungen lauten:

$$z_{(1)} = 1{,}851\,892\,z, \qquad z_{(4)} = 0{,}949\,632\,z,$$
$$z_{(2)} = 0{,}567\,856\,z, \qquad z_{(5)} = 0{,}134\,244\,z,$$
$$z_{(3)} = 0{,}082\,546\,z, \qquad z_{(6)} = 0{,}076\,177\,z.$$

Die erhaltenen Gruppenlasten $\alpha_{h(n)}$ und die Werte $1 : \mu_{(n)}$, nach Gl. 1 (10), sind in der Tabelle der Lastgruppen (n), $n = 1 \ldots 6$, zusammengefaßt.

Tabelle der Lastgruppen.

n	$\alpha_{1(n)}$	$\alpha_{2(n)}$	$\alpha_{4(n)}$	$\displaystyle\sum_{j=1\ldots8} \alpha_{j}^{2}{}_{(n)}$
1	$-0{,}648\,193$	$-0{,}679\,360$	1	$3{,}763\,368$
2	$0{,}920\,955$	$0{,}593\,269$	1	$4{,}400\,252$
3	$-5{,}278\,253$	$6{,}508\,082$	1	$142{,}430\,172$
4	$-4{,}894\,887$	$-4{,}259\,126$	1	$86{,}200\,146$
5	$0{,}440\,947$	$-0{,}271\,978$	1	$2{,}536\,812$
6	$-1{,}242\,359$	$1{,}662\,595$	1	$10{,}615\,356$

Die Werte $\alpha_{5(n)}$ bis $\alpha_{8(n)}$, $n = 1, 2, 3$, sind gleich $\alpha_{4(n)}$ bis $\alpha_{1(n)}$. Die Werte $\alpha_{5(n)}$ bis $\alpha_{8(n)}$, $n = 4, 5, 6$, sind gleich $-\alpha_{4(n)}$ bis $-\alpha_{1(n)}$. Wir erhalten weiter

$$\mu_{(1)} = 0{,}265\,719, \qquad \mu_{(4)} = 0{,}011\,601,$$
$$\mu_{(2)} = 0{,}227\,256, \qquad \mu_{(5)} = 0{,}394\,196,$$
$$\mu_{(3)} = 0{,}007\,021, \qquad \mu_{(6)} = 0{,}094\,203.$$

Nunmehr werden die Größen $\mu_1 = \mu_{(1)}\,\alpha_{1(1)}$, $\mu_2 = \mu_{(1)}\,\alpha_{2(1)}$, $\ldots$ für symmetrische Lastgruppen und $\nu_1 = \mu_{(4)}\,\alpha_{1(4)}$, $\nu_2 = \mu_{(4)}\,\alpha_{2(4)}$, $\ldots$ für antimetrische Lastgruppen bestimmt. Die Vorzeichen jedoch werden in die Tabelle der Einflußflächen der Knotenkräfte genommen.

$$\mu_1 = 0{,}172\,237, \qquad \nu_1 = 0{,}056\,786,$$
$$\mu_2 = 0{,}180\,519, \qquad \nu_2 = 0{,}049\,410,$$
$$\mu_3 = 0{,}265\,719, \qquad \nu_3 = 0{,}011\,601,$$
$$\mu_4 = 0{,}209\,293, \qquad \nu_4 = 0{,}173\,819,$$
$$\mu_5 = 0{,}134\,824, \qquad \nu_5 = 0{,}107\,212,$$
$$\mu_6 = 0{,}227\,256, \qquad \nu_6 = 0{,}394\,196,$$
$$\mu_7 = 0{,}037\,059, \qquad \nu_7 = 0{,}117\,034,$$
$$\mu_8 = 0{,}045\,693, \qquad \nu_8 = 0{,}156\,626,$$
$$\mu_9 = 0{,}007\,021, \qquad \nu_9 = 0{,}094\,203.$$

Wir erhalten nach Gl. 4 (38) die

Einflußflächen der Knotenkräfte.

	$\cdot\gamma_{v(1)}\,C_{ik(1)}$	$\cdot\gamma_{v(2)}\,C_{ik(2)}$	$\cdot\gamma_{v(3)}\,C_{ik(3)}$	$\cdot\gamma_{v(4)}\,C_{ik(4)}$	$\cdot\gamma_{v(5)}\,C_{ik(5)}$	$\cdot\gamma_{v(6)}\,C_{ik(6)}$
$K_{i1,kv}=$	$-\mu_1$	μ_4	$-\mu_7$	$-\nu_1$	ν_4	$-\nu_7$
$K_{i2,kv}=$	$-\mu_2$	μ_5	μ_8	$-\nu_2$	$-\nu_5$	ν_8
$K_{i4,kv}=$	μ_3	μ_6	μ_9	ν_3	ν_6	ν_9
$K_{i5,kv}=$	μ_3	μ_6	μ_9	$-\nu_3$	$-\nu_6$	$-\nu_9$
$K_{i7,kv}=$	$-\mu_2$	μ_5	μ_8	ν_2	ν_5	$-\nu_8$
$K_{i8,kv}=$	$-\mu_1$	μ_4	$-\mu_7$	ν_1	$-\nu_4$	ν_7

Die Ordinaten $\gamma_{v(n)}$ der Einheitsbiegelinien werden in der gleichen Weise berechnet, wie es beim Kreuzwerk mit zwei Öffnungen gezeigt wurde. Sie sind im Formelteil der in Fußnote 1, S. 19, zitierten Arbeit angegeben.

3. Das Kreuzwerk über zwei verschieden großen Öffnungen und mit unendlich vielen, unendlich schmalen Querträgern.

(Siehe Abb. 51 und 23.)

$$l_2 = 2\,l_1,$$
$$J_1 = J_2 = J,$$
$$J_{Q1} = J_{Q2} = J_Q.$$

Nach Gl. 6 (11) gilt

$$m_{t(n)} = \sqrt[4]{\frac{J_{Qt}}{\omega_{(n)}\,E\,J_{Qv}\,J_t}}$$

und hier

$$m_{1(n)} = m_{2(n)} = m_{(n)} = \sqrt[4]{\frac{J_1}{\omega_{(n)}\,E\,J}}\ .$$

Dann ist nach 6 (13)

$$\lambda_{t(n)} = m_{(n)}\,l_t \quad \text{und} \quad \lambda_{2(n)} = 2\,\lambda_{1(n)}.$$

Bei den Ableitungen werden die Ordnungsnummern (n) der Eigenwerte stets weggelassen. Nach Abb. 24a lauten die Hilfsgrößen e und f für die Punkte 0, 1 und 2

$$e_0^r = 0, \qquad e_2^l = 0,$$
$$f_0^r = f_1^l = f_1^r = f_2^l = \infty.$$

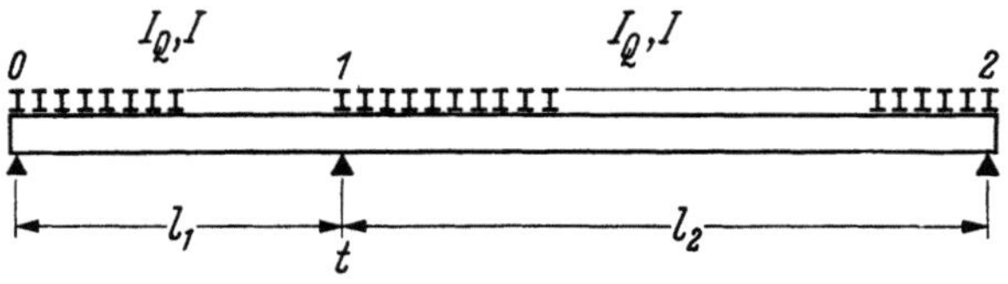

Die in Abb. 24b angegebene Übergangsbedingung lautet

$$\varkappa_1 J_1 e_1^l = \varkappa_2 J_2 e_1^r, \qquad e_1^l = e_1^r.$$

Abb. 51.

Zur Bestimmung der Größen e_1^l und e_1^r benutzen wir die Pragersche Grundgleichung. Es ergeben sich unter Benutzung obiger Hilfsgrößen die Beziehungen:

nach 6 (16a), $t = 1$,

$$0\cdot\infty\left[e_1^l\,\infty\,\mathfrak{D}(\lambda_1) - \cdots + \cdots + \cdots\right],$$
$$+\,0\left[e_1^l\,\infty\,\mathfrak{A}(\lambda_1) - \cdots - \cdots + \cdots\right],$$
$$-\,\infty\left[e_1^l\,\infty\,\mathfrak{B}(\lambda_1) + \cdots - \infty\,\mathfrak{S}(\lambda_1) + \cdots\right]$$
$$+\cdots - \cdots + \cdots + \cdots = 0,$$

nach 6 (16b), $t = 2$,

$$0\cdot\infty\left[e_1^r\,\infty\,\mathfrak{D}(\lambda_2) + \cdots + \cdots + \cdots\right],$$
$$-\,0\left[e_1^r\,\infty\,\mathfrak{A}(\lambda_2) + \cdots + \cdots + \cdots\right],$$
$$+\,\infty\left[e_1^r\,\infty\,\mathfrak{B}(\lambda_2) - \cdots + \infty\,\mathfrak{S}(\lambda_2) + \cdots\right]$$
$$+\cdots + \cdots - \cdots + \cdots = 0.$$

Daraus folgt:

$$e_1^l\,\mathfrak{B}(\lambda_1) - \mathfrak{S}(\lambda_1) = 0,$$
$$e_1^r\,\mathfrak{B}(\lambda_2) + \mathfrak{S}(\lambda_2) = 0,$$

wir erhalten hier die Frequenzgleichung

$$\frac{\mathfrak{S}(\lambda_1)}{\mathfrak{B}(\lambda_1)} = -\frac{\mathfrak{S}(\lambda_2)}{\mathfrak{B}(\lambda_2)}.$$

Die Funktion $\dfrac{\mathfrak{S}(\lambda)}{\mathfrak{B}(\lambda)} = \dfrac{2\,\mathfrak{Sin}\,\lambda\sin\lambda}{\mathfrak{Cof}\,\lambda\sin\lambda - \mathfrak{Sin}\,\lambda\cos\lambda}$ ist bei Hohenemser und Prager (s. Fußnote 1, S. 36), S. 323, angegeben, die Funktionen

$$\frac{\mathfrak{S}(\lambda)}{\mathfrak{B}(\lambda)} \qquad \text{und} \qquad -\frac{\mathfrak{S}(2\,\lambda)}{\mathfrak{B}(2\,\lambda)}$$

sind in Abb. 52 dargestellt[1].

Die Lösungen sind $\lambda_{1(n)}$ und $\lambda_{2(n)}$, $n = 1, 2, 3, \ldots$. Es ist

$$\lambda_{1(1)} = 1{,}778\,37, \qquad \lambda_{2(1)} = 3{,}556\,74.$$

Anschließend sind die Gleichungen der Eigenbelastungsfunktionen zu bestimmen. Wir benutzen die Gleichungen 6 (32), 6 (33).

1. Randbedingung, $M_0^l = M_0^r = 0$.

Nach 6 (32) gilt

$$m_1^2 \cdot 0 - m_2^2\,X_1 = 0, \qquad \text{daher} \qquad X_1 = 0.$$

2. Randbedingung

$$M_2^l = M_2^r = 0.$$

$$\underline{Y_2 = 0.}$$

3. Randbedingung

$$M_1^l = M_1^r.$$

$$m_2^2\,Y_1 - m_1^2\,X_2 = 0.$$

$$m_1 = m_2, \qquad \text{daher} \qquad Y_1 = X_2.$$

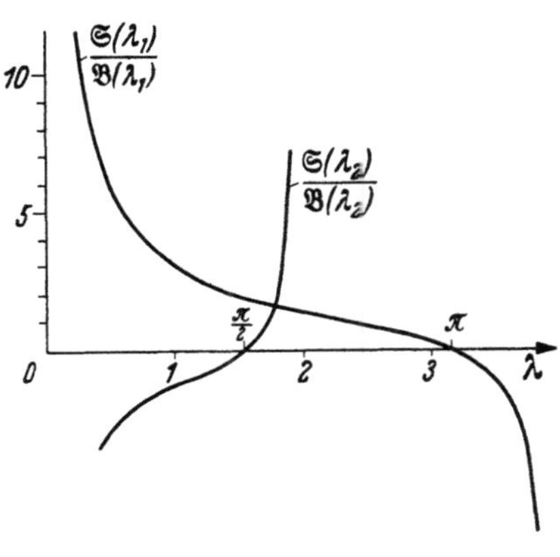

Abb. 52.

4. Randbedingung

$$\beta_1^l = \beta_1^r.$$

Mit 6 (33) erhalten wir unter Berücksichtigung, daß X_1 und Y_2 gleich Null und $J_1 = J_2$ ist:

$$\frac{l_1}{m_1^2}\,Y_1\,\varphi(\lambda_1) + \frac{l_2}{m_2^2}\,X_2\,\varphi(\lambda_2) = 0.$$

Da beide Gleichungen homogen sind, wird $Y_1 = 1$ gesetzt. Die zweite Gleichung dient daher als Probe.

Es muß sein

$$\varphi(\lambda_1) + 2\,\varphi(\lambda_2) = 0.$$

Wie leicht nachzuprüfen ist, gilt

$$\varphi(1{,}778\,37) + 2\,\varphi(3{,}556\,74) = 0.$$

Die Gleichung der Eigenbelastungsfunktion lautet:

$$\text{linke Öffnung} \quad p_{x(1)} = \overline{\chi}(\lambda_1, \overline{\xi}),$$

$$\text{rechte Öffnung} \quad p_{x(1)} = \overline{\chi}(\lambda_2, \xi).$$

In Abb. 23 ist diese Funktion dargestellt. Leicht können wir uns durch Differentiieren überzeugen, daß die Übergangsbedingungen an der Mittelstütze eingehalten sind.

Die weiteren Eigenbelastungsfunktionen erhalten wir sinngemäß. Damit können dann die statischen Größen des Kreuzwerks nach den Ansätzen 6 (6) bis 6 (10) berechnet werden.

---

[1] In Abb. 52 ist nur ein Ausschnitt aus dem Verlauf der Funktionen wiedergegeben.

4. Das Kreuzwerk mit drei Öffnungen und unendlich vielen, unendlich schmalen Querträgern.

$$l_1 = l_3, \quad l_2 = 1{,}5\,l_1, \quad \text{Abb. 53 u. 54.}$$
$$J_1 = J_2 = J_3 = J,$$
$$J_{Q1} = J_{Q2} = J_{Q3} = J_Q.$$

Nach Gl. 6 (13) gilt

$$\lambda_{t(n)} = m_{t(n)}\, l_t.$$

Darin ist

$$m_{t(n)} = \sqrt[4]{\frac{J_{Qt}}{\omega_{(n)} E J_{Qv} J_t}}.$$

Da

$$J_t = J \quad \text{und} \quad J_{Qt} = J_Q, \; t = 1, 2, \ldots$$

ist, erhalten wir

$$m_{1(n)} = m_{2(n)} = m_{(n)} = \sqrt[4]{\frac{J_1}{\omega_{(n)} E J}}$$

und

$$\lambda_{2(n)} = 1{,}5\,\lambda_{1(n)}, \qquad \lambda_{3(n)} = \lambda_{1(n)}.$$

Bei den folgenden Ableitungen wird die Ordnungsnummer (n) der Eigenwerte stets weggelassen.

Berechnung der Eigenwerte.

Zur Aufstellung der Frequenzgleichung nutzen wir die Symmetrie aus. Es treten symmetrische und antimetrische Eigenbelastungsfunktionen auf. Die symmetrischen Eigenbelastungen erhalten ungerade, die antimetrischen gerade Ordnungszahlen (n).

Wir können die Untersuchungen auf die beiden Stababschnitte $0-1$ und $1-1{,}5$ beschränken.

Symmetrische Eigenbelastung.

Nach Abb. 24a lauten die Hilfsgrößen für die Punkte 0, 1 und 1,5

$$e_0^r = 0, \qquad e_{1,5}^l = \infty,$$
$$f_0^r = f_1^l = f_1^r = \infty, \qquad f_{1,5}^l = 0.$$

Die in Abb. 24b angegebene Übergangsbedingung lautet für Punkt 1,

da $\quad \varkappa_1 J_1 = \varkappa_2 J_2 \quad$ ist,

$$e_1^l = e_1^r.$$

Die Pragersche Grundgleichung 6 (16a) lautet unter Berücksichtigung der Hilfsgrößen für den Abschnitt $0-1$

$$- \mathfrak{B}(\lambda_1)\, e_1^l + \mathfrak{C}(\lambda_1) = 0.$$

Für Abschnitt $1-1{,}5$ gilt nach 6 (16b)

$$- \mathfrak{A}\!\left(\frac{\lambda_2}{2}\right) e_1^r - \mathfrak{C}\!\left(\frac{\lambda_2}{2}\right) = 0.$$

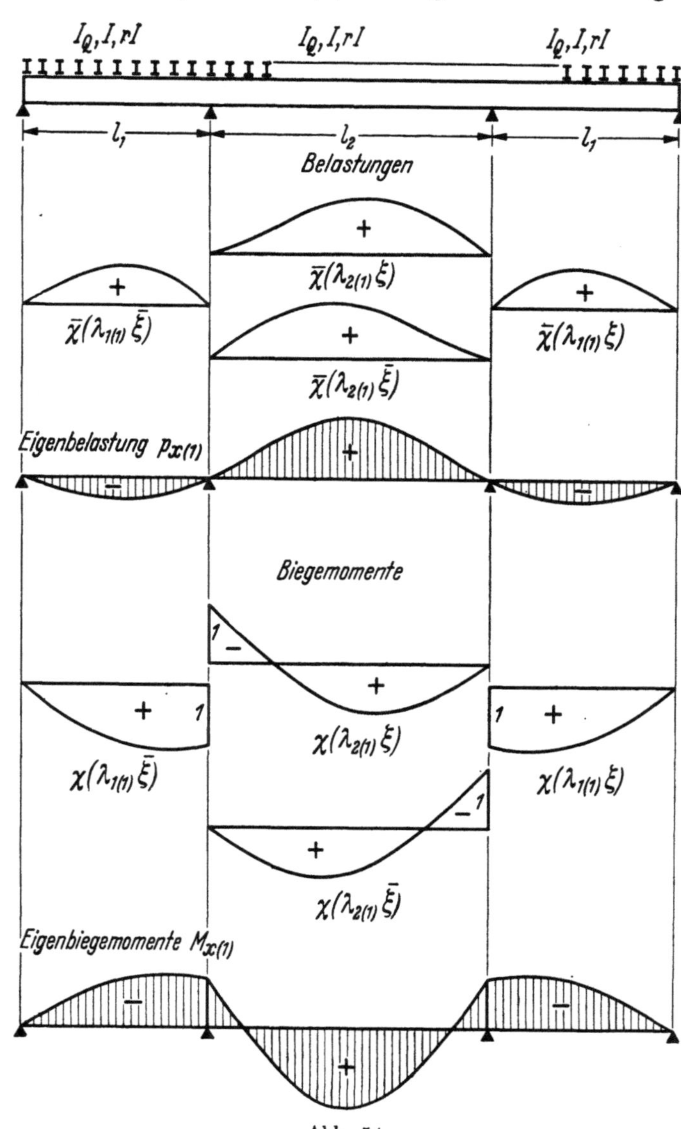

Mit Hilfe der Übergangsbedingung erhalten wir die Frequenzgleichung

$$\frac{\mathfrak{S}(\lambda_1)}{\mathfrak{B}(\lambda_1)} = - \frac{\mathfrak{C}\left(\frac{\lambda_2}{2}\right)}{\mathfrak{A}\left(\frac{\lambda_2}{2}\right)}.$$

Die Funktionen

$$\frac{\mathfrak{S}(\lambda)}{\mathfrak{B}(\lambda)} \qquad \text{und} \qquad \frac{\mathfrak{C}(\lambda)}{\mathfrak{A}(\lambda)}$$

sind bei Hohenemser und Prager (s. Fußnote 1, S. 36), S. 323, angegeben. Die Lösung für den ersten Eigenwert lautet

$$\lambda_{1(1)} = 2{,}48935, \qquad \lambda_{2(1)} = 3{,}73403.$$

Antimetrische Eigenbelastung.

Bei den antimetrischen Belastungsfällen tritt im Punkt 1,5 ein Wende- und Nullpunkt der Belastungsfunktion auf. Wir können daher den Punkt 1,5 als feste Unterstützung des Balkens betrachten. Im Punkt 1,5 treten keine Biegemomente auf. Wegen der Gegensymmetrie kann das Tragwerk für diese Belastungsfälle als durchlaufendes Kreuzwerk über zwei Öffnungen mit den Spannweiten l_1 und $l_2\,2$ betrachtet werden. Die Frequenzgleichung lautet dann nach S. 75 für die antimetrischen Eigenbelastungen:

$$\frac{\mathfrak{S}(\lambda_1)}{\mathfrak{B}(\lambda_1)} = - \frac{\mathfrak{S}\left(\frac{\lambda_2}{2}\right)}{\mathfrak{B}\left(\frac{\lambda_2}{2}\right)}.$$

Die Lösung für den zweiten Eigenwert lautet:

$$\lambda_{1(2)} = 3{,}41325, \qquad \lambda_{2(2)} = 2{,}55994.$$

Berechnung der Eigenbelastungsfunktionen.

Symmetrische Eigenbelastung.

1. Randbedingung

$$M_0^l = M_0^r = 0, \qquad \text{daraus} \qquad X_1 = 0.$$

2. Randbedingung

$$M_3^l = M_3^r = 0 \qquad \text{daraus} \qquad Y_3 = 0.$$

3. Wegen der Symmetrie muß sein

$$Y_1 = X_3 \qquad \text{und} \qquad Y_2 = X_2.$$

4. Randbedingung

$$M_1^l = M_1^r, \qquad \text{nach 6 (32) gilt}$$

$$m_2^2\, Y_1 - m_1^2\, X_2 = 0, \qquad \text{daher} \qquad Y_1 = \frac{m_1^2}{m_2^2}\, X_2.$$

5. Randbedingung

$$\beta_1^l = \beta_1^r, \qquad \text{nach 6 (33) gilt}$$

$$\frac{l_1}{m_1^2 J_1}\left[-X_1\,\psi(\lambda_1) + Y_1\,\varphi(\lambda_1) \right] + \frac{l_2}{m_2^2 J_2}\left[X_2\,\varphi(\lambda_2) - Y_2\,\psi(\lambda_2) \right] = 0.$$

Da beide Gleichungen homogen sind, wird $X_2 = 1$ gesetzt. Die zweite Gleichung dient dann als Probe.

In Abb. 54 sind die auftretenden Funktionen $\overline{\chi}$, χ, $p_{x(1)}$ und $M_{x(1)}$ dargestellt.

Antimetrische Eigenbelastung.

Diese Eigenbelastung erhält man sinngemäß wie beim vorhergehenden Kreuzwerk mit zwei Öffnungen.

§ 12. Frei aufliegende Kreuzwerke mit drehsteifen Hauptträgern.

1. Das Kreuzwerk mit drei Querträgern.

Wie in § 10, 2 wird vorausgesetzt, daß die Haupt- und Querträger auf ihre ganze Länge gleichbleibende Biege- und Drehsteifigkeit aufweisen, Abb. 55.

Die Gruppenlasten $\alpha_{h(n)}$, die $\mu_{(n)}$-, $\gamma_{v(n)}$- und $z_{(n)}$-Werte sind die gleichen wie in § 10, 2. Zusätzlich sind die Größen $z_{T(n)}$, $n = 1, 2, 3$, zu berechnen.

In Abb. 55 sind die drei Momentgruppen an einem losgelöst gedachten, drehsteifen Hauptträger angebracht und die Drehlinien aufgezeichnet. Die Momentgruppen bestehen aus den Momenten

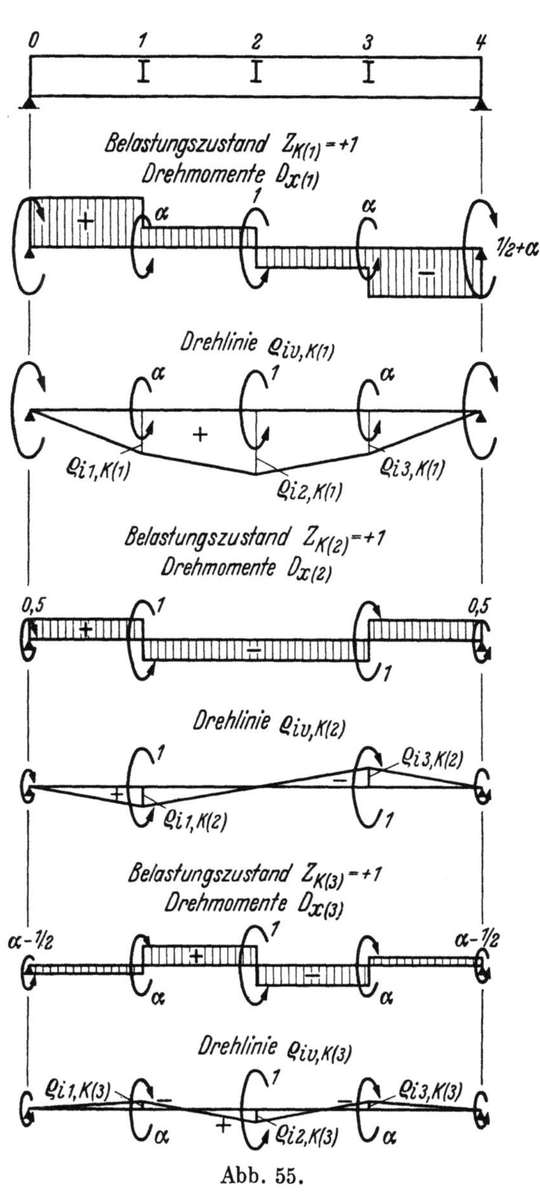

Abb. 55.

Momentgruppe (1)	α,	1,	α,
Momentgruppe (2)	1,	0,	-1,
Momentgruppe (3)	$-\alpha$,	1,	$-\alpha$.

Darin ist $\alpha = \sin 45° = 1/2 \cdot \sqrt{2}$.

Der Multiplikator der Hauptträgerverdrehungen ist $k = \vartheta_i \dfrac{l}{4}$, dabei ist ϑ_i die Verdrehung der Längeneinheit des Stabes infolge eines Drehmomentes $D = 1$. $\vartheta_i = 1 : G J_T$.

Die Verdrehungen $\varrho_{h(n)}$ erfüllen das Bildungsgesetz

$$\varrho_{h(n)} = \omega_{iT(n)} \, \alpha_{h(n)},$$

wie die nachstehenden Gleichungen zeigen. Es ist

$$\omega_{iT(1)} = (1 + \alpha) k = 1{,}707\,107 \, k,$$
$$\omega_{iT(2)} = \quad 1/2 \cdot k = 0{,}5 \, k,$$
$$\omega_{iT(3)} = (1 - \alpha) k = 0{,}292\,893 \, k,$$

und

$$\varrho_{1(1)} = \varrho_{3(1)} = \alpha(1 + \alpha) k = (1/2 + \alpha) k$$
$$= 1{,}207\,107 \, k,$$
$$\varrho_{2(1)} = \quad 1(1 + \alpha) k = 1{,}707\,107 \, k,$$
$$\varrho_{1(2)} = \varrho_{3(2)} = 1/2 \cdot k,$$
$$\varrho_{1(3)} = \varrho_{3(3)} = \alpha(1 - \alpha) k = (\alpha - 1/2) k$$
$$= 0{,}207\,107 \, k,$$
$$\varrho_{2(3)} = \quad (1 - \alpha) k = 0{,}292\,893 \, k.$$

Mit $z_T = \dfrac{E J_Q}{l_Q} k$ erhalten wir nach Gl. 8 (61)

$$z_{T[1]} = 1{,}707\,107 \, z_T,$$
$$z_{T[2]} = 0{,}5 \, z_T,$$
$$z_{T[3]} = 0{,}292\,893 \, z_T.$$

Die Größen $\mu_{(n)} \, \alpha_{h(n)}$ sind die gleichen wie in § 10, 2; sind $C_{ik[n]}$ und $T_{ik[n]}$ die Auflagerdrücke des Balkens auf elastisch senk- und drehbaren Stützen, so können die Gleichungen für die Knotenkräfte und Knoteneinspannmomente angeschrieben werden.

Einflußflächen der Knotenkräfte.

	$\cdot \gamma_{v(1)} C_{ik[1]}$	$\cdot \gamma_{v(2)} C_{ik[2]}$	$\cdot \gamma_{v(3)} C_{ik[3]}$
$K_{i1,kv} =$	$+ \mu_1$	$+ \mu_2$	$- \mu_1$
$K_{i2,kv} =$	$+ \mu_2$	$-$	$+ \mu_2$
$K_{i3,kv} =$	$+ \mu_1$	$- \mu_2$	$- \mu_1$

Einflußflächen der Knoteneinspannmomente.

	$\cdot \gamma_{v(1)}\, T_{ik[1]}$	$\cdot \gamma_{v(2)}\, T_{ik[2]}$	$\cdot \gamma_{v(3)}\, T_{ik[3]}$
$E_{i1,\,kv} =$	$+\,\mu_1$	$+\,\mu_2$	$-\,\mu_1$
$E_{i2,\,kv} =$	$+\,\mu_2$	$-$	$+\,\mu_2$
$E_{i3,\,kv} =$	$+\,\mu_1$	$-\,\mu_2$	$-\,\mu_1$

$$\mu_1 = 0{,}353\,553, \qquad \mu_2 = 0{,}5.$$

Die Einflußflächen der Hauptträgerbiegemomente und -Querkräfte sind die gleichen wie beim Kreuzwerk ohne Drehsteifigkeit, nur sind an Stelle der Werte $C_{ik(n)}$ oder $B_{ik(n)}$ die Werte $C_{ik[n]}$ oder $B_{ik[n]}$ einzuführen.

Die Drehmomente am losgelösten Hauptträger sind:

$0 \leqq x \leqq l/4$		$l/4 \leqq x \leqq l/2$	
$D_{x(1)} =$	$1{,}207\,107,$	$D_{x(1)} =$	$0{,}5,$
$D_{x(2)} =$	$0{,}5,$	$D_{x(2)} =$	$-0{,}5,$
$D_{x(3)} =$	$-0{,}207\,107,$	$D_{x(3)} =$	$0{,}5.$

Die Werte $\mu_{(n)}\, D_{x(n)}$ sind mit $\mu_{(n)} = 0{,}5$

$0 \leqq x \leqq l/4$	$l/4 \leqq x \leqq l/2$
$\mu_{(1)}\, D_{x(1)} = +\mu_8,$	$\mu_{(1)}\, D_{x(1)} = +\mu_5,$
$\mu_{(2)}\, D_{x(2)} = +\mu_5,$	$\mu_{(2)}\, D_{x(2)} = -\mu_5,$
$\mu_{(3)}\, D_{x(3)} = -\mu_9,$	$\mu_{(3)}\, D_{x(3)} = +\mu_5.$

Wir können nun die Gleichungen der Einflußflächen der Drehmomente anschreiben.

Einflußflächen der Hauptträgerdrehmomente.

		$\cdot \gamma_{v(1)}\, T_{ik[1]}$	$\cdot \gamma_{v(2)}\, T_{ik[2]}$	$\cdot \gamma_{v(3)}\, T_{ik[3]}$
$0 \leqq x \leqq l/4$	$D_{ix,\,kv} =$	$+\,\mu_8$	$+\,\mu_5$	$-\,\mu_9$
$l/4 \leqq x \leqq l/2$	$D_{ix,\,kv} =$	$+\,\mu_5$	$-\,\mu_5$	$+\,\mu_5$

$$\mu_5 = 0{,}25, \qquad \mu_8 = 0{,}603\,553, \qquad \mu_9 = 0{,}103\,553.$$

Die Schubspannungen der Hauptträger aus Biegung und Drehung überlagern sich, es sind daher Einflußflächen für diese Schubspannungen anzugeben. Wir müssen hierbei die Querschnittsform der Hauptträger berücksichtigen. Es ist allgemein bei

$$\text{Biegung} \quad \tau = Q\,\frac{S}{Jb} = Q\,c_1,$$
$$\text{Drehung} \quad \tau = D/W_T = D\,c_2.$$

Darin ist W_T das Widerstandsmoment für Torsion[1].

Die Gleichungen für $Q_{ix,\,kv}$ und $D_{ix,\,kv}$ sind ähnlich, wir können daher die Einflußfläche für τ ohne Schwierigkeiten anschreiben.

Einflußfläche der Hauptträgerschubspannung.

		$\cdot c_1\, Q^0_{ix,\,kv}$	$\cdot \gamma_{v(1)}\,[c_1\, C_{ik[1]} + c_2\, T_{ik[1]}]$	$\cdot \gamma_{v(2)}\,[c_1\, C_{ik[2]} + c_2\, T_{ik[2]}]$	$\cdot \gamma_{v(3)}\,[c_1\, C_{ik[3]} + c_2\, T_{ik[3]}]$
$0 \leqq x \leqq l/4$	$\tau_{ix,\,kv} =$	$+1$	$+\,\mu_8$	$+\,\mu_5$	$-\,\mu_9$
$l/4 \leqq x \leqq l/2$	$\tau_{ix,\,kv} =$	$+1$	$+\,\mu_5$	$-\,\mu_5$	$+\,\mu_5$

$$\mu_5 = 0{,}25, \qquad \mu_8 = 0{,}603\,553, \qquad \mu_9 = 0{,}103\,553.$$

Mit Hilfe der vorstehenden Einflußflächen können sämtliche Belastungen P, p für den Fall berücksichtigt werden, daß die Fahrbahntafel sich auf die Hauptträger stützt. Liegt sie

---

[1] Schleicher: Taschenbuch für Bauingenieure S. 171, 172 und 174. Berlin: Springer 1949.

jedoch nur auf den Querträgern auf, so sind an Stelle von

$$C_{ik[n]}, \qquad T_{ik[n]} \qquad \text{und} \qquad \gamma_{v(n)}$$

die Werte

$$B_{ik[n]}, \qquad T^{+}_{ik[n]} \qquad \text{und} \qquad \gamma^{+}_{v(n)}$$

einzuführen.

Außer diesen Belastungsangriffen kann noch der Fall auftreten, daß infolge von Konsolbelastung ein äußeres Drehmoment D am Hauptträger k in v angreift. Die Eintragung

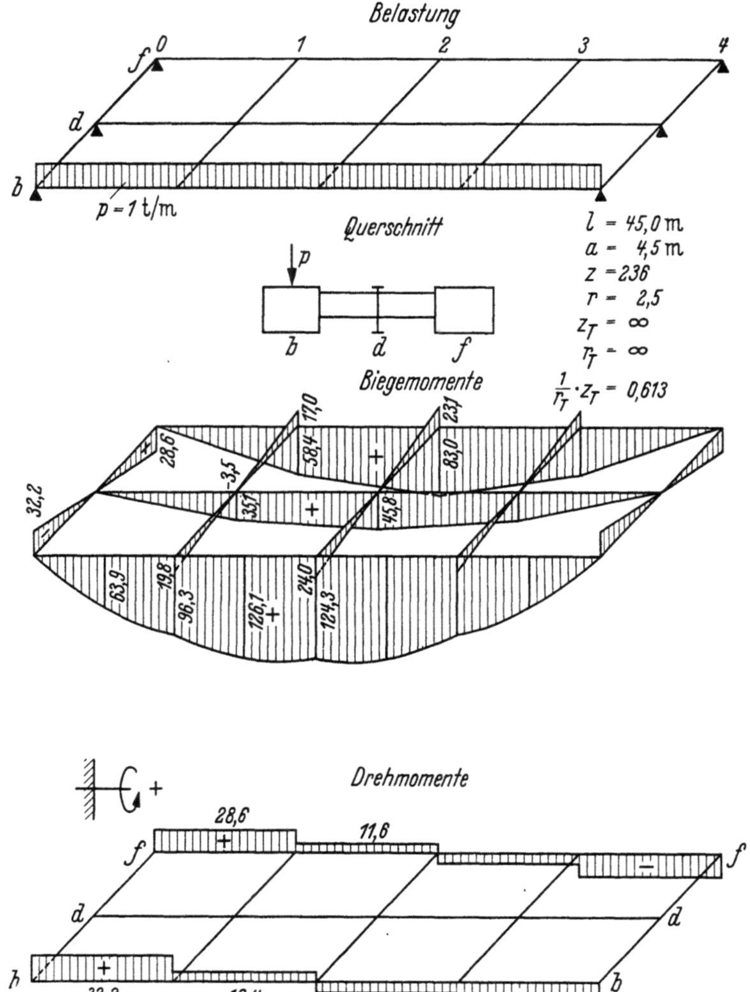

Abb. 56.

der Belastung erfolgt also ohne Zuhilfenahme der Fahrbahntafel. Bei diesem Fall sind die Größen $C^{\rightarrow}_{ik[n]}$ und $T^{\rightarrow}_{ik[n]}$ unter Berücksichtigung des Drehmomentenangriffs gemäß § 3 zu berechnen, wobei das hochgestellte Zeichen bei den Wirkungen auf den besonderen Fall des Drehmomentenangriffs hinweisen soll. In den Gleichungen der Einflußflächen der Knotenkräfte, Knoteneinspannmomente, Hauptträger-Durchbiegungen, -Querkräfte und Durchbiegungen ist außerdem an Stelle von $\gamma_{v(n)}$ nun $\gamma^{+}_{v(n)}$ einzuführen. Die Einflußflächen der Hauptträgerdrehmomente sind durch das Glied $D^{0}_{ix,kv}$ zu ergänzen. In der Einflußfläche der Hauptträgerschubkräfte ist das Glied

$$c_1 Q^{0}_{ix,kv} \qquad \text{durch} \qquad c_2 D^{0}_{ix,kv}$$

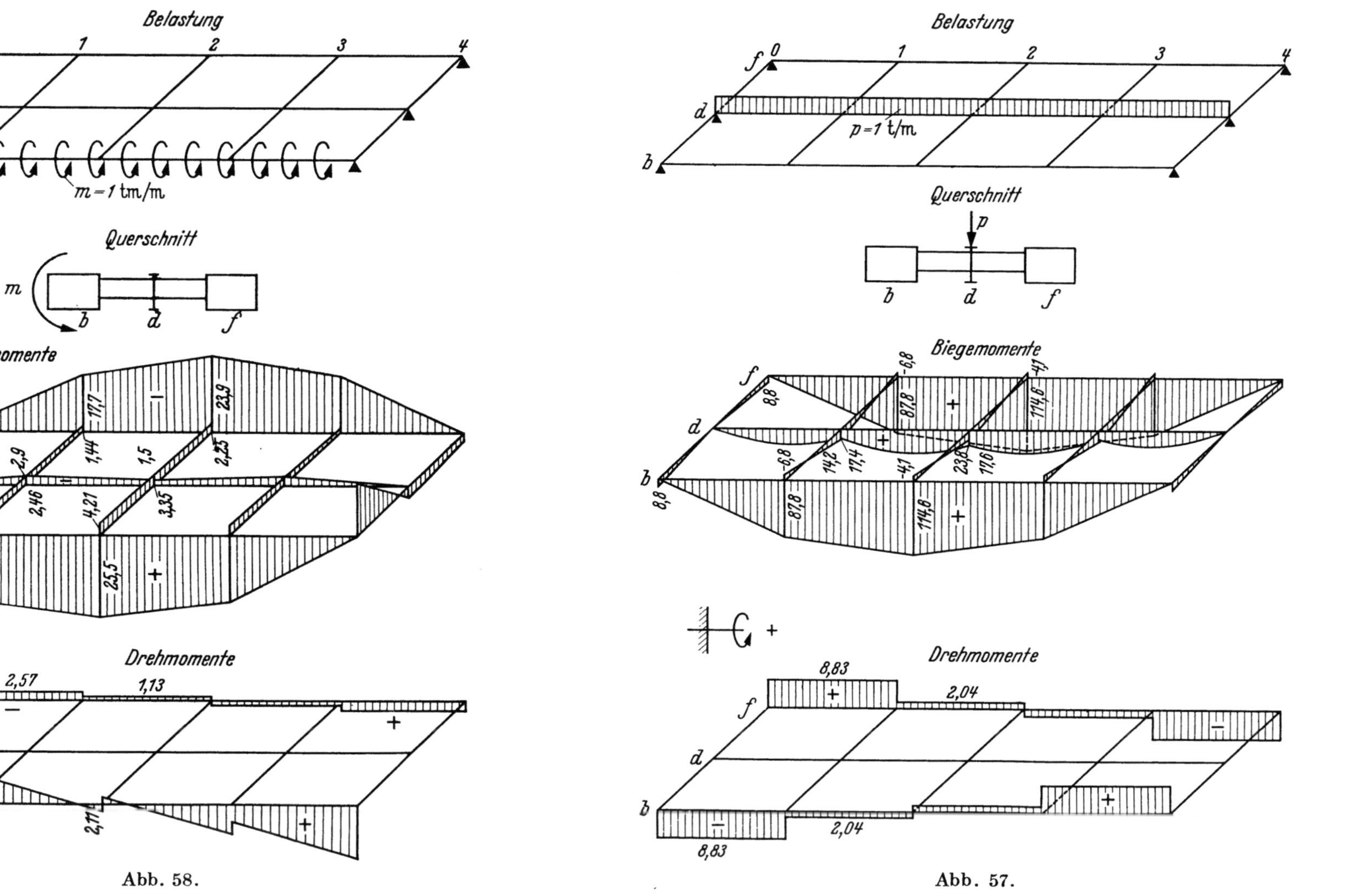
Belastung
m = 1 tm/m
Querschnitt
m
b
d
f
Biegemomente
Drehmomente
Abb. 58.

Belastung
p = 1 t/m
Querschnitt
p
b
d
f
Biegemomente
Drehmomente
Abb. 57.

und wiederum

$$\gamma v_{(n)} \qquad \text{durch} \qquad \overset{+}{\gamma} v_{(n)}$$

zu ersetzen.

In Abb. 56 bis 60 sind einige bemerkenswerte Zustands- und Einflußflächen für ein Kreuzwerk mit drehsteifen Hauptträgern dargestellt.

2. Das Kreuzwerk mit unendlich vielen, unendlich schmalen Querträgern.

Es wird vorausgesetzt, daß die Hauptträger auf ihre ganze Länge gleichbleibende Biege- und Drehsteifigkeit, die Querträger gleichbleibende Biegesteifigkeit aufweisen.

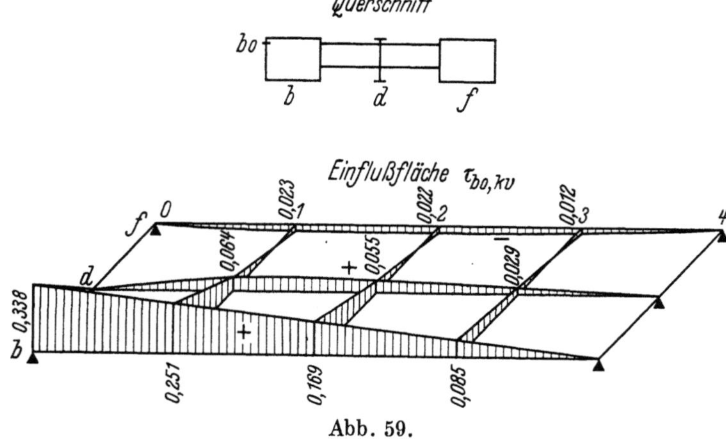

Abb. 59.

Außer den Eigenbiegebelastungsfunktionen $p_{x(n)}$, Abb. 46, werden hier Eigendrehbelastungsfunktionen $m_{x(n)}$ angebracht, Abb. 61. Es ist

$$m_{x(n)} = \sin n\pi x/l, \qquad n = 1, 2, 3, \dots$$

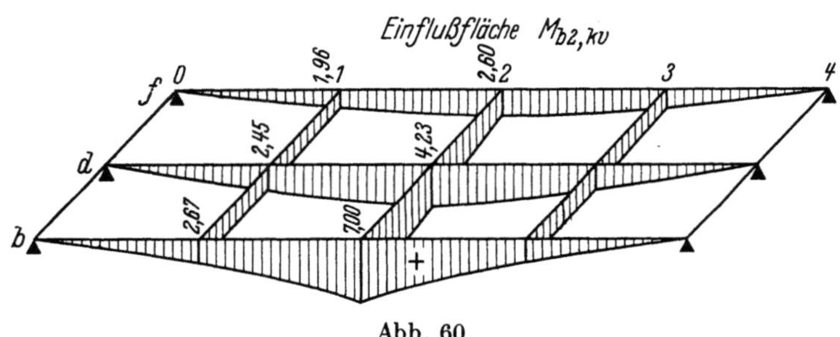

Abb. 60.

Eigenbiegebelastungsfunktionen $p_{x(n)}$, Werte $z_{(n)}$ und die Gleichungen der Knotenkräfte, Hauptträger-Biegemomente, -Querkräfte und -Durchbiegungen sind die gleichen wie auf S. 66 u. f. und in Homberg: Einflußflächen für Trägerroste, 1. Teil, S. 34 u. f.

An Stelle von $C_{ik(n)}$ sind beim Kreuzwerk mit drehsteifen Hauptträgern die Größen $C_{ik[n]}$ einzuführen. Zu deren Berechnung benötigen wir die Werte $z_{T(n)}$.

Die Ordinaten der Drehlinien berechnen sich wie folgt über das Einspannmoment.

$$D_0 = \int\limits_0^{l/2\,n} m_{x(n)}\, dx = \int\limits_0^{l/2\,n} \sin n\pi x/l\, dx,$$

$$D_0 = \frac{l}{n\pi}.$$

Damit erhalten wir die Verdrehung in v

$$\varrho_{iv(n)} = \vartheta_i \left[D_0\, v - \int\limits_0^x m_{x(n)}\,(v - x)\, dx \right],$$

$$\varrho_{iv(n)} = \vartheta_i \frac{l^2}{n^2\pi^2} \sin \frac{n\pi v}{l}, \qquad n = 1, 2, 3, \dots$$

Die Größtwerte der Verdrehung sind

$$\varrho_{il/2n,\,(n)} = \vartheta_i \frac{l^2}{n^2\,\pi^2}, \qquad n = 1, 2, 3, \ldots,$$

darin ist ϑ_i die Verdrehung der Längeneinheit des Stabes infolge eines Drehmomentes $D = 1$.
Die Verdrehungen $\varrho_{v(n)}$ erfüllen das 3. Bildungsgesetz

$$\varrho_{iv(n)} = \omega_i T_{(n)}\, m_{v(n)}, \qquad n = 1, 2, 3, \ldots.$$

Es ist

$$\omega_i T_{(n)} = \vartheta_i \frac{l^2}{n^2\,\pi^2}, \qquad n = 1, 2, 3, \ldots.$$

Mit

$$zT \;=\; \frac{E J_Q}{l_Q}\,\omega T = \frac{E J_Q}{l_Q}\,\frac{l}{4}\,\vartheta_i = \frac{l}{4\,l_Q}\,E J_Q\,\vartheta_i$$

erhalten wir

$$zT_{[n]} = \frac{E J_Q}{l_Q}\,\omega T_{(n)} = \frac{E J_Q}{l_Q}\,\frac{l^2}{n^2\,\pi^2}\,\vartheta_i = \frac{4\,l}{n^2\,\pi^2}\,zT,$$

$$zT_{[n]} = 0{,}405\,285\,\frac{1}{n^2}\,zT, \qquad n = 1, 2, 3, \ldots.$$

Mit Hilfe der $z_{[n]}$- und $zT_{[n]}$-Werte werden die Auflagerdrücke $B_{ik[n]}$ und $C_{ik[n]}$ usw. des Balkens auf elastisch
senk- und drehbarer Bettung berechnet.

Neben den angegebenen Einflußflächen für Knotenkräfte, Hauptträger-Biegemomente, -Querkräfte und -Durch-
biegungen sind die Einflußflächen für die Knoteneinspannmomente zu bestimmen.

Wie in § 10, 3 ist

$$\int_0^l m_{x(n)}^2\,dx = \int_0^l \sin^2 n\pi x/l \cdot dx = \frac{l}{2}.$$

Wir können daher sinngemäß wie bei den Knotenkräften
die nachstehende Gleichung anschreiben.

Einflußflächen der Knoteneinspannmomente.

$$E_{ix,\,kv} = \frac{2}{l} \sum_{n=1,2,3,\ldots} \sin n\pi x/l \cdot \sin n\pi v/l \cdot T_{ik[n]}.$$

Die Drehmomente $D_{x(n)}$ am losgelösten Hauptträger
infolge der Drehbelastung

$$m_{x(n)} = \sin n\pi x/l$$

sind:

$$D_{x(n)} = \frac{l}{n\,\pi}\,\cos n\pi x/l.$$

Hiermit erhalten wir die Gleichung der

Einflußflächen der Hauptträger-Drehmomente.

$$D_{ix,\,kv} = \frac{2}{\pi} \sum_{n=1,2,3,\ldots} \frac{1}{n}\,\cos n\pi x/l \cdot \sin n\pi v/l \cdot T_{ik[n]}.$$

Einflußflächen der Hauptträger-Verdrehungen.

$$\varrho_{ix,\,kv} = \frac{2\,l\,\vartheta_i}{\pi^2} \sum_{n=1,2,3,\ldots} \frac{1}{n^2}\,\sin n\pi x/l \cdot \sin n\pi v/l \cdot T_{ik[n]},$$

$$0 \leq x,\,v \leq l, \qquad i,\,k = a \ldots m.$$

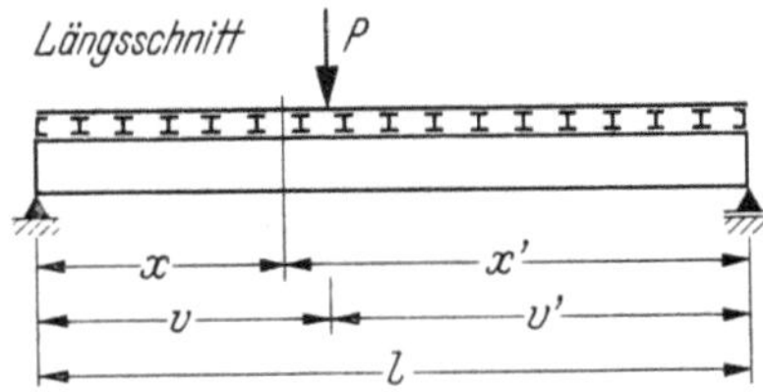

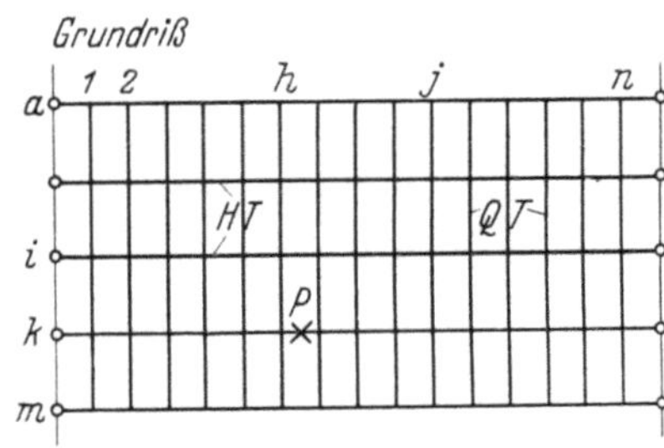

Eigendrehbelastungsfunktionen

1. $m_{x(1)} = \sin \pi x/l$

2. $m_{x(2)} = \sin 2\pi x/l$

3. $m_{x(3)} = \sin 3\pi x/l$

Abb. 61.

§ 13. Berechnung von Platten mit Hilfe der Kreuzwerktheorie.

1. Anisotrope Platten ohne Drehsteifigkeit.

Anisotrope Platten — Kreuzwerkplatten — können als Kreuzwerke mit unendlich vielen, unendlich schmalen Haupt- und Querträgern ohne Drehsteifigkeit berechnet werden. Die beim Kreuzwerk mit unendlich vielen, unendlich schmalen Querträgern auftretenden Probleme sind in § 6 behandelt. Zusätzlich treten bei der Kreuzwerkplatte auch unendlich viele Hauptträger auf. Wir müssen daher zur Berechnung der statischen Größen des 2. Hilfssystems den Balken auf unendlich vielen, elastisch senkbaren Stützen einführen.

Die Kreuzwerkplatten werden im Brückenbau als Fahrbahnkonstruktionen verwendet. Aus konstruktiven Gründen wählt man meist die Maschenweite in beiden Richtungen des Kreuzwerks verschieden groß, und zwar so, daß die Hauptträger des Kreuzwerks in den größeren Abständen liegen. In diesem Fall müssen die endlichen Abstände der Hauptträger berücksichtigt werden. Dies kann auf zwei Arten geschehen.

1. Die Kreuzwerkplatte wird nicht als Kontinuum, sondern als Diskontinuum berechnet. Als Hilfssystem 2 wird der Balken auf unendlich vielen elastischen Stützen in endlichen Abständen eingeführt. Dieses System hat Müller-Breslau eingehend behandelt[1].

Zwischen den unsrigen Bezeichnungen und denen von Müller-Breslau bestehen folgende Beziehungen.

$$C - C_0 = C_{ik}, \qquad \alpha = z.$$

Die weitere Berechnung erfolgt nach § 6, wobei für die Hauptträgerberechnung der Belastungsangriff a zugrunde gelegt werden kann, um schnelle Konvergenz der Reihen zu erhalten.

2. Die Einflußflächen des Kontinuums ohne Drehsteifigkeit werden mit Hilfe der Kreuzwerktheorie für das vorliegende Steifigkeitsverhältnis $J_Q : J$ bestimmt, wobei J_Q und J für den laufenden m Breite berechnet werden. Zur Berücksichtigung der tatsächlich vorliegenden Diskontinuität werden die äußeren Lasten zuerst am starr gestützten, durchlaufenden Querträger angreifend gedacht. Die mit Hilfe dieser Annahme berechneten Auflagerdrücke der belasteten Querträger werden dann in einem zweiten Rechnungsgang als äußere Lasten auf das Kontinuum aufgebracht.

Zur Berechnung des Kontinuums müssen wir als Hilfssystem 2 den Balken auf unendlich vielen, unendlich schmalen, elastisch senkbaren Stützen, d. h. den Balken auf elastisch senkbarer Bettung, einführen. Für den Bettungsdruck b_{ik} gilt allgemein

$$b_{ik} = \varkappa \, f_{ik}. \tag{13 (1)}$$

Darin ist

$\varkappa$ die Bettungsziffer,

f_{ik} die Einsenkung der Bettung — der Hauptträger — bzw. die Durchbiegung des Balkens — des Querträgers —.

Dann erhalten wir beim frei aufliegenden Kreuzwerk über einer Öffnung infolge des Bettungsdruckes $b_{ik} = 1 \, \text{kg/cm}$

$$\varkappa = \frac{b_{ik}}{f_{ik}} = \frac{1}{\dfrac{l^3}{48\,E\,J}} = \frac{48\,E\,J}{l^3} \qquad [\text{kg/cm}^2]. \tag{13 (2)}$$

Darin ist

l die Stützweite der Platte,

E der Elastizitätsmodul und

J das Trägheitsmoment eines Hauptträgerstreifens von der Breite 1.

Es ist

$$\varkappa = \frac{1}{\dfrac{l^3}{48\,E\,J}} = \frac{1}{\omega} \tag{13 (3)}$$

und

$$\varkappa(n) = \frac{1}{\omega_{(n)}}. \tag{13 (4)}$$

---

[1] Müller-Breslau: Graphische Statik, Bd. II, 2. Abt. Leipzig 1925. S. 154 ff.

Nach § 10, 3 gilt dann z. B. für das frei aufliegende Kreuzwerk

$$\varkappa(n) = \frac{n^4 \pi^4 E J}{l^4}, \qquad n = 1, 2, 3, \dots \qquad\qquad 13\,(4\text{a})$$

Zur Berechnung von $b_{ik}(n)$ können bekannte Arbeiten[1] herangezogen werden.

2. Isotrope und drehsteife ortho-anisotrope Platten.

Zur Berechnung der drehsteifen Platten wird die Lösung für das Kreuzwerk mit biege- und drehsteifen Haupt- und nur biegesteifen Querträgern benutzt.

Wir möchten nun annehmen, daß diese Lösung nicht für Platten gilt, die in zwei Richtungen drehsteif sind. Dies ist jedoch auch der Fall, wie unten bewiesen wird.

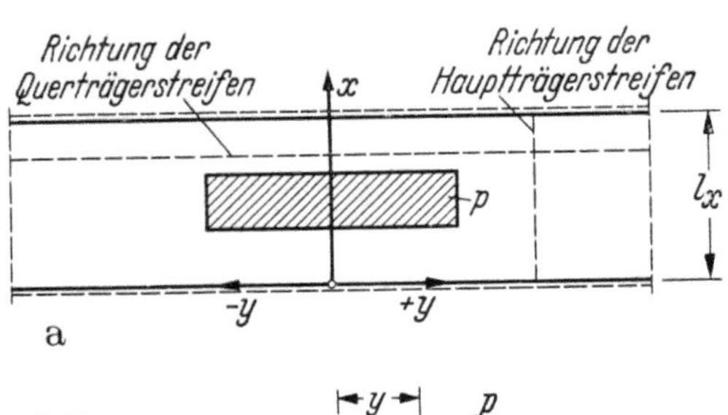

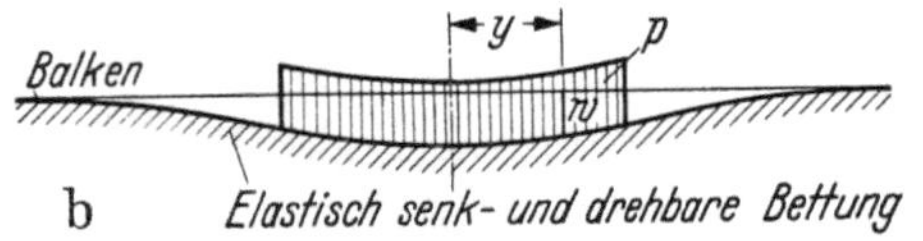

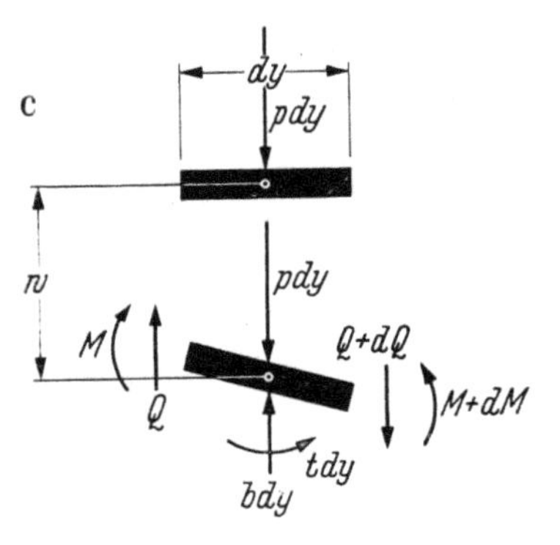

Abb. 62.

Die Lösung für das frei aufliegende Kreuzwerk mit unendlich vielen, unendlich schmalen Querträgern und drehsteifen Hauptträgern ist in § 12, 2 angegeben. Beim Übergang von der endlichen zur unendlich großen Hauptträgerzahl geht das Hilfssystem 3, der Balken auf elastisch senk- und drehbaren Stützen, in den Balken auf elastisch senk- und drehbarer Bettung über, Abb. 62.

Der Balken auf elastisch senk- und drehbarer Bettung kann wie folgt berechnet werden.

Mit den Bezeichnungen

b Bettungsdruck,
t Bettungseinspannung,
w Bettungseinsenkung,
$\varkappa$ Bettungsziffer der Einsenkung,
$\varkappa T$ Bettungsziffer der Drehung

und den Beziehungen

$$b = \varkappa w \qquad \text{und} \qquad t = \varkappa T \frac{dw}{dy}$$

können wir für das Stabelement Abb. 62 zwei Gleichgewichtsbedingungen anschreiben.

1. $\sum V = 0$

$$p\,dy + Q + dQ - Q - b\,dy = 0. \qquad\qquad 13\,(5)$$

2. $\sum M = 0$

$$M - M - dM + Q\,dy + dQ\,dy/2 - t\,dy = 0. \qquad\qquad 13\,(6)$$

Aus 13 (5) erhalten wir mit $b = \varkappa w$

$$\frac{dQ}{dy} = \varkappa w - p, \qquad\qquad 13\,(7)$$

aus 13 (6) mit

$$dQ\,dy/2 \ll \frac{dM}{dx} \qquad \text{und} \qquad t = \varkappa T \frac{dw}{dy}$$

$$Q = \frac{dM}{dy} + \varkappa T \frac{dw}{dy} \qquad\qquad 13\,(8)$$

und

$$\frac{dQ}{dy} = \frac{d^2 M}{dy^2} + \varkappa T \frac{d^2 w}{dy^2}. \qquad\qquad 13\,(9)$$

[1] Müller-Breslau: Graphische Statik, Bd. II, 2. Abt. Leipzig 1925. S. 195. Hayashi, K.: Theorie des Trägers auf elastischer Unterlage. Berlin: Springer 1921. Biezeno-Grammel: Technische Dynamik. Berlin: Springer 1939. S. 268.

Aus 13 (7) und 13 (9) erhalten wir

$$\frac{d^2 M}{d y^2} + \varkappa T \frac{d^2 w}{d y^2} = \varkappa w - p \qquad\qquad 13\ (10)$$

und mit

$$M = - \frac{d^2 w}{d y^2} E J_Q. \qquad\qquad 13\ (11)$$

Die Differentialgleichung vierter Ordnung mit Störungsfunktion

$$E J_Q \frac{d^4 w}{d y^4} - \varkappa T \frac{d^2 w}{d y^2} + \varkappa w = p. \qquad\qquad 13\ (12)$$

Die Gleichung geht in eine homogene über, wenn nur Einzelkräfte P vorhanden sind.

Diese Differentialgleichung kann dann mit Hilfe des Ansatzes $w = e^{r x}$ und der damit erhaltenen „charakteristischen Gleichung" gelöst werden. Mit Hilfe der allgemeinen Beziehungen

$$\varkappa_{(n)} = \frac{1}{\omega_{(n)}} \qquad \text{und} \qquad \varkappa T_{(n)} = \frac{1}{\omega T_{(n)}} \qquad\qquad 13\ (13\ \text{u.}\ 14)$$

können die Größen $b_{ik[n]}$ und $l_{ik[n]}$ berechnet werden, welche in die Gleichungen § 12, 2 an Stelle von $B_{ik[n]}$ und $T_{ik[n]}$ eingeführt werden.

Die Differentialgleichungen, die bei der Berechnung von Platten nach der Kreuzwerktheorie auftreten, lauten nach 6 (3) und 13 (12)

$$E J \frac{d^4 w}{d x^4} - \varkappa_{(n)}\, w = 0, \qquad\qquad 13\ (15)$$

$$E J_Q \frac{d^4 w}{d y^4} - \varkappa T_{(n)} \frac{d^2 w}{d y^2} + \varkappa_{(n)}\, w = p. \qquad\qquad 13\ (16)$$

Für das frei aufliegende Kreuzwerk gilt

$$\varkappa_{(n)} = \frac{n^4 \pi^4 E J}{l^4} \qquad\qquad 13\ (17)$$

und

$$\varkappa T_{(n)} = \frac{n^2 \pi^2 G J_T}{l^2}. \qquad\qquad 13\ (18)$$

Darin ist

l die Stützweite der Platte,
E der Elastizitätsmodul,
G der Schubmodul,
J das Trägheitsmoment eines Hauptträgerstreifens der Breite 1 [cm],
J_T der Verdrehungswiderstand eines Hauptträgerstreifens der Breite 1 [cm],
J_Q das Trägheitsmoment eines Querträgerstreifens der Breite 1 [cm].

Schon in einer früheren Arbeit[1] war darauf hingewiesen worden, daß eine isotrope Platte durch einen Trägerrost mit drehsteifen Haupt- und Querträgern ersetzt werden kann. E. Haeussler hat festgestellt, daß beim Grenzübergang zum Kreuzwerk mit unendlich vielen, unendlich schmalen Haupt- und Querträgern nur jeweils eine Schar der Träger drehsteif zu sein braucht. Er folgert dies aus der Differentialgleichung für die Biegefläche der orthotropen Platte, welche nach Huber[2] lautet:

$$B_1 \frac{\partial^4 w}{\partial x^4} + 2 H \frac{\partial^4 w}{\partial x^2\, \partial y^2} + B_2 \frac{\partial^4 w}{\partial y^4} = p. \qquad\qquad 13\ (19)$$

Hierin bedeuten B_1 und B_2 die Biegesteifigkeiten der orthotropen Platte in Längs- und Querrichtung.

$2 H$ ergibt sich aus der Gleichung

$$2 H = \mu_1 B_1 + \mu_2 B_2 + 4 C, \qquad\qquad 13\ (20)$$

---

[1] Bela Enyedi: Trägerrost und Platte. Beton u. Eisen 1935, S. 42.
[2] Huber: Die Theorie der kreuzweise bewehrten Eisenbetonplatte. Bauingenieur 1923, S. 354 ff.

worin μ_1 und μ_2 die Querdehnungszahlen in den betreffenden Richtungen und $2\,C$ die Drehsteifigkeit der Platte bedeuten. Da die Drehsteifigkeit der Platte nur in ihrer Gesamtheit
vorkommt und da andererseits die Randbedingungen bzw. frei wählbaren Funktionen nur von
der Lagerung der Platte abhängen, ist es für die Form der Biegefläche gleichgültig, ob man
beim Übergang zu unendlich vielen, unendlich schmalen Haupt- und Querträgern von dem
Kreuzwerk mit drehsteifen Haupt- und Querträgern, vom Kreuzwerk mit drehsteifen Haupt-
und drehwiderstandslosen Querträgern oder vom Kreuzwerk mit drehwiderstandslosen Haupt-
und drehsteifen Querträgern ausgeht. Die Begründung ist anschaulich folgende:

Beim drehsteifen Kreuzwerk mit endlichem Trägerabstande müssen außer Biegemomenten
und Querkräften an jeder Schar der Träger Drehmomente D_H und D_Q, Abb. 63, angebracht
werden, um die Biegefläche des Trägerrostes mit der der Platte in Übereinstimmung zu bringen.

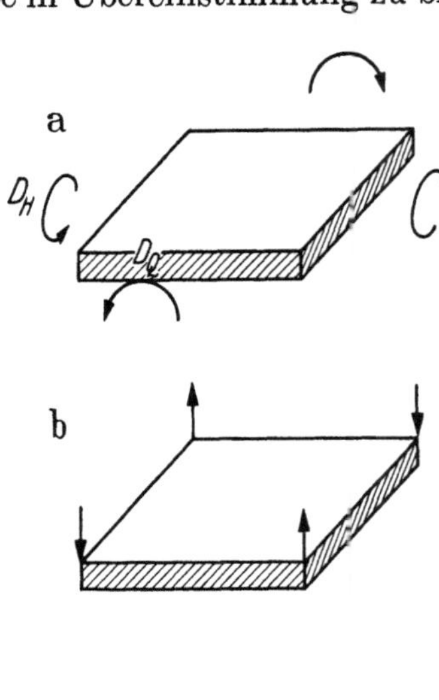

Beim drehsteifen Kreuzwerk mit unendlich kleinen
Trägerabständen müßten sinngemäß am Träger-
element, Abb. 64a, die Drehmomente D_H und D_Q
angebracht werden. Die gleichen Formänderungen
des Elementes wie infolge von D_H und D_Q können
jedoch durch in den Ecken des Elements angebrachte
Einzelkräfte, Abb. 64b, oder nur durch Drehmomente
D_H, Abb. 64c, erzielt werden, welche in einer Richtung angeordnet sind. Da nun die gesamte Dreh-

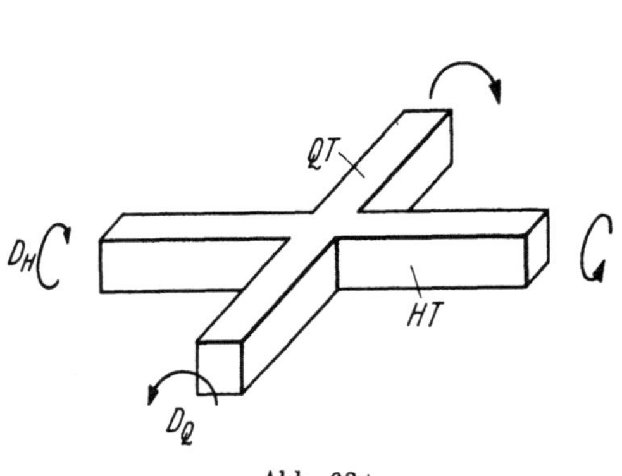
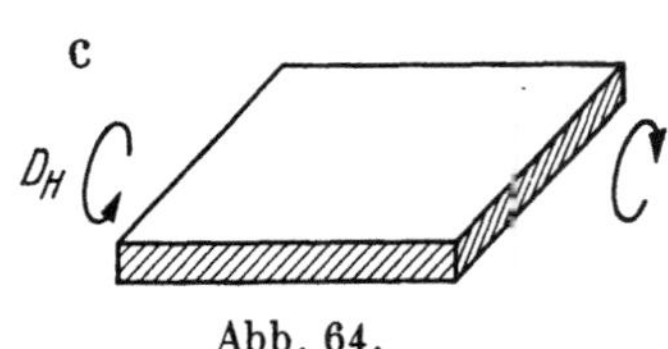

Abb. 63.
Abb. 64.

steifigkeit der Platte nur einmal in die Rechnung eingehen darf, so wäre bei Ansatz der Lösung
für das Kreuzwerk mit drehsteifen Haupt- und Querträgern, Abb. 64a, jeder Schar der
Träger nur die halbe Drehsteifigkeit des Plattenelementes zuzuordnen. In unserem Fall, wo von
der Lösung für das Kreuzwerk mit nur einer Schar drehsteifer Träger ausgegangen wird, ist
jeder Träger, der Breite 1, dieser Schar mit der gesamten Drehsteifigkeit des Plattenelementes,
der Breite 1, auszurüsten.

Die Übergangsbedingungen von der orthotropen Platte zum Trägerrost mit drehsteifen
Hauptträgern sind dann

$$J = J_1 = \frac{B_1}{E}, \qquad\qquad\qquad\qquad 13\,(21)$$

$$J_Q = J_2 = \frac{B_2}{E} \qquad\qquad\qquad\qquad 13\,(22)$$

und

$$J_T = \frac{\mu_1 B_1 + \mu_2 B_2 + 4\,C}{G}. \qquad\qquad\qquad\qquad 13\,(23)$$

Die Lösung gilt mit $\mu_1, \mu_2 \neq 0$ für frei aufliegende, fest eingespannte und solche Ränder,
an denen die Platte durchläuft, da hier die Randbedingungen von Kreuzwerk und Platte
übereinstimmen. Beim freien Rand jedoch sind die Randbedingungen von Kreuzwerk und
Platte nur dann gleich, wenn $\mu_1, \mu_2 = 0$.

§ 14. Stabilitätsuntersuchungen mit Hilfe der Kreuzwerktheorie.

Die vorliegende Kreuzwerktheorie ermöglicht es uns, auch Stabilitätsaufgaben zu lösen. Probleme, die der Lösung zugänglich erscheinen, sind folgende:

1. Die Knickberechnung des Stützenkreuzwerks[1], Abb. 65, und
2. die Beuluntersuchung einer durch Normalkräfte belasteten Platte, Abb. 66a.

Bei der Knickuntersuchung des Stützenkreuzwerks ist die Schar der belasteten Steifen als Querträgerschar des Kreuzwerks zu betrachten. Als zweites Hilfssystem ist dann der Knickstab mit elastischen Zwischenstützen einzuführen[2].

Als zweites Hilfssystem finden wir bei der Beuluntersuchung der Platte den Knickstab auf elastisch senk- und drehbarer Bettung, Abb. 66b.

Mit Hilfe der Gleichgewichtsbedingungen erhalten wir wie in § 13, 2 die grundlegenden Beziehungen am Stabelement, Abb. 66c,

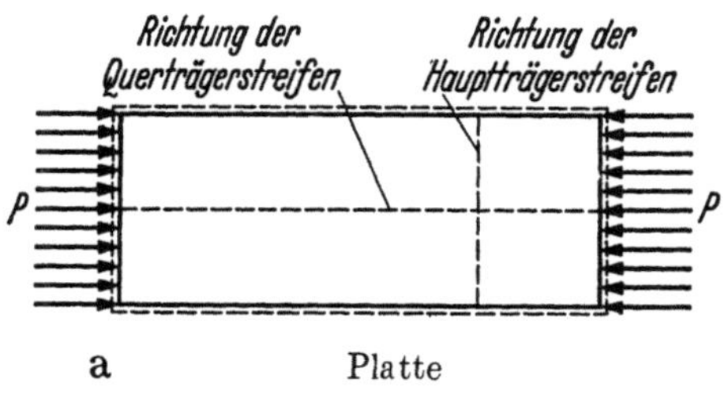

$$\frac{dQ}{dy} = \varkappa\, w \qquad\qquad 14\,(1)$$

und

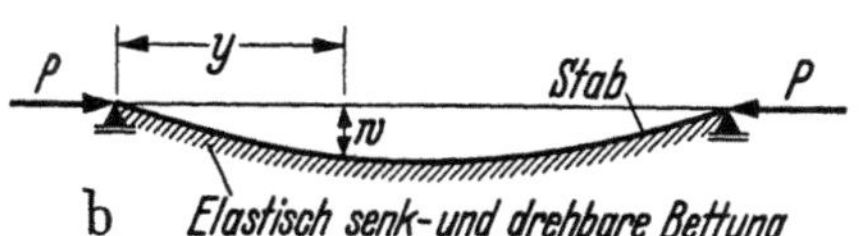

$$\frac{dQ}{dy} = \frac{d^2 M}{dy^2} + \varkappa T \frac{d^2 w}{dy^2} + P \frac{d^2 w}{dy^2}, \qquad 14\,(2)$$

Hilfssystem 3. Knickstab auf elastisch senk- und drehbarer Bettung.

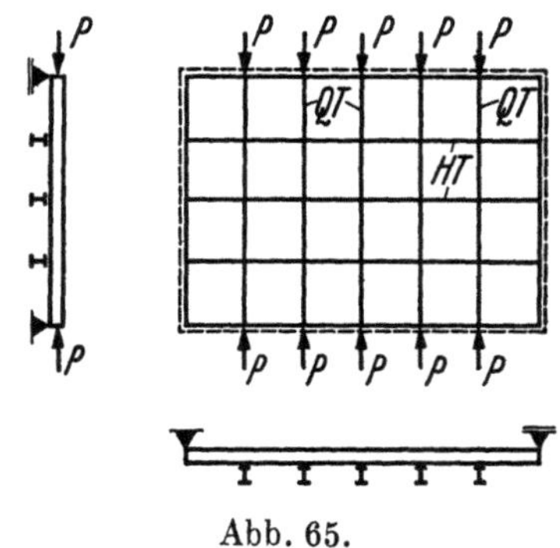

Abb. 65.

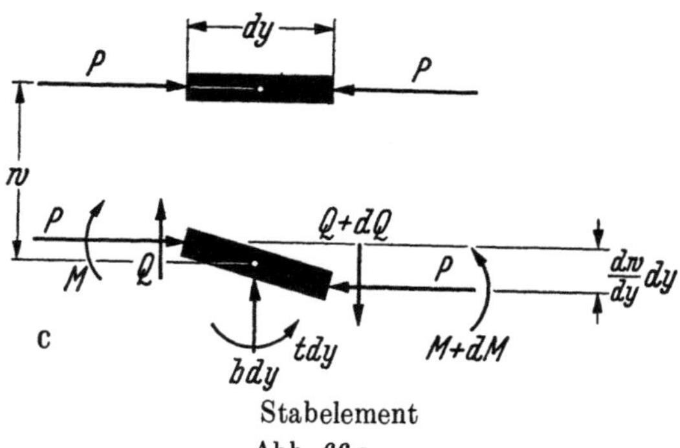

Stabelement
Abb. 66 a—c.

wenn P als Druckkraft negativ eingeführt wird, wie es bei Beuluntersuchungen üblich ist. Aus beiden Gleichungen entsteht dann die Differentialgleichung

$$E J_Q \frac{d^4 w}{dy^4} - \varkappa T \frac{d^2 w}{dy^2} + \varkappa\, w = - P \frac{d^2 w}{dy^2}. \qquad 14\,(3)$$

Beachten wir nun erstens, daß unsere Gln. 13 (15) und (16) eine Aufspaltung der allgemeinen Huberschen Gl. 13 (19) darstellen und zweitens, daß die linke Seite der Gl. 13 (16) unverändert geblieben ist, so können wir den Schluß ziehen, daß unsere Gln. 14 (3) und 13 (15) eine genaue Lösung für die Beulfläche der Platte darstellen. Diese lautet, wenn man von der Plattentheorie ausgeht, bekanntlich

$$B\, \Delta \Delta\, w = - P \frac{\partial^2 w}{\partial y^2}. \qquad 14\,(4)$$

Die Kreuzwerktheorie in der vorliegenden Form kann daher auch für die Lösung gewisser Stabilitätsprobleme der iso- und orthotropen Platten herangezogen werden.

---

[1] Gaede, K.: Die Knicksicherheit des Stützenrostes. Bauingenieur 1942.
[2] Mayer, R.: Die Knickfestigkeit S. 234 u. f. Berlin: Springer 1921.

§ 15. Einflußflächen- und Momententafeln für Kreuzwerkplatten.

Die Untersuchungen wurden für den Vollstreifen und für den Halbstreifen mit einem freien Rand durchgeführt. Sowohl der Voll- als auch der Halbstreifen wurden beidseitig frei aufliegend angenommen.

Die Ableitungen erfolgten mit Hilfe der in § 13 angegebenen Beziehungen für:

1. die Kreuzwerkplatte ohne Drehsteifigkeit mit

$$\frac{J_Q}{J} = \frac{B_2}{B_1} = 1, \qquad\qquad G J_T = 2H = 0, \qquad\qquad \mu_1 = \mu_2 = 0,$$

2. die Kreuzwerkplatte beliebiger Drehsteifigkeit mit

$$\frac{J_Q}{J} = \frac{B_2}{B_1} = 1, \qquad\qquad G J_T = 2H = 2\varkappa \sqrt{B_1 B_2}{}^{\,1}, \qquad \mu_1 = \mu_2 = 0 \text{ und}$$

3. die isotrope Platte mit dem Größtmaß von Drehsteifigkeit mit

$$\frac{J_Q}{J} = \frac{B_2}{B_1} = 1, \qquad\qquad G J_T = 2H = 2\sqrt{B_1 B_2}, \qquad \mu_1 = \mu_2 = 0.$$

Gleichungen der Einflußflächen für das Mittenmoment M_{xm} der beiderseits frei aufliegenden unendlich langen Kreuzwerkplatte (Plattenstreifen).

1. $G J_T = 2H = 0$

$$\text{Einfl. } M_{xm} = \sum_{n=1,3,5} \frac{1}{n\pi\sqrt{2}}\, e^{-\frac{n\pi}{\sqrt{2}}\frac{y}{l}}\left(\sin\frac{n\pi}{\sqrt{2}}\frac{y}{l} + \cos\frac{n\pi}{\sqrt{2}}\frac{y}{l}\right)\sin n\frac{\pi}{2}\,\sin n\pi\frac{x}{l}.$$

2. $G J_T = 2H = 2\varkappa\sqrt{B_1 B_2}$

$$\text{Einfl. } M_{xm} = \sum_{n=1,3,5} \frac{1}{n\pi\sqrt{2(1-\varkappa)}}\, e^{-\sqrt{\frac{1+\varkappa}{2}}\,n\pi\frac{y}{l}}\left(\sin\sqrt{\frac{1-\varkappa}{2}}\,n\pi\frac{y}{l} + \right.$$
$$\left. + \sqrt{\frac{1-\varkappa}{1+\varkappa}}\cos\sqrt{\frac{1-\varkappa}{2}}\,n\pi\,\frac{y}{l}\right)\sin n\frac{\pi}{2}\,\sin n\pi\frac{x}{l}.$$

3. $G J_T = 2H = 2\sqrt{B_1 B_2}$

$$\text{Einfl. } M_{xm} = \sum_{n=1,3,5} \frac{1}{2n\pi}\left(1 + n\pi\frac{y}{l}\right)e^{-n\pi\frac{y}{l}}\sin n\frac{\pi}{2}\,\sin n\pi\frac{x}{l}.$$

Auswertung der Einflußflächen für das Mittenmoment M_{xm} der beiderseits frei aufliegenden unendlich langen Kreuzwerkplatte (Plattenstreifen) für mittige Rechtecklast mit der Aufstandsfläche $2c \cdot 2d$ und der Größe P.

4. $G J_T = 2H = 0$

$$M_{xm} = P \sum_{n=1,3,5} \frac{l^2}{n^3\pi^3 c\,d}\sin n\pi\frac{c}{l}\left(1 - e^{-\frac{n\pi}{\sqrt{2}}\frac{d}{l}}\cos\frac{n\pi}{\sqrt{2}}\frac{d}{l}\right).$$

5. $G J_T = 2H = 2\varkappa\sqrt{B_1 B_2}$

$$M_{xm} = P \sum_{n=1,3,5} \frac{l^2}{n^3\pi^3 c\,d}\sin n\pi\frac{c}{l}\left[1 - e^{-\sqrt{\frac{1+\varkappa}{2}}\,n\pi\frac{d}{l}}\left(\frac{\varkappa}{\sqrt{1-\varkappa^2}}\sin\sqrt{\frac{1-\varkappa}{2}}\,n\pi\frac{d}{l} + \cos\sqrt{\frac{1-\varkappa}{2}}\,n\pi\frac{d}{l}\right)\right].$$

6. $G J_T = 2H = 2\sqrt{B_1 B_2}$

$$M_{xm} = P \sum_{n=1,3,5} \frac{l^2}{n^3\pi^3 c\,d}\sin n\pi\frac{c}{l}\left[1 - e^{-n\pi\frac{d}{l}}\left(1 + \frac{n\pi d}{2\,l}\right)\right].$$

---

[1] Der Wert $\varkappa$ bedeutet hier das Verhältnis der vorhandenen zur größtmöglichen Drehsteifigkeit der Platte und ist nicht mit den Bettungsziffern der vorhergehenden Paragraphen zu verwechseln.

Gleichungen der Einflußflächen für das Mittenmoment M_{ym} der beiderseits frei aufliegenden unendlich langen Kreuzwerkplatte (Plattenstreifen).

7. $G J_T = 2 H = 0$

$$\text{Einfl. } M_{ym} = \sum_{n=1,3,5} \frac{1}{n\pi\sqrt{2}} e^{-\frac{n\pi}{\sqrt{2}}\frac{y}{l}} \left(-\sin\frac{n\pi}{\sqrt{2}}\frac{y}{l} + \cos\frac{n\pi}{\sqrt{2}}\frac{y}{l}\right)\sin n\frac{\pi}{2}\sin n\pi\frac{x}{l}.$$

8. $G J_T = 2 H = 2\varkappa\sqrt{B_1 B_2}$

$$\text{Einfl. } M_{ym} = \sum_{n=1,3,5} \frac{1}{n\pi\sqrt{2(1-\varkappa)}} e^{-\sqrt{\frac{1+\varkappa}{2}}n\pi\frac{y}{l}} \left(-\sin\sqrt{\frac{1-\varkappa}{2}}n\pi\frac{y}{l} + \right.$$
$$\left. + \sqrt{\frac{1-\varkappa}{1+\varkappa}}\cos\sqrt{\frac{1-\varkappa}{2}}n\pi\frac{y}{l}\right)\sin n\frac{\pi}{2}\sin n\pi\frac{x}{l}.$$

9. $G J_T = 2 H = 2\sqrt{B_1 B_2}$

$$\text{Einfl. } M_{ym} = \sum_{n=1,3,5} \frac{1}{2n\pi}\left(1 - n\pi\frac{y}{l}\right)e^{-n\pi\frac{y}{l}}\sin n\frac{\pi}{2}\sin n\pi\frac{x}{l}.$$

Auswertung der Einflußflächen für das Mittenmoment M_{ym} der beiderseits frei aufliegenden unendlich langen Kreuzwerkplatte (Plattenstreifen) für mittige Rechtecklast mit der Aufstandsfläche $2c \cdot 2d$ und der Größe P.

10. $G J_T = 2 H = 0$

$$M_{ym} = P \sum_{n=1,3,5,\ldots} \frac{l^2}{n^3\pi^3 c d} e^{-\frac{n\pi}{\sqrt{2}}\frac{d}{l}} \sin\frac{n\pi}{\sqrt{2}}\frac{d}{l}\sin n\pi\frac{c}{l}.$$

11. $G J_T = 2 H = 2\varkappa\sqrt{B_1 B_2}$

$$M_{ym} = P \sum_{n=1,3,5,\ldots} \frac{l^2}{n^3\pi^3\sqrt{1-\varkappa^2}\,c d} e^{-\sqrt{\frac{1+\varkappa}{2}}n\pi\frac{d}{l}} \sin\sqrt{\frac{1-\varkappa}{2}}n\pi\frac{d}{l}\sin n\pi\frac{c}{l}.$$

12. $G J_T = 2 H = 2\sqrt{B_1 B_2}$

$$M_{ym} = P \sum_{n=1,3,5,\ldots} \frac{l}{2n^2\pi^2 c} e^{-n\pi\frac{d}{l}}\sin n\pi\frac{c}{l}.$$

Gleichungen der Einflußflächen für die Randquerkraft V_{xr} der frei aufliegenden unendlich langen Kreuzwerkplatte (Plattenstreifen).

13. $G J_T = 2 H = 0$

$$\text{Einfl. } V_{xr} = \frac{1}{l}\sum_{n=1,2,3,\ldots} \frac{1}{\sqrt{2}} e^{-\frac{n\pi}{\sqrt{2}}\frac{y}{l}} \left(\sin\frac{n\pi}{\sqrt{2}}\frac{y}{l} + \cos\frac{n\pi}{\sqrt{2}}\frac{y}{l}\sin n\pi\frac{x}{l}\right).$$

14. $G J_T = 2 H = 2\varkappa\sqrt{B_1 B_2}$

$$\text{Einfl. } V_{xr} = \frac{1}{l}\sum_{n=1,2,3,\ldots} \frac{1}{\sqrt{2}} e^{-\sqrt{\frac{1+\varkappa}{2}}n\pi\frac{y}{l}} \left(\sin\sqrt{\frac{1-\varkappa}{2}}n\pi\frac{y}{l} + \sqrt{1+\varkappa}\cos\sqrt{\frac{1-\varkappa}{2}}n\pi\frac{y}{l}\right)\sin n\pi\frac{x}{l}.$$

15. $G J_T = 2 H = 2\sqrt{B_1 B_2}$

$$\text{Einfl. } V_{xr} = \frac{1}{l}\sum_{n=1,2,3,\ldots} e^{-n\pi\frac{y}{l}}\sin n\pi\frac{x}{l}.$$

Gleichungen der Einflußflächen für die Mittenquerkraft V_{ym} der frei
aufliegenden unendlich langen Kreuzwerkplatte (Plattenstreifen).

16. $G J_T = 2 H = 0$

$$\text{Einfl. } V_{ym} = \frac{1}{l} \sum_{n=1,3,5,\ldots} e^{-\frac{n\pi}{\sqrt{2}}\frac{y}{l}} \cos \frac{n\pi}{\sqrt{2}}\frac{y}{l} \sin \frac{n\pi}{2} \sin n\pi \frac{x}{l}\,.$$

17. $G J_T = 2 H = 2\varkappa \sqrt{B_1 B_2}$

$$\text{Einfl. } V_{ym} = \frac{1}{l} \sum_{n=1,3,5,\ldots} e^{-\sqrt{\frac{1+\varkappa}{2}}\,n\pi\frac{y}{l}} \cos \sqrt{\frac{1-\varkappa}{2}}\,n\pi \frac{y}{l} \sin \frac{n\pi}{2} \sin n\pi \frac{x}{l}\,.$$

18. $G J_T = 2 H = 2 \sqrt{B_1 B_2}$

$$\text{Einfl. } V_{ym} = \frac{1}{l} \sum_{n=1,3,5,\ldots} e^{-n\pi\frac{y}{l}} \sin \frac{n\pi}{2} \sin n\pi \frac{x}{l}\,.$$

Gleichungen der Einflußflächen für die Durchbiegung w der Mitte der beiderseits
frei aufliegenden unendlich langen Kreuzwerkplatte (Plattenstreifen).

19. $G J_T = 2 H = 0$

$$\text{Einfl. } w = \frac{l^2}{B_1} \sum_{n=1,3,5,\ldots} \frac{1}{\sqrt{2}\,\pi^3 n^3} e^{-\frac{n\pi}{\sqrt{2}}\frac{y}{l}} \left(\sin \frac{n\pi}{\sqrt{2}}\frac{y}{l} + \cos \frac{n\pi}{\sqrt{2}}\frac{y}{l}\right) \sin \frac{n\pi}{2} \sin n\pi \frac{x}{l}\,.$$

20. $G J_T = 2 H = 2\varkappa \sqrt{B_1 B_2}$

$$\text{Einfl. } w = \frac{l^2}{B_1} \sum_{n=1,3,5,\ldots} \frac{1}{\sqrt{2(1-\varkappa)}\,\pi^3 n^3} e^{-\sqrt{\frac{1+\varkappa}{2}}\,n\pi\frac{y}{l}} \left(\sin \sqrt{\frac{1-\varkappa}{2}}\,n\pi \frac{y}{l} + \right.$$
$$\left. + \sqrt{\frac{1-\varkappa}{1+\varkappa}} \cos \sqrt{\frac{1-\varkappa}{2}}\,n\pi \frac{y}{l}\right) \sin \frac{n\pi}{2} \sin n\pi \frac{x}{l}\,.$$

21. $G J_T = 2 H = 2 \sqrt{B_1 B_2}$

$$\text{Einfl. } w = \frac{l^2}{B_1} \sum_{n=1,3,5,\ldots} \frac{1}{2\,\pi^3 n^3} e^{-n\pi\frac{y}{l}} \left(1 + n\pi\frac{y}{l}\right) \sin \frac{n\pi}{2} \sin n\pi \frac{x}{l}\,.$$

Gleichungen der Einflußflächen für das Randmoment M_{xr} des freien Randes
der beiderseits frei aufliegenden unendlich langen Kreuzwerkplatte
(Halbstreifen).

22. $G J_T = 2 H = 0$

$$\text{Einfl. } M_{xr} = \sum_{n=1,3,5} \frac{\sqrt{8}}{n\pi} e^{-\frac{n\pi}{\sqrt{2}}\frac{y}{l}} \cos \frac{n\pi}{\sqrt{2}}\frac{y}{l} \sin n\frac{\pi}{2} \sin n\pi \frac{x}{l}\,.$$

23. $G J_T = 2 H = 2\varkappa \sqrt{B_1 B_2}$

$$\text{Einfl. } M_{xr} = \sum_{n=1,3,5} \frac{\sqrt{\frac{8}{1-\varkappa}}}{n\pi\left(2+\frac{1}{\varkappa}\right)} e^{-\sqrt{\frac{1+\varkappa}{2}}\,n\pi\frac{y}{l}} \left(\sin \sqrt{\frac{1-\varkappa}{2}}\,n\pi\frac{y}{l} + \frac{\sqrt{1-\varkappa^2}}{\varkappa} \cos \sqrt{\frac{1-\varkappa}{2}}\,n\pi\frac{y}{l}\right)\cdot$$

$$\cdot \sin n\frac{\pi}{2} \sin n\pi \frac{x}{l}\,.$$

24. $G\,J_T = 2\,H = 2\,\sqrt{B_1\,B_2}$

Einfl. $M_{xr} = \sum_{n\,=\,1,\,3,\,5} \dfrac{2}{3\,n\,\pi}\left(2 + n\,\pi\,\dfrac{y}{l}\right) e^{-\,n\,\pi\,\frac{y}{l}} \sin n\,\dfrac{\pi}{2}\,\sin n\,\pi\,\dfrac{x}{l}.$

Die nachstehenden Tabellen der Einflußordinaten und Momentenwerte wurden mittels der angegebenen Gleichungen berechnet. Da eine geradlinige Interpolation der Momente zwischen den Tabellen der Momente bei $G\,J_T = 0$ und $G\,J_T = 2\,\sqrt{B_1\,B_2}$ zu ungünstige Ergebnisse liefert, wurden die Tabellen auch für die Drehsteifigkeit $G\,J_T = 0{,}6\,\sqrt{B_1\,B_2}$ berechnet. Es kann daher genau genug zwischen den Tabellen für $G\,J_T = 0$ und $G\,J_T = 0{,}6\,\sqrt{B_1\,B_2}$ und zwischen denen für $G\,J_T = 0{,}6\,\sqrt{B_1\,B_2}$ und $G\,J_T = 2\,\sqrt{B_1\,B_2}$ interpoliert werden.

Fünf Tabellen der Einflußordinaten und Mittenmomente des isotropen Plattenstreifens wurden der Arbeit von Bittner[1] mit Genehmigung des Verfassers entnommen, jedoch wurde die Tabelle 3 unabhängig neu berechnet und völlige Übereinstimmung gefunden. Die von Olsen und Reinitzhuber[2] für den isotropen Halbstreifen berechneten Werte konnten nicht benutzt werden, da diese für eine Teilung der Stützweite l_x in 6 Teile berechnet wurden. Es ist daher die Tabelle für das Randmoment M_{xr} des isotropen Halbstreifens neu berechnet worden. Sämtliche Tabellen können auch für beliebige Biegesteifigkeiten J_Q und J verwendet werden; es sind dann die von Girkmann[3] angegebenen Transformationsformeln zu benutzen.

1. *Einflußfläche für das Mittenmoment M_{xm} der beiderseits frei aufliegenden unendlich langen Kreuzwerkplatte (Plattenstreifen).*

$\dfrac{y}{l_x}$	$x:l_x$				
	0,1	0,2	0,3	0,4	0,5
0,0	0,0360	0,0759	0,1265	0,2074	∞ [4]
0,1	0,0377	0,0804	0,1373	0,2309	0,2956
0,2	0,0426	0,0892	0,1464	0,1981	0,2159
0,3	0,0445	0,0903	0,1317	0,1574	0,1651
0,4	0,0413	0,0787	0,1067	0,1225	0,1274
0,5	0,0333	0,0614	0,0813	0,0927	0,0962
0,6	0,0238	0,0440	0,0586	0,0671	0,0698
0,7	0,0156	0,0292	0,0394	0,0456	0,0477
0,8	0,0092	0,0174	0,0239	0,0280	0,0294
0,9	0,0046	0,0087	0,0121	0,0144	0,0152
1,0	0,0024	0,0047	0,0066	0,0078	0,0083
1,2	—0,0021	—0,0039	—0,0054	—0,0064	—0,0067
1,5	—0,0029	—0,0055	—0,0076	—0,0089	—0,0094
2,0	—0,0010	—0,0019	—0,0026	—0,0031	—0,0033

Neben Tabelle 1:

$\dfrac{J_Q}{J} = \dfrac{B_2}{B_1} = 1,$

$G\,J_T = 2\,H = 0.$

Transformationsformeln für $J_Q' \neq J.$

Transformation der Längen:

$$x = x',$$
$$y = \sqrt[4]{\dfrac{J}{J_Q'}}\;y'.$$

Transformation der Momente:

$$M_{xm}' = \sqrt[4]{\dfrac{J}{J_Q'}}\;M_{xm}.$$

2. *Einflußfläche für das Mittenmoment M_{xm} der beiderseits frei aufliegenden unendlich langen Kreuzwerkplatte (Plattenstreifen).*

$\dfrac{y}{l_x}$	$x:l_x$				
	0,1	0,2	0,3	0,4	0,5
0,0	0,0315	0,0666	0,1109	0,1819	∞ [4]
0,1	0,0330	0,0705	0,1200	0,2000	0,2671
0,2	0,0364	0,0769	0,1267	0,1756	0,1967
0,3	0,0377	0,0770	0,1151	0,1430	0,1527
0,4	0,0351	0,0685	0,0961	0,1139	0,1199
0,5	0,0295	0,0559	0,0764	0,0890	0,0933
0,6	0,0229	0,0431	0,0584	0,0678	0,0710
0,7	0,0168	0,0316	0,0430	0,0501	0,0524
0,8	0,0118	0,0223	0,0304	0,0355	0,0373
0,9	0,0079	0,0150	0,0205	0,0240	0,0252
1,0	0,0050	0,0094	0,0130	0,0153	0,0160
1,2	0,0013	0,0026	0,0036	0,0042	0,0044
1,5	—0,0006	—0,0012	—0,0017	—0,0020	—0,0021
2,0	—0,0006	—0,0012	—0,0016	—0,0019	—0,0020

Neben Tabelle 2:

$\dfrac{J_Q}{J} = \dfrac{B_2}{B_1} = 1.$

$G\,J_T = 2\,H = 0{,}6\,\sqrt{B_1\,B_2}.$

Transformationsformeln für $J_Q' \neq J$ wie oben.

[1] Bittner, E.: Momententafeln und Einflußflächen für kreuzweise bewehrte Eisenbetonplatten. Wien 1938.
[2] Olsen, H., u. F. Reinitzhuber: Die zweiseitig gelagerte Platte, Bd. 1. Berlin 1944.
[3] Girkmann, K.: Flächentragwerke, 2. Aufl. S. 487. Wien 1948.
[4] Aufpunktsordinaten der Kreuzwerkplatte mit unendlichen Hauptträgerabständen sind in Tafel 25 und 26 S. 101 angegeben.

3. Einflußfläche für das Mittenmoment M_{xm} der beiderseits frei aufliegenden unendlich langen Platte (Plattenstreifen).

$\dfrac{y}{l_x}$	$x:l_x$				
	0,1	0,2	0,3	0,4	0,5
0,0	0,0254	0,0536	0,0894	0,1466	∞
0,1	0,0266	0,0565	0,0957	0,1582	0,2262
0,2	0,0285	0,0603	0,0990	0,1437	0,1693
0,3	0,0288	0,0594	0,0920	0,1215	0,1346
0,4	0,0273	0,0546	0,0805	0,1007	0,1085
0,5	0,0242	0,0474	0,0679	0,0825	0,0879
0,6	0,0205	0,0398	0,0560	0,0670	0,0710
0,7	0,0170	0,0327	0,0455	0,0540	0,0570
0,8	0,0138	0,0264	0,0366	0,0432	0,0455
0,9	0,0111	0,0211	0,0291	0,0343	0,0362
1,0	0,0088	0,0167	0,0230	0,0271	0,0285
1,2	0,0054	0,0103	0,0142	0,0166	0,0175
1,5	0,0025	0,0048	0,0066	0,0078	0,0082
2,0	0,0007	0,0013	0,0018	0,0021	0,0022

$$\frac{J_Q}{J} = \frac{B_2}{B_1} = 1.$$

$$G J_T = 2 H = 2 \sqrt{B_1 B_2}.$$

Transformationsformeln für $J_Q' \neq J$ wie oben.

4. Mittenmomente M_{xm} bei mittiger Rechtecklast der beiderseits frei aufliegenden unendlich langen Kreuzwerkplatte (Plattenstreifen).

$\dfrac{t_y}{l_x}$	$t_x : l_x$											Faktor
	1,0	0,9	0,8	0,7	0,6	0,5	0,4	0,3	0,2	0,1	0,05	
1,0	0,1060	0,1166	0,1275	0,1385	0,1496	0,1611	0,1727	0,1845	0,1965	0,2087	0,2150	$\cdot P$
0,9	0,1101	0,1212	0,1326	0,1442	0,1561	0,1684	0,1809	0,1938	0,2070	0,2205	0,2274	$\cdot P$
0,8	0,1141	0,1256	0,1375	0,1498	0,1626	0,1758	0,1894	0,2036	0,2182	0,2332	0,2409	$\cdot P$
0,7	0,1178	0,1298	0,1422	0,1552	0,1688	0,1831	0,1981	0,2138	0,2301	0,2470	0,2560	$\cdot P$
0,6	0,1211	0,1334	0,1464	0,1601	0,1747	0,1902	0,2068	0,2243	0,2429	0,2624	0,2727	$\cdot P$
0,5	0,1241	0,1368	0,1503	0,1647	0,1803	0,1971	0,2155	0,2354	0,2569	0,2799	0,2922	$\cdot P$
0,4	0,1266	0,1397	0,1536	0,1686	0,1850	0,2033	0,2237	0,2466	0,2720	0,2998	0,3150	$\cdot P$
0,3	0,1286	0,1419	0,1562	0,1717	0,1890	0,2085	0,2310	0,2572	0,2880	0,3232	0,3430	$\cdot P$
0,2	0,1301	0,1435	0,1581	0,1740	0,1920	0,2125	0,2367	0,2663	0,3036	0,3510	0,3795	$\cdot P$
0,1	0,1310	0,1444	0,1592	0,1755	0,1938	0,2149	0,2404	0,2724	0,3158	0,3816	0,4298	$\cdot P$
0,05	0,1312	0,1448	0,1595	0,1759	0,1942	0,2156	0,2412	0,2740	0,3197	0,3954	0,4626	$\cdot P$

$$\frac{J_Q}{J} = \frac{B_2}{B_1} = 1. \qquad G J_T = 2 H = 0 \qquad \max M_{xm} = 0{,}13359 \cdot p\, l^2.$$

Transformationsformeln für $J_Q \neq J$ wie oben.

5. Mittenmomente M_{xm} bei mittiger Rechtecklast der beiderseits frei aufliegenden unendlich langen Kreuzwerkplatte (Plattenstreifen).

$\dfrac{t_y}{l_x}$	$t_x : l_x$											Faktor
	1,0	0,9	0,8	0,7	0,6	0,5	0,4	0,3	0,2	0,1	0,05	
1,0	0,0940	0,1035	0,1132	0,1231	0,1334	0,1439	0,1548	0,1660	0,1776	0,1895	0,1958	$\cdot P$
0,9	0,0974	0,1072	0,1173	0,1278	0,1386	0,1499	0,1616	0,1738	0,1864	0,1996	0,2065	$\cdot P$
0,8	0,1004	0,1106	0,1211	0,1322	0,1436	0,1557	0,1684	0,1817	0,1956	0,2102	0,2179	$\cdot P$
0,7	0,1036	0,1142	0,1252	0,1368	0,1490	0,1620	0,1757	0,1904	0,2060	0,2224	0,2312	$\cdot P$
0,6	0,1065	0,1173	0,1288	0,1409	0,1539	0,1679	0,1829	0,1992	0,2168	0,2356	0,2457	$\cdot P$
0,5	0,1090	0,1201	0,1320	0,1447	0,1584	0,1735	0,1900	0,2083	0,2284	0,2503	0,2624	$\cdot P$
0,4	0,1111	0,1225	0,1347	0,1480	0,1625	0,1786	0,1968	0,2174	0,2409	0,2673	0,2821	$\cdot P$
0,3	0,1128	0,1245	0,1370	0,1507	0,1658	0,1830	0,2028	0,2262	0,2540	0,2869	0,3059	$\cdot P$
0,2	0,1141	0,1259	0,1386	0,1526	0,1684	0,1864	0,2076	0,2337	0,2669	0,3101	0,3370	$\cdot P$
0,1	0,1148	0,1267	0,1396	0,1539	0,1699	0,1885	0,2108	0,2389	0,2772	0,3355	0,3800	$\cdot P$
0,05	0,1150	0,1270	0,1499	0,1542	0,1703	0,1890	0,2116	0,2403	0,2802	0,3453	0,4065	$\cdot P$

$$\frac{J_Q}{J} = \frac{B_2}{B_1} = 1. \qquad G J_T = 2 H = 0{,}6 \sqrt{B_1 B_2}. \qquad \max M_{xm} = 0{,}12776 \cdot p\, l^2.$$

Transformationsformeln für $J_Q \neq J$ wie oben.

6. *Mittenmomente M_{xm} bei mittiger Rechtecklast der beiderseits frei aufliegenden unendlich langen Platte (Plattenstreifen).*

$\dfrac{t_y}{l_x}$	$t_z : l_x$											Faktor
	1,0	0,9	0,8	0,7	0,6	0,5	0,4	0,3	0,2	0,1	0,05	
1,0	0,0773	0,0851	0,0932	0,1016	0,1104	0,1196	0,1293	0,1396	0,1504	0,1620	0,1679	$\cdot P$
0,9	0,0796	0,0877	0,0961	0,1049	0,1141	0,1238	0,1342	0,1452	0,1571	0,1697	0,1763	$\cdot P$
0,8	0,0819	0,0903	0,0990	0,1081	0,1178	0,1282	0,1393	0,1512	0,1641	0,1781	0,1855	$\cdot P$
0,7	0,0841	0,0927	0,1017	0,1112	0,1215	0,1324	0,1444	0,1574	0,1716	0,1874	0,1957	$\cdot P$
0,6	0,0862	0,0950	0,1043	0,1142	0,1250	0,1366	0,1495	0,1638	0,1796	0,1975	0,2070	$\cdot P$
0,5	0,0880	0,0971	0,1067	0,1170	0,1283	0,1407	0,1546	0,1703	0,1882	0,2088	0,2201	$\cdot P$
0,4	0,0897	0,0989	0,1087	0,1195	0,1312	0,1444	0,1594	0,1768	0,1973	0,2216	0,2355	$\cdot P$
0,3	0,0910	0,1004	0,1104	0,1215	0,1338	0,1477	0,1638	0,1831	0,2067	0,2363	0,2539	$\cdot P$
0,2	0,0920	0,1015	0,1118	0,1230	0,1357	0,1503	0,1675	0,1887	0,2160	0,2533	0,2775	$\cdot P$
0,1	0,0926	0,1022	0,1126	0,1241	0,1370	0,1520	0,1700	0,1926	0,2237	0,2714	0,3086	$\cdot P$
0,05	0,0927	0,1023	0,1128	0,1243	0,1373	0,1524	0,1706	0,1937	0,2261	0,2788	0,3268	$\cdot P$

$$\frac{J_Q}{J} = \frac{B_2}{B_1} = 1, \qquad G\,J_T = 2\,H = 2\sqrt{B_1\,B_2}\,.$$

Transformationsformeln für $J_Q \neq J$ wie oben.

7. *Einflußfläche für das Mittenmoment M_{ym} der beiderseits frei aufliegenden unendlich langen Kreuzwerkplatte (Plattenstreifen).*

$\dfrac{y}{l_x}$	$x : l_x$				
	0,1	0,2	0,3	0,4	0,5
0,0	0,0360	0,0759	0,1265	0,2074	∞ [1]
0,1	0,0340	0,0707	0,1123	0,1451	0,1214
0,2	0,0274	0,0528	0,0675	0,0575	0,0463
0,3	0,0155	0,0246	0,0214	0,0106	0,0054
0,4	0,0019	−0,0011	−0,0090	−0,0169	−0,0199
0,5	−0,0088	−0,0176	−0,0266	−0,0330	−0,0353
0,6	−0,0135	−0,0257	−0,0353	−0,0413	−0,0434
0,7	−0,0150	−0,0281	−0,0380	−0,0440	−0,0460
0,8	−0,0143	−0,0269	−0,0366	−0,0426	−0,0445
0,9	−0,0127	−0,0240	−0,0327	−0,0383	−0,0401
1,0	−0,0106	−0,0202	−0,0277	−0,0325	−0,0342
1,2	−0,0065	−0,0124	−0,0171	−0,0201	−0,0211
1,5	−0,0020	−0,0038	−0,0052	−0,0060	−0,0069
2,0	+0,0006	+0,0011	+0,0015	+0,0018	+0,0018

$$\frac{J_Q}{J} = \frac{B_2}{B_1} = 1, \qquad G\,J_T = 0.$$

Transformationsformeln für $J'_Q \neq J$.

Transformation der Längen:
$$x = x', \qquad y = \sqrt[4]{\frac{J}{J'_Q}}\; y'.$$

Transformation der Momente:
$$M'_{ym} = \sqrt[4]{\frac{J'_Q}{J}}\; M_{ym}.$$

8. *Einflußfläche für das Mittenmoment M_{ym} der beiderseits frei aufliegenden unendlich langen Kreuzwerkplatte (Plattenstreifen).*

$\dfrac{y}{l_x}$	$x : l_x$				
	0,1	0,2	0,3	0,4	0,5
0,0	0,0315	0,0666	0,1110	0,1819	∞ [1]
0,1	0,0289	0,0596	0,0930	0,1171	0,0988
0,2	0,0212	0,0402	0,0508	0,0437	0,0343
0,3	0,0103	0,0163	0,0138	0,0054	0,0008
0,4	0,0001	−0,0027	−0,0091	−0,0158	−0,0187
0,5	−0,0067	−0,0142	−0,0217	−0,0273	−0,0295
0,6	−0,0100	−0,0194	−0,0273	−0,0325	−0,0343
0,7	−0,0109	−0,0207	−0,0284	−0,0333	−0,0350
0,8	−0,0104	−0,0196	−0,0269	−0,0314	−0,0330
0,9	−0,0092	−0,0174	−0,0238	−0,0279	−0,0293
1,0	−0,0077	−0,0147	−0,0202	−0,0237	−0,0249
1,2	−0,0049	−0,0094	−0,0129	−0,0152	−0,0160
1,5	−0,0019	−0,0037	−0,0050	−0,0059	−0,0062
2,0	0,0000	−0,0001	−0,0001	−0,0001	−0,0001

$$\frac{J_Q}{J} = \frac{B_2}{B_1} = 1.$$

$$G\,J_T = 2\,H = 0{,}6\sqrt{B_1\,B_2}\,.$$

Transformationsformeln für $J'_Q \neq J$ wie oben.

[1] Aufpunktsordinaten der Kreuzwerkplatte mit unendlichen Hauptträgerabständen sind in Tafel 27 und 28 S. 101 angegeben.

9. *Einflußfläche für das Mittenmoment M_{ym} der beiderseits frei aufliegenden unendlich langen Platte (Plattenstreifen).*

$\dfrac{y}{l_x}$	$x : l_x$				
	0,1	0,2	0,3	0,4	0,5
0,0	+0,0254	+0,0536	+0,0894	+0,1466	$+\infty$
0,1	+0,0217	+0,0441	+0,0669	+0,0812	+0,0697
0,2	+0,0132	+0,0246	+0,0307	+0,0267	+0,0201
0,3	+0,0048	+0,0074	+0,0058	+0,0001	−0,0034
0,4	−0,0011	−0,0036	−0,0080	−0,0130	−0,0154
0,5	−0,0045	−0,0094	−0,0146	−0,0190	−0,0207
0,6	−0,0059	−0,0117	−0,0170	−0,0208	−0,0222
0,7	−0,0062	−0,0121	−0,0170	−0,0204	−0,0216
0,8	−0,0059	−0,0113	−0,0157	−0,0187	−0,0197
0,9	−0,0053	−0,0100	−0,0139	−0,0164	−0,0173
1,0	−0,0045	−0,0086	−0,0119	−0,0140	−0,0148
1,2	−0,0031	−0,0060	−0,0082	−0,0096	−0,0101
1,5	−0,0016	−0,0031	−0,0043	−0,0050	−0,0053
2,0	−0,0005	−0,0009	−0,0013	−0,0015	−0,0016

$$\frac{J_Q}{J} = \frac{B_2}{B_1} = 1.$$

$$G J_T = 2 H = 2 \sqrt{B_1 B_2}.$$

Transformationsformeln für $J'_Q \neq J$
wie oben.

10. *Mittenmomente M_{ym} bei mittiger Rechtecklast der beiderseits frei aufliegenden unendlich langen Kreuzwerkplatte (Plattenstreifen).*

$\dfrac{t_y}{l_x}$	$t_x : l_x$											Faktor
	1,0	0,9	0,8	0,7	0,6	0,5	0,4	0,3	0,2	0,1	0,05	
1,0	0,0381	0,0418	0,0453	0,0485	0,0513	0,0538	0,0559	0,0575	0,0587	0,0594	0,0596	$\cdot P$
0,9	0,0443	0,0487	0,0527	0,0565	0,0599	0,0628	0,0653	0,0673	0,0687	0,0695	0,0698	$\cdot P$
0,8	0,0513	0,0563	0,0611	0,0655	0,0695	0,0731	0,0761	0,0785	0,0802	0,0813	0,0815	$\cdot P$
0,7	0,0589	0,0647	0,0703	0,0755	0,0804	0,0847	0,0885	0,0914	0,0937	0,0950	0,0953	$\cdot P$
0,6	0,0673	0,0739	0,0804	0,0867	0,0926	0,0979	0,1026	0,1065	0,1094	0,1111	0,1115	$\cdot P$
0,5	0,0763	0,0839	0,0941	0,0989	0,1061	0,1129	0,1190	0,1242	0,1281	0,1305	0,1311	$\cdot P$
0,4	0,0861	0,0947	0,1034	0,1123	0,1211	0,1297	0,1379	0,1452	0,1508	0,1545	0,1554	$\cdot P$
0,3	0,0964	0,1062	0,1163	0,1267	0,1374	0,1485	0,1596	0,1703	0,1793	0,1854	0,1870	$\cdot P$
0,2	0,1074	0,1184	0,1299	0,1421	0,1551	0,1691	0,1842	0,2002	0,2159	0,2281	0,2316	$\cdot P$
0,1	0,1190	0,1313	0,1444	0,1585	0,1741	0,1916	0,2116	0,2350	0,2629	0,2938	0,3060	$\cdot P$
0,05	0,1251	0,1380	0,1519	0,1671	0,1841	0,2035	0,2263	0,2542	0,2905	0,3411	0,3727	$\cdot P$

$$\frac{J_Q}{J} = \frac{B_2}{B_1} = 1.\qquad G J_T = 2 H = 0.\qquad \text{Transformationsformeln für } J'_Q \neq J \text{ wie oben.}$$

11. *Mittenmomente M_{ym} bei mittiger Rechtecklast der beiderseits frei aufliegenden unendlich langen Kreuzwerkplatte (Plattenstreifen).*

$\dfrac{t_y}{l_x}$	$t_x : l_x$											Faktor
	1,0	0,9	0,8	0,7	0,6	0,5	0,4	0,3	0,2	0,1	0,05	
1,0	0,0305	0,0335	0,0363	0,0389	0,0412	0,0432	0,0450	0,0463	0,0473	0,0479	0,0481	$\cdot P$
0,9	0,0356	0,0390	0,0423	0,0454	0,0482	0,0506	0,0527	0,0543	0,0555	0,0563	0,0565	$\cdot P$
0,8	0,0413	0,0454	0,0492	0,0528	0,0561	0,0591	0,0616	0,0636	0,0651	0,0660	0,0662	$\cdot P$
0,7	0,0477	0,0524	0,0570	0,0613	0,0653	0,0688	0,0720	0,0745	0,0764	0,0775	0,0778	$\cdot P$
0,6	0,0549	0,0604	0,0657	0,0708	0,0756	0,0801	0,0840	0,0872	0,0897	0,0912	0,0916	$\cdot P$
0,5	0,0629	0,0692	0,0754	0,0815	0,0874	0,0930	0,0981	0,1024	0,1057	0,1078	0,1084	$\cdot P$
0,4	0,0717	0,0789	0,0862	0,0934	0,1007	0,1078	0,1145	0,1206	0,1254	0,1285	0,1293	$\cdot P$
0,3	0,0813	0,0896	0,0980	0,1067	0,1156	0,1247	0,1339	0,1426	0,1501	0,1552	0,1566	$\cdot P$
0,2	0,0917	0,1011	0,1109	0,1212	0,1322	0,1439	0,1564	0,1695	0,1824	0,1926	0,1955	$\cdot P$
0,1	0,1030	0,1136	0,1249	0,1371	0,1505	0,1654	0,1824	0,2021	0,2253	0,2506	0,2607	$\cdot P$
0,05	0,1089	0,1202	0,1323	0,1455	0,1602	0,1770	0,1967	0,2207	0,2515	0,2937	0,3191	$\cdot P$

$$\frac{J_Q}{J} = \frac{B_2}{B_1} = 1.\qquad G J_T = 2 H = 0,6 \sqrt{B_1 \cdot B_2}.\qquad \text{Transformationsformeln für } J'_Q \neq J \text{ wie oben.}$$

12. Mittenmomente M_{ym} bei mittiger Rechtecklast der beiderseits frei aufliegenden unendlich langen Platte (Plattenstreifen).

$\dfrac{t_y}{l_x}$	$t_x : l_x$											Faktor
	1,0	0,9	0,8	0,7	0,6	0,5	0,4	0,3	0,2	0,1	0,05	
1,0	0,0210	0,0230	0,0250	0,0268	0,0285	0,0299	0,0312	0,0322	0,0330	0,0334	0,0335	$\cdot P$
0,9	0,0245	0,0269	0,0292	0,0313	0,0333	0,0351	0,0366	0,0378	0,0388	0,0393	0,0395	$\cdot P$
0,8	0,0286	0,0314	0,0341	0,0366	0,0390	0,0411	0,0430	0,0445	0,0456	0,0463	0,0465	$\cdot P$
0,7	0,0333	0,0366	0,0398	0,0428	0,0457	0,0483	0,0506	0,0525	0,0539	0,0548	0,0550	$\cdot P$
0,6	0,0388	0,0427	0,0464	0,0501	0,0535	0,0567	0,0596	0,0620	0,0639	0,0651	0,0654	$\cdot P$
0,5	0,0452	0,0496	0,0541	0,0585	0,0627	0,0667	0,0704	0,0736	0,0761	0,0778	0,0782	$\cdot P$
0,4	0,0525	0,0578	0,0630	0,0683	0,0735	0,0786	0,0834	0,0878	0,0914	0,0938	0,0945	$\cdot P$
0,3	0,0608	0,0670	0,0732	0,0796	0,0861	0,0927	0,0993	0,1055	0,1111	0,1150	0,1161	$\cdot P$
0,2	0,0703	0,0774	0,0849	0,0926	0,1008	0,1095	0,1186	0,1280	0,1372	0,1449	0,1471	$\cdot P$
0,1	0,0809	0,0892	0,0981	0,1075	0,1179	0,1293	0,1422	0,1569	0,1739	0,1921	0,1993	$\cdot P$
0,05	0,0867	0,0957	0,1053	0,1157	0,1273	0,1405	0,1558	0,1745	0,1979	0,2290	0,2472	$\cdot P$

$$\frac{J_Q}{J} = \frac{B_2}{B_1} = 1. \qquad\qquad G\,J_T = 2\,H = 2\,\sqrt{B_1\,B_2}. \qquad\qquad \text{Transformationsformeln für } J'_Q \neq J \text{ wie oben.}$$

13. Einflußfläche für die Randquerkraft V_{xr} der frei aufliegenden, unendlich langen Kreuzwerkplatte (Plattenstreifen).

$\dfrac{y}{l_x}$	$x : l_x$								Faktor
	0,0	0,1	0,2	0,3	0,4	0,5	0,6	0,8	
0,0	∞	2,2323	1,0881	0,6939	0,4866	0,3535	0,2569	0,1149	$1/l_x$
0,1	0	2,2321	1,2869	0,7664	0,5190	0,3701	0,2668	0,1181	$1/l_x$
0,2	0	0,6483	1,0946	0,8339	0,5799	0,4289	0,2861	0,1335	$1/l_x$
0,3	0	0,2554	0,5638	0,6921	0,5876	0,4412	0,3162	0,1375	$1/l_x$
0,4	0	0,1289	0,2910	0,4401	0,4806	0,4189	0,3237	0,1469	$1/l_x$
0,5	0	0,0702	0,1634	0,2641	0,3316	0,3415	0,2970	0,1465	$1/l_x$
0,6	0	0,0428	0,0943	0,1556	0,2134	0,2447	0,2364	0,1358	$1/l_x$
0,8	0	0,0131	0,0288	0,0488	0,0720	0,0933	0,1048	0,0784	$1/l_x$
1,0	0	$-0{,}0007$	$-0{,}0002$	$-0{,}0024$	0,0072	0,0135	0,0193	0,0173	$1/l_x$
1,2	0	$-0{,}0069$	$-0{,}0130$	$-0{,}0179$	$-0{,}0205$	$-0{,}0214$	$-0{,}0198$	$-0{,}0115$	$1/l_x$

$$\frac{J_Q}{J} = \frac{B_2}{B_1} = 1. \qquad\qquad G\,J_T = 2\,H = 0. \qquad\qquad \text{Transformationsformeln für } J_Q \neq J.$$

Transformation der Längen $x = x'$,
$$y = \sqrt[4]{\frac{J}{J'_Q}}\,y'.$$

Transformation der Querkräfte:
$$V'_{xr} = \sqrt[4]{\frac{J}{J'_Q}}\,V_{xr}.$$

14. Einflußfläche für die Randquerkraft V_{xr} der beiderseits frei aufliegenden unendlich langen Kreuzwerkplatte (Plattenstreifen).

$\dfrac{y}{l_x}$	$x : l_x$								Faktor
	0,0	0,1	0,2	0,3	0,4	0,5	0,6	0,8	
0,0	∞	2,5452	1,2406	0,7912	0,5548	0,4031	0,2929	0,1310	$1/l_x$
0,1	0	2,0877	1,3164	0,8284	0,5728	0,4126	0,2983	0,1328	$1/l_x$
0,2	0	0,7124	1,0116	0,8144	0,5918	0,4294	0,3099	0,1372	$1/l_x$
0,3	0	0,3082	0,5724	0,6372	0,5472	0,4246	0,3146	0,1413	$1/l_x$
0,4	0	0,1628	0,3228	0,4277	0,4372	0,3798	0,2991	0,1409	$1/l_x$
0,5	0	0,0956	0,1927	0,2748	0,3154	0,3056	0,2606	0,1328	$1/l_x$
0,6	0	0,0591	0,1197	0,1762	0,2155	0,2264	0,2078	0,1163	$1/l_x$
0,8	0	0,0231	0,0468	0,0704	0,0909	0,1039	0,1051	0,0690	$1/l_x$
1,0	0	0,0072	0,0147	0,0225	0,0299	0,0356	0,0379	0,0274	$1/l_x$
1,2	0	$-0{,}0001$	0,0000	0,0006	0,0017	0,0030	0,0041	0,0039	$1/l_x$

$$\frac{J_Q}{J} = \frac{B_2}{B_1} = 1. \qquad\qquad G\,J_T = 2\,H = 0{,}6\,\sqrt{B_1\,B_2}. \qquad\qquad \text{Transformationsformeln für } J'_Q \neq J \text{ wie oben.}$$

15. Einflußfläche für die Randquerkraft V_{xr} der frei aufliegenden unendlich langen Platte (Plattenstreifen).

$\dfrac{y}{l_x}$	$x : l_x$								Faktor
	0,0	0,1	0,2	0,3	0,4	0,5	0,6	0,8	
0,0	∞	3,156	1,539	0,981	0,688	0,500	0,363	0,163	$1/l_x$
0,1	0	1,565	1,223	0,876	0,642	0,476	0,350	0,158	$1/l_x$
0,2	0	0,611	0,744	0,656	0,531	0,415	0,314	0,146	$1/l_x$
0,3	0	0,294	0,439	0,454	0,407	0,338	0,266	0,129	$1/l_x$
0,4	0	0,163	0,270	0,308	0,299	0,263	0,215	0,109	$1/l_x$
0,5	0	0,099	0,173	0,210	0,216	0,199	0,169	0,091	$1/l_x$
0,6	0	0,064	0,115	0,145	0,156	0,148	0,129	0,070	$1/l_x$
0,8	0	0,029	0,054	0,072	0,080	0,079	0,073	0,042	$1/l_x$
1,0	0	0,014	0,027	0,037	0,042	0,043	0,040	0,024	$1/l_x$
1,2	0	0,007	0,014	0,019	0,022	0,023	0,022	0,013	$1/l_x$

$$\frac{J_Q}{J} = \frac{B_2}{B_1} = 1. \qquad\qquad G\,J_T = 2\,H = 2\,\sqrt{B_1 B_2}. \qquad\qquad \text{Transformationsformeln für } J'_Q \neq J \text{ wie oben.}$$

16. Einflußfläche für die Mittenquerkraft V_{ym} der frei aufliegenden unendlich langen Kreuzwerkplatte (Plattenstreifen).

$\dfrac{y}{l_x}$	$x : l_x$						Faktor
	0,0	0,1	0,2	0,3	0,4	0,5	
0,0	0	0	0	0	0	∞	$1/l_x$
0,1	0	0,0411	0,1110	0,3092	1,1076	1,1073	$1/l_x$
0,2	0	0,0942	0,2472	0,5179	0,6220	0,5239	$1/l_x$
0,3	0	0,1361	0,2891	0,3812	0,3482	0,3197	$1/l_x$
0,4	0	0,1254	0,2131	0,2314	0,2091	0,1963	$1/l_x$
0,5	0	0,0764	0,1193	0,1263	0,1184	0,1139	$1/l_x$
0,6	0	0,0301	0,0478	0,0528	0,0522	0,0514	$1/l_x$
0,8	0	$-0,0131$	$-0,0230$	$-0,0288$	$-0,0313$	$-0,0319$	$1/l_x$
1,0	0	$-0,0213$	$-0,0398$	$-0,0535$	$-0,0618$	$-0,0645$	$1/l_x$
1,2	0	$-0,0191$	$-0,0363$	$-0,0500$	$-0,0588$	$-0,0618$	$1/l_x$

$$\frac{J_Q}{J} = \frac{B_2}{B_1} = 1, \qquad G\,J_T = 2\,H = 0.$$

Transformationsformeln für $J'_Q \neq J$.

Transformation der Längen:
$$x = x',$$
$$y = \sqrt[4]{\frac{J}{J'_Q}}\; y'.$$

Transformation der Querkräfte:
$$V'_{ym} = V_{ym}.$$

17. Einflußfläche für die Mittenquerkraft V_{ym} der beiderseits frei aufliegenden unendlich langen Kreuzwerkplatte (Plattenstreifen).

$\dfrac{y}{l_x}$	$x : l_x$					Faktor
	0,1	0,2	0,3	0,4	0,5	
0,0	0	0	0	0	∞	$1/l_x$
0,1	0,0445	0,1178	0,3063	0,9651	1,2621	$1/l_x$
0,2	0,0926	0,2222	0,4441	0,6172	0,5987	$1/l_x$
0,3	0,1131	0,2395	0,3468	0,3729	0,3625	$1/l_x$
0,4	0,1007	0,1853	0,2305	0,2366	0,2332	$1/l_x$
0,5	0,0689	0,1192	0,1430	0,1480	0,1477	$1/l_x$
0,6	0,0384	0,0663	0,0807	0,0855	0,0864	$1/l_x$
0,8	0,0039	0,0070	0,0091	0,0102	0,0105	$1/l_x$
1,0	$-0,0073$	$-0,0136$	$-0,0184$	$-0,0212$	$-0,0222$	$1/l_x$
1,2	$-0,0091$	$-0,0173$	$-0,0237$	$-0,0278$	$-0,0292$	$1/l_x$

$$\frac{J_Q}{J} = \frac{B_2}{B_1} = 1.$$

$$G\,J_T = 2\,\bar{H} = 0,6\,\sqrt{B_1 B_2}.$$

Transformationsformeln für $J'_Q \neq J$ wie oben.

18. Einflußfläche für die Mittenquerkraft V_{ym} der beiderseits frei aufliegenden unendlich langen Platte (Plattenstreifen).

$\dfrac{y}{l_x}$	$x : l_x$					Faktor
	0,1	0,2	0,3	0,4	0,5	
0,0	0	0	0	0	∞	$1/l_x$
0,1	0,0490	0,1241	0,2887	0,7689	1,5657	$1/l_x$
0,2	0,0765	0,1785	0,3411	0,5850	0,7457	$1/l_x$
0,3	0,0805	0,1739	0,2967	0,4043	0,4594	$1/l_x$
0,4	0,0711	0,1455	0,2212	0,2841	0,3097	$1/l_x$
0,5	0,0573	0,1137	0,1650	0,2030	0,2173	$1/l_x$
0,6	0,0441	0,0859	0,1218	0,1465	0,1554	$1/l_x$
0,8	0,0246	0,0471	0,0654	0,0773	0,0815	$1/l_x$
1,0	0,0133	0,0253	0,0349	0,0411	0,0433	$1/l_x$
1,2	0,0071	0,0135	0,0186	0,0219	0,0231	$1/l_x$

$$\frac{J_Q}{J} = \frac{B_2}{B_1} = 1.$$

$$G J_T = 2 H = 2 \sqrt{B_1 B_2}.$$

Transformationsformeln für $J_Q' \neq J$ wie oben.

19. Einflußfläche für die Mittendurchbiegung w_m der beiderseits frei aufliegenden unendlich langen Kreuzwerkplatte (Plattenstreifen).

$\dfrac{y}{l_x}$	$x : l_x$					Faktor
	0,1	0,2	0,3	0,4	0,5	
0,0	0,00651	0,01265	0,01803	0,02210	0,02395	l_x^2/B_1
0,1	0,00632	0,01225	0,01738	0,02112	0,02252	l_x^2/B_1
0,2	0,00581	0,01119	0,01566	0,01868	0,01975	l_x^2/B_1
0,3	0,00502	0,00961	0,01329	0,01567	0,01649	l_x^2/B_1
0,4	0,00410	0,00778	0,01068	0,01253	0,01316	l_x^2/B_1
0,5	0,00314	0,00595	0,00815	0,00954	0,01002	l_x^2/B_1
0,6	0,00226	0,00429	0,00589	0,00691	0,00725	l_x^2/B_1
0,7	0,00152	0,00289	0,00397	0,00466	0,00489	l_x^2/B_1
0,8	0,00092	0,00176	0,00242	0,00284	0,00299	l_x^2/B_1
0,9	0,00047	0,00090	0,00124	0,00146	0,00153	l_x^2/B_1
1,0	0,00015	0,00028	0,00038	0,00045	0,00047	l_x^2/B_1
1,2	−0,00021	−0,00040	−0,00055	−0,00065	−0,00068	l_x^2/B_1
1,5	−0,00029	−0,00056	−0,00077	−0,00090	−0,00095	l_x^2/B_1
2,0	−0,00010	−0,00019	−0,00027	−0,00031	−0,00033	l_x^2/B_1

$$\frac{J_Q}{J} = \frac{B_2}{B_1} = 1,$$

$$G J_T = 2 H = 0.$$

Transformationsformeln für $J_Q' \neq J$.

Transformation der Längen:

$$x = x',$$

$$y = \sqrt[4]{\frac{J}{J_Q'}}\, y'.$$

Transformation der Durchbiegungen:

$$w_m' = \sqrt[4]{\frac{J}{J_Q'}}\, u_m.$$

20. Einflußfläche für die Mittendurchbiegung w_m der beiderseits frei aufliegenden unendlich langen Kreuzwerkplatte (Plattenstreifen).

$\dfrac{y}{l_x}$	$x : l_x$					Faktor
	0,1	0,2	0,3	0,4	0,5	
0,0	0,00570	0,01109	0,01580	0,01939	0,02103	l_x^2/B_1
0,1	0,00555	0,01076	0,01526	0,01854	0,01981	l_x^2/B_1
0,2	0,00511	0,00985	0,01381	0,01651	0,01748	l_x^2/B_1
0,3	0,00446	0,00854	0,01185	0,01402	0,01478	l_x^2/B_1
0,4	0,00371	0,00706	0,00974	0,01146	0,01206	l_x^2/B_1
0,5	0,00295	0,00561	0,00771	0,00906	0,00952	l_x^2/B_1
0,6	0,00226	0,00429	0,00589	0,00692	0,00727	l_x^2/B_1
0,7	0,00166	0,00316	0,00434	0,00510	0,00536	l_x^2/B_1
0,8	0,00117	0,00224	0,00308	0,00362	0,00380	l_x^2/B_1
0,9	0,00079	0,00151	0,00208	0,00244	0,00257	l_x^2/B_1
1,0	0,00050	0,00096	0,00131	0,00155	0,00163	l_x^2/B_1
1,2	0,00014	0,00026	0,00036	0,00042	0,00044	l_x^2/B_1
1,5	−0,00006	−0,00012	−0,00017	−0,00020	−0,00021	l_x^2/B_1
2,0	−0,00006	−0,00012	−0,00016	−0,00019	−0,00020	l_x^2/B_1

$$\frac{J_Q}{J} = \frac{B_2}{B_1} = 1.$$

$$G J_T = 2 H = 0,6 \sqrt{B_1 B_2}.$$

Transformationsformeln für $J_Q' \neq J$ wie oben.

21. Einflußfläche für die Mittendurchbiegung w_m der beiderseits frei aufliegenden unendlich langen Platte (Plattenstreifen).

$\dfrac{y}{l_x}$	$x:l_x$					Faktor
	0,1	0,2	0,3	0,4	0,5	
0,0	0,00460	0,00894	0,01274	0,01563	0,01695	l_x^2/B_2
0,1	0,00447	0,00868	0,01231	0,01497	0,01602	l_x^2/B_2
0,2	0,00434	0,00799	0,01102	0,01347	0,01430	l_x^2/B_2
0,3	0,00373	0,00705	0,0982	0,01169	0,01235	l_x^2/B_2
0,4	0,00315	0,00602	0,00836	0,00989	0,01042	l_x^2/B_2
0,5	0,00264	0,00504	0,00696	0,00821	0,00865	l_x^2/B_2
0,6	0,00217	0,00414	0,00571	0,00673	0,00708	l_x^2/B_2
0,7	0,00176	0,00336	0,00463	0,00544	0,00573	l_x^2/B_2
0,8	0,00142	0,00270	0,00371	0,00436	0,00459	l_x^2/B_2
0,9	0,00113	0,00215	0,00295	0,00347	0,00365	l_x^2/B_2
1,0	0,00089	0,00170	0,00233	0,00274	0,00289	l_x^2/B_2
1,2	0,00055	0,00104	0,00143	0,00169	0,00177	l_x^2/B_2
1,5	0,00026	0,00049	0,00067	0,00079	0,00083	l_x^2/B_2
2,0	0,00007	0,00013	0,00018	0,00021	0,00022	l_x^2/B_2

$$\frac{J_Q}{J} = \frac{B_2}{B_1} = 1\,.$$

$$G\,J_T = 2\,H = 2\,\sqrt{B_1\,B_2}\,.$$

Transformationsformeln für $J_Q' \neq J$ wie oben.

22. Einflußfläche für das Randmoment M_{xr} des freien Randes der beiderseits frei aufliegenden unendlich langen Kreuzwerkplatte (Halbstreifen).

$\dfrac{y}{l_x}$	$x:l_x$				
	0,1	0,2	0,3	0,4	0,5
0,0	0,1438	0,3035	0,5060	0,8296	∞
0,1	0,1435	0,3023	0,4994	0,7516	0,8333
0,2	0,1384	0,2840	0,4285	0,5111	0,5217
0,3	0,1198	0,2295	0,3057	0,3356	0,3403
0,4	0,0863	0,1552	0,1951	0,2109	0,2145
0,5	0,0497	0,0874	0,1093	0,1191	0,1217
0,6	0,0202	0,0363	0,0462	0,0511	0,0526
0,7	0,0010	0,0019	0,0025	0,0028	0,0029
0,8	−0,0103	−0,0191	−0,0255	−0,0292	−0,0304
0,9	−0,0162	−0,0305	−0,0412	−0,0478	−0,0500
1,0	−0,0183	−0,0352	−0,0480	−0,0561	−0,0588
1,2	−0,0172	−0,0327	−0,0451	−0,0530	−0,0557
1,5	−0,0098	−0,0186	−0,0256	−0,0301	−0,0316
2,0	−0,0009	−0,0016	−0,0023	−0,0027	−0,0028

$$\frac{J_Q}{J} = \frac{B_2}{B_1} = 1\,.$$
$$G\,J_T = 2\,H = 0\,.$$

Transformationsformeln für $J_Q' \neq J$.

Transformation der Längen:
$$x = x'\,,$$
$$y = \sqrt[4]{\frac{J}{J_Q}}\,y'\,.$$

Transformation der Momente:
$$M_{xm}' = \sqrt[4]{\frac{J}{J_Q}}\,M_{xm}\,.$$

23. Einflußfläche für das Randmoment M_{xr} des freien Randes der beiderseits frei aufliegenden unendlich langen Kreuzwerkplatte (Halbstreifen).

$\dfrac{y}{l_x}$	$x:l_x$				
	0,1	0,2	0,3	0,4	0,5
0,0	0,1025	0,2163	0,3606	0,5912	∞
0,1	0,1022	0,2154	0,3562	0,5464	0,6576
0,2	0,0990	0,2043	0,3163	0,4064	0,4355
0,3	0,0880	0,1746	0,2460	0,2924	0,3068
0,4	0,0705	0,1335	0,1798	0,2081	0,2165
0,5	0,0507	0,0942	0,1249	0,1439	0,1498
0,6	0,0332	0,0618	0,0823	0,0951	0,0991
0,7	0,0200	0,0374	0,0502	0,0584	0,0611
0,8	0,0106	0,0200	0,0271	0,0318	0,0333
0,9	0,0043	0,0082	0,0112	0,0131	0,0139
1,0	0,0002	0,0005	0,0007	0,0009	0,0008
1,2	−0,0035	−0,0066	−0,0089	−0,0106	−0,0112
1,5	−0,0037	−0,0070	−0,0096	−0,0113	−0,0119
2,0	−0,0013	−0,0024	−0,0033	−0,0039	−0,0041

$$\frac{J_Q}{J} = \frac{B_2}{B_1} = 1\,.$$

$$G\,J_T = 2\,H = 0,6\,\sqrt{B_1\,B_2}\,.$$

Transformationsformeln für $J_Q' \neq J$ wie oben.

24. Einflußfläche für das Randmoment M_{xr} des freien Randes der beiderseits frei aufliegenden unendlich langen Platte (Halbstreifen).

$\dfrac{y}{l_x}$	$x:l_x$				
	0,1	0,2	0,3	0,4	0,5
0	0,0678	0,1431	0,2385	0,3911	∞
0,1	0,0676	0,1426	0,2361	0,3705	0,4989
0,2	0,0659	0,1371	0,2183	0,3053	0,3520
0,3	0,0611	0,1241	0,1880	0,2430	0,2665
0,4	0,0538	0,1067	0,1555	0,1926	0,2068
0,5	0,0454	0,0885	0,1260	0,1523	0,1619
0,6	0,0372	0,0718	0,1006	0,1202	0,1271
0,7	0,0299	0,0573	0,0797	0,0945	0,0997
0,8	0,0237	0,0453	0,0627	0,0740	0,0779
0,9	0,0186	0,0355	0,0490	0,0577	0,0608
1,0	0,0145	0,0277	0,0381	0,0449	0,0472
1,2	0,0087	0,0166	0,0228	0,0269	0,0283
1,5	0,0040	0,0075	0,0103	0,0122	0,0128
2,0	0,0010	0,0019	0,0027	0,0031	0,0033

$$\frac{J_Q}{J} = \frac{B_2}{B_1} = 1.$$

$$G\,J_T = 2\,H = 2\,\sqrt{B_1\,B_2}\,.$$

Transformationsformeln für $J'_Q \neq J$ wie oben.

25. bis 28. Aufpunktsordinaten für die Mittenmomente M_{xm} und M_{ym} der beiderseits frei aufliegenden unendlich langen Kreuzwerkplatte (Plattenstreifen) mit endlichen Hauptträgerabständen a.

$J'_Q:J$	M_{xm} [tm/m]				M_{ym} [tm/m]			
	1:1	1:15	1:30	1:100	1:1	1:15	1:30	1:100
$a:l_x$	25.		$G\,J_T = 2\,H = 0$					27.
1:5	0,416	0,670	0,754	0,916	0,144	0,054	0,041	0,024
1:7,5	0,460	0,762	0,862	1,056	0,331	0,131	0,102	0,065
1:10	0,497	0,823	0,934	1,154	0,361	0,147	0,116	0,075
$a:l_x$	26.		$G\,J_T = 2\,H = 0,6\,\sqrt{B_1\,B_2}$					28.
1:5	0,366	0,589	0,663	0,805	0,124	0,046	0,035	0,020
1:7,5	0,404	0,670	0,757	0,928	0,283	0,112	0,088	0,055
1:10	0,437	0,723	0,821	1,014	0,309	0,126	0,099	0,064

Schrifttum.

1. Bleich, Fr., u. E. Melan: Die gewöhnlichen und partiellen Differenzengleichungen der Baustatik. Wien 1927.
2. Genntner, R.: Der Eisenbetonträgerrost. Beton u. Eisen 1928.
3. Thoms, A.: Die Berechnung mehrfach symmetrischer Trägerroste mit Hilfe von Sinus-Gewichten. Stahlbau 1936.
4. Weber, E.: Berechnung zweiseitig gelagerter Trägerroste mit Hilfe von Sinusreihen. Bauing. 1940, S. 227.
5. Leonhardt, F.: Anleitung für die vereinfachte Trägerrostberechnung. Berlin 1940.
6. Bültmann, W.: Beitrag zur Berechnung kontinuierlicher Trägerroste. Stahlbau 1940.
7. Klöppel, K.: Zur Berechnung des Trägerrostes. Stahlbau 1942.
8. Melan, E., u. R. Schindler: Die genaue Berechnung von Trägerrosten. Wien 1942.
9. Thran, U.: Anleitung für die strenge Trägerrostberechnung. Stahlbau 1942.
10. Homberg, H.: Quereinflußlinien für Trägerroste mit 9 und 10 Hauptträgern und einem lastverteilenden Querträger. Stahlbau 1944.
11. Schöttgen, J.: Einfluß der Verdrehungssteifigkeit der Hauptträger auf die Lastverteilung beim Trägerrost nach Rechnung und Versuch. Bautechnik-Archiv, Heft 1. Berlin 1947.
12. Homberg, H.: Einflußflächen für Trägerroste, 1. Teil. Dahl 1949.
13. Leonhardt, F., u. W. Andrä: Die vereinfachte Trägerrostberechnung. Stuttgart 1950[1].

---

[1] Die von Leonhardt-Andrä veröffentlichte Berechnungsmethode, bei der Gruppenlasten verwendet werden, die in Brückenlängsrichtung ausgerichtet sind, das allgemeine Bildungsgesetz für die Lastgruppen und der Beweis dafür, daß dieser Ansatz auf die Querverteilungszahlen des Trägerrostes mit einem Querträger führt, wurde vom Verfasser 1944 gefunden und Leonhardt und Andrä Januar 1945 zugänglich gemacht.

If you have any concerns about our products,
you can contact us on
ProductSafety@springernature.com

In case Publisher is established outside the EU,
the EU authorized representative is:
Springer Nature Customer Service Center GmbH
Europaplatz 3, 69115 Heidelberg, Germany

Printed by Libri Plureos GmbH
in Hamburg, Germany